名校名家基础学科系列
Textbooks of Base Disciplines from Top Universities and Experts

自然科学及工程中的数学方法

（第三册）

Mathematical Methods in the Physical Sciences

[美] 玛丽·**L.** 博厄斯（Mary L. Boas） 著

邓达强 陈伟华 周 超 译

机 械 工 业 出 版 社

本套书入选"十三五"国家重点出版物出版规划项目,《自然科学及工程中的数学方法》套书共三册,本书为第三册,共4章,内容包括:微分方程的级数解、偏微分方程、复变函数、概率与统计等. 本书的特点有:给出定理的准确表述,省略定理的一般性和详细的证明,为学生学习专业课程提供数学知识和解决问题的方法,每小节后附有大量的习题,有利于学生掌握相关定理及其应用.

本书可供高等学校工科专业学生学习,也可供教师及工程技术人员参考.

北京市版权局著作权合同登记 图字 01-2018-5473 号

图书在版编目(CIP)数据

自然科学及工程中的数学方法. 第三册/(美)玛丽·L. 博厄斯(Mary L. Boas)著;邓达强,陈伟华,周超译. —北京:机械工业出版社,2023.12 (2025.8重印)

(名校名家基础学科系列)

书名原文:Mathematical Methods in the Physical Sciences

"十三五"国家重点出版物出版规划项目

ISBN 978-7-111-74473-3

Ⅰ.①自… Ⅱ.①玛… ②邓… ③陈… ④周… Ⅲ.①自然科学–数学方法–高等学校–教材 Ⅳ.①N05

中国国家版本馆 CIP 数据核字(2024)第 030026 号

机械工业出版社(北京市百万庄大街22号 邮政编码100037)
策划编辑:汤 嘉   责任编辑:汤 嘉 张金奎
责任校对:甘慧彤 牟丽英   封面设计:鞠 杨
责任印制:张 博
固安县铭成印刷有限公司印刷
2025 年 8 月第 1 版第 3 次印刷
184mm×260mm · 11.5 印张 · 282 千字
标准书号:ISBN 978-7-111-74473-3
定价:49.00 元

电话服务   网络服务
客服电话:010-88361066   机 工 官 网:www.cmpbook.com
        010-88379833   机 工 官 博:weibo.com/cmp1952
        010-68326294   金 书 网:www.golden-book.com
封底无防伪标均为盗版   机工教育服务网:www.cmpedu.com

前　言 ══════

　　这本书特别适合那些学了一年（或一年半）微积分的学生，因为他们想在短时间内提高在物理、化学和工程方面的从低年级到研究生课程中需要的许多数学领域的基本能力. 因此，这本书是为大学二年级学生（或高中已经学过微积分的大学一年级学生）准备的，可以自学或在课堂上学习. 这本书也可以被更高年级的学生有效地使用，以复习半遗忘的知识或从中学习新的知识. 虽然这本书是专门为物理学科的学生写的，但任何领域的学生（比如数学或数学教学）都可能会发现这本书在查找许多知识或获取一些他们没有时间深入研究的领域的知识时是有用的. 由于定理是被仔细陈述的，这样可以让学生在他们以后的工作中不会忘记任何内容.

　　对物理学科的学生进行适当的数学训练是数学家和从事应用数学的人共同关心的问题. 有些教师可能觉得，如果学生要学习数学，那么他们应该仔细和深入地研究它的细节. 对于物理、化学或工程专业的本科生来说，这意味着：（1）学习数学的投入多于数学专业的学生；（2）深入学习数学的几个领域，而其他领域从学习科学课程的过程中学习.（3）经常被提倡，让我说说为什么我认为它是不令人满意的. 通过数学技术的直接应用确实能增加学习动力，但它也有许多缺点：

　　1. 对数学的讨论往往是粗略的，因为这不是他们研究的主要问题.

　　2. 学生们同时面临学习一种新的数学方法，并将其应用于对他们来说也是全新的科学领域. 通常理解新的科学领域的困难更多地在于对数学理解不足所造成的干扰，而不是新的科学思想.

　　3. 学生可能会在两门不同的科学课程中遇到实际上相同的数学问题，却不知道它们之间的联系，甚至在两门课程中学习到明显矛盾的定理！例如，在热力学课上，学生们知道围绕封闭路径的恰当微分的积分总是零. 在电学或水动力学中，他们遇到 $\int_{0}^{2\pi}\mathrm{d}\theta$，这的确是一个恰当微分在一个封闭路径上的积分，但结果不等于零！

　　如果每个理科生都能分别选修微分方程（常微分和偏微分）、高级微积分、线性代数、矢量和张量分析、复变函数、傅里叶级数、概率统计、变分法、特殊函数等数学课程就好了. 然而，大多数理科生既没有时间也没有兴趣去学那么多的数学，正是由于缺乏这些学科的基本技能，他们经常在自己的科学课程学习中受到阻碍. 编写这本书的目的是让这些学生在每一个需要的领域都有足够的背景知识，这样他们就可以成功地应对大三、大四的物理课程和刚开始的研究生课程. 我也希望一些学生能对一个或多个数学领域产生足够的兴趣，以便进行更进一步的研究.

　　很明显，如果要将许多知识压缩到一门课程中，就必须省略某些内容. 我相信，在学生的作业阶段，有两件事可以省略而不会造成严重损害：一般性和详细的证明. 对数学家和研究生来说，陈述和证明一个定理的最一般的形式是重要的，但它往往是不必要的，并可能困扰更多的低年级学生. 这并不是说理科生不需要严密的数学. 科学家甚至比纯数学家更需要对数学过程的适用性范围做出谨慎的声明，这样他们就可以有信心地使用它们，而不必提供它们有效性的证明. 因此，尽管常常是在特殊情况下或没有证明的情况下，我都努力给出所需要的定理的准确表述. 感兴趣的学生可以很容易在特定领域的教材中找到更多的细节.

对于研究生层次的数学物理教材，可以假定一定程度的数学复杂性和高深的物理知识已经被学生掌握，这是大二水平的学生还没有达到的. 然而，这样的学生，如果给予简单和明确的解释，可以很容易地掌握我们在教材中所涉及的方法（如果他们要通过初级和高级物理课程，他们不仅可以，而且必须以这样或那样的方式通过!）. 这些学生还没有准备好详细的应用，这些将在他们的科学课程中得到，但是他们确实需要并且希望得到一些关于他们正在学习的方法的使用的想法，以及一些简单的应用. 对于每个新知识，我都尽量这样做.

对于那些熟悉第 2 版的人，让我概述一下第 3 版的变化：

1. 由于在第 3 章中多次要求矩阵对角化，我将第 10 章的第一部分移到了第 3 章，然后在第 10 章中详述了对张量的处理. 我还修改了第 3 章，包括更多关于线性矢量空间的细节，然后在第 7 章（傅里叶级数和变换）、第 8 章（常微分方程）、第 12 章（微分方程的级数解）和第 13 章（偏微分方程）中继续讨论基函数.

2. 由于被多次请求，我再一次把傅里叶积分移回第 7 章傅里叶级数和变换中，因为这打破了积分变换这一章（第 2 版的第 15 章）的结构，我决定放弃那一章，把拉普拉斯变换和狄拉克 δ 函数的内容移回第 8 章常微分方程，此外我还详述了对 δ 函数的处理.

3. 概率与统计章节（第 2 版的第 16 章）现在变成了第 15 章. 在这里，我把题目改成了概率与统计，并修改了本章的后半部分以强调其目的，即向学生阐明他们所学的处理实验数据的规则背后的理论.

4. 计算机辅助技术的飞速发展给教师们提出了一个如何充分利用计算机的问题. 没有选择任何特定的计算机代数系统，我只是简单地尝试对每个知识点向学生指出计算机使用的有用性和缺陷.（请参阅在"致学生"结尾处的评论.）

正文中的材料是这样安排的，按顺序学习各章的学生在每个阶段都有必要的背景知识. 然而，遵循课本顺序并不总是必要或可取的. 让我介绍一些我认为有用的重新安排. 如果学生曾经学习过第 1、3、4、5、6 或 8 章中的任何一章（如二年级微积分、微分方程、线性代数等课程），那么相应的章节可以省略，作为参考，或者最好是简要复习，重点是应用原理解决问题. 例如，学生们可能知道泰勒定理，但在使用级数逼近方面几乎没有技能；他们可能知道多重积分的理论，但发现很难建立一个球壳转动惯量的二重积分；他们可能知道微分方程的存在性定理，但在求解方面，例如，$y''+y=x\sin x$，却没有什么技巧.

在第 7 章（傅里叶级数和变换）和第 8 章（常微分方程）之后，我想讨论第 13 章（偏微分方程）的前 4 个小节. 这里给学生介绍了偏微分方程，但只需要使用傅里叶级数展开. 之后，在学习了第 12 章内容后，学生可以继续完成第 13 章的学习. 第 15 章（概率与统计）几乎独立于课本的其余部分；在一年的课程开始到结束的任何时候，都涵盖了这些内容.

我很高兴地听到人们对前两个版本的反馈，我希望第 3 版会对读者更有用. 我想感谢许多读者的有益建议，感谢任何进一步的意见. 如果您发现印刷错误，请发邮件到 MLBoas@aol.com. 我还要感谢华盛顿大学物理专业的学生，他们是我的 LaTeX 打字员：Toshiko Asai、

Jeff Sherman 和 Jeffrey Frasca. 我特别要感谢我的儿子 Harold P. Boas，感谢他在数学方面的建议，以及他在 LaTeX 问题上的专业帮助.

已采用该教材的教师应向出版商咨询教师用的答案书，以及关于在第 2 版和第 3 版中出现的两个版本对应习题编号的相关列表.

玛丽·L. 博厄斯

致学生

当你开始学习本书的每一个主题时，无疑会想知道并提出疑问"为什么我要学习这个主题？它在实际中有什么应用？"有这样一个故事. 一个年轻的数学老师问一位老教授："当学生们问你一些数学问题的实际应用时，你会怎样回答？"这位经验丰富的教授说："我会告诉他们数学方法和实际问题的联系". 本书试图遵循这一建议，但是，你的要求必须是合理的，而不能要求在一本书或一门课程中涵盖所有的数学方法和它们的许多详细的应用. 你必须满足于关于每个主题的应用领域和一些简单应用的信息. 在以后的课程中，你将在更高级的应用中使用这些方法，这样你就可以专注于物理应用而不是学习新的数学方法.

关于学习这门课，有一点无论怎么强调都不过分：要想在应用中有效地运用数学，你不仅需要知识，还需要技能. 只有通过实践才能获得技能. 你可以通过听讲座获得一定的数学知识，但你不能通过这种方式获得技能. 我听过很多学生说"当你做的时候，它看起来很简单"，或者"我理解它，但是我不能做出这些题！"这种说法表明缺乏练习，因此也缺乏技巧. 学生通过求解许多习题是在以后的课程中使用这些知识和达到所必需的技能的唯一方法. 学习时要经常带着笔和纸. 不要只是通读已经解决的问题——试着自己去做！然后从该部分的习题集中解决一些类似的问题，尝试从已解决的例子中选择最合适的方法. 查看所选习题的答案，并检查你的答案.

我的学生告诉我，我最常对他们说的一句话是"你工作太努力了". 花几个小时想出一个可以在几分钟内用更好的方法解决的问题是没有价值的. 请忽略那些贬低解决问题的技巧为"诀窍"或"捷径"的人. 你会发现，你在科学课程中选择解决问题的有效方法的能力越强，你就越容易掌握新知识. 但这意味着练习、练习、再练习！学习解决问题的唯一方法就是解决问题. 在这本书中，你将会发现需要钻研的问题和更困难、更具挑战性的问题. 在你能解决相当数量的这些问题之前，你不应该对你的某一章的学习效果感到满意.

你可能会想"我真的不需要学习这个——我的计算机会帮我解决所有这些问题". 现在计算机代数系统非常棒——正如你所知道的，它们为你节省了大量烦琐的计算，并能快速绘制出能阐明问题的图表. 但计算机是一种工具，你才是负责人. 最近，一个非常有洞察力的学生对我说（关于在一个特殊项目中使用计算机）："首先你要学习如何做，然后你看看计算机能做什么来让它更简单". 如此！学习新技术的一个非常有效的方法是动手做一些简单的问题，以便理解这个过程，并将结果与计算机的答案进行比较. 这样你就能更好地在你的高级课程中使用这个方法来建立和解决类似的更复杂的应用问题. 因此，在一个接一个的习题中，我将提醒你们，解决一些简单问题的目的不是得到答案（计算机很容易提供答案），而是学习在以后的课程中非常有用的思想和方法.

玛丽·L. 博厄斯

目　录

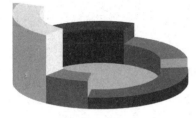

第 *12* 章

微分方程的级数解、勒让德函数、贝塞尔函数、埃尔米特函数和拉盖尔函数

12.1 简介

很多领域中的物理问题都涉及求解微分方程. 第 13 章将讨论需要应用微分方程解决的各种物理问题，关于这些微分方程的求解，需用到一些无法用初等函数表示的常微分方程的解. 在这一章中将学习这些方程及其求解方法. 如果读者打算学习数学之前先看一下物理学，或已经学习了第 7 章和第 8 章，那么可以先学第 13 章的第 13.1 节到第 13.4 节，再学第 12 章，之后回到第 13 章学习剩下的内容.

你可能认为利用计算机会给出微分方程的解，而不需要学习. 计算机可以给出函数的数值，但我们需要学习函数的图形、导数和积分公式，正弦函数和余弦函数的三角恒等式的公式，以及其他有用的信息，以便可以更好地使用这些在各种物理应用中经常出现的函数，这就是将在本章中讨论的内容.

与第 8 章第 8.5 节的方程一样，本章的微分方程是线性的，但系数是 x 的函数而不是常数，也就是 $y''+f(x)y'+g(x)y=0$ 的形式. 求解这类方程的一种方法是假定存在无穷级数解.

例 1　通过求解以下简单方程说明级数解的方法（当然也可以用初等方法求解）：

$$y' = 2xy. \tag{1.1}$$

设微分方程有级数解

$$y=a_0+a_1x+a_2x^2+a_3x^3+\cdots+a_nx^n+\cdots = \sum_{n=0}^{\infty} a_nx^n, \tag{1.2}$$

系数 a 待求. 对式 (1.2) 逐项求导，得

$$y'=a_1+2a_2x+3a_3x^2+\cdots+na_nx^{n-1}+\cdots = \sum_{n=1}^{\infty} na_nx^{n-1}. \tag{1.3}$$

将式 (1.2) 和式 (1.3) 代入微分方程 (1.1)，可以得到两个相等的幂级数. 原微分方程要满足 x 的所有值，y' 和 $2xy$ 都是 x 的函数. 由于函数在以 x 的幂级数展开，只有一个级数

2

（见第 1 章第 1.11 节），且这两个级数必需相同，即对应的 x 的幂的系数必须相等. 从而可以得到系数 a 的一组方程

$$a_1 = 0, \quad a_2 = a_0, \quad a_3 = \frac{2}{3} a_1 = 0, \quad a_4 = \frac{1}{2} a_0, \tag{1.4}$$

或者对于一般式：

$$n a_n = 2 a_{n-2}, \quad a_n = \begin{cases} 0, & n \text{ 为奇数}, \\ \dfrac{2}{n} a_{n-2}, & n \text{ 为偶数}. \end{cases} \tag{1.5}$$

因为级数中只有偶数项，于是可令 $n = 2m$，得

$$a_{2m} = \frac{2}{2m} a_{2m-2} = \frac{1}{m} a_{2m-2} = \frac{1}{m} \frac{1}{m-1} a_{2m-4} = \cdots = \frac{1}{m!} a_0. \tag{1.6}$$

将系数值代入假定解式（1.2）中，可得原方程的解为

$$y = a_0 + a_0 x^2 + \frac{1}{2!} a_0 x^4 + \cdots + \frac{1}{m!} a_0 x^{2m} + \cdots = a_0 \sum_{m=0}^{\infty} \frac{x^{2m}}{m!}. \tag{1.7}$$

例 2 对比用初等方法求解（在这个例子中使用分离变量的方法）：

$$\frac{\mathrm{d}y}{y} = 2x \mathrm{d}x, \quad \ln y = x^2 + \ln c, \quad y = c e^{x^2}.$$

以 x^2 的幂级数展开，得到

$$y = c \left(1 + x^2 + \frac{x^4}{2!} + \cdots \right) = c \sum_{n=0}^{\infty} \frac{x^{2n}}{n!}$$

与级数解（1.7）相同，$c = a_0$.

你不能总是期望找到幂级数解的封闭形式（即一个初等函数，其级数解是幂级数展开式），但在简单的情况下，你可能能找到它. 当然，在这种情况下，这个问题不用级数法也可以解决，真正需要用级数法是在初等函数中没有封闭形式的问题中，你也应该能意识到，不是所有的解都有 x 幂的级数展开式，例如，$\ln x$ 或 $1/x^2$. 我们只能说，如果有一个解可以用收敛的幂级数表示，用这种方法就能求出它. 我们将在后面（第 12.21 节）讨论一些定理，这些定理告诉我们什么时候可以期望求出这样的解.

在下面的几节中，我们将讨论一些在应用问题中经常出现且通常用级数法求解的微分方程.

习题 12.1

用级数法和初等方法求解下列微分方程，并验证解是否一致. 请注意，求解这些习题的目标不是得到答案（这对计算机或动手计算来说很容易），而是熟悉使用级数法，求解后用计算机检查结果.

1. $xy' = xy + y$；

2. $y' = 3x^2 y$；

3. $xy' = y$；

4. $y'' = -4y$；

5. $y'' = y$；

6. $y'' - 2y' + y = 0$；

7. $x^2 y'' - 3xy' + 3y = 0$；

8. $(x^2 + 2x) y'' - 2(x+1) y' + 2y = 0$；

9. $(x^2 + 1) y'' - 2xy' + 2y = 0$；

10. $y'' - 4xy' + (4x^2 - 2) y = 0$.

12.2　勒让德方程

勒让德微分方程为

$$(1-x^2)y''-2xy'+l(l+1)y=0,\tag{2.1}$$

其中，l 是常数. 方程出现在球坐标下偏微分方程解中（见第 13 章第 13.7 节），在力学、量子力学、电磁理论、热学等球对称问题中也多见. 见第 12.5 小节的应用.

勒让德方程解是多项式，称为勒让德多项式. 方程解法之一是假定微分方程的级数解，级数在有限项之后截止.（求勒让德多项式还有其他方法，见第 12.4 节和第 12.5 节，第 3 章 3.14 节例 6.）假定 y 具有级数解式（1.2），逐项求导两次，得到 y' 和 y''：

$$\begin{cases} y=a_0+a_1x+a_2x^2+a_3x^3+a_4x^4+\cdots+a_nx^n+\cdots, \\ y'=a_1+2a_2x+3a_3x^2+4a_4x^3+\cdots+na_nx^{n-1}+\cdots, \\ y''=2a_2+6a_3x+12a_4x^2+20a_5x^3+\cdots+n(n-1)a_nx^{n-2}+\cdots. \end{cases}\tag{2.2}$$

将式（2.2）代入式（2.1），收集 x 的各项幂次的系数，很容易得到下面的列表：

	常数	x	x^2	x^3	$\cdots$ x^n $\cdots$
y''	$2a_2$	$6a_3$	$12a_4$	$20a_5$	$(n+2)(n+1)a_{n+2}$
$-x^2y''$			$-2a_2$	$-6a_3$	$-n(n-1)a_n$
$-2xy'$		$-2a_1$	$-4a_2$	$-6a_3$	$-2na_n$
$l(l+1)y$	$l(l+1)a_0$	$l(l+1)a_1$	$l(l+1)a_2$	$l(l+1)a_3$	$l(l+1)a_n$

接着，设 x 所有幂次的系数都为 0（因为，正如第 12.1 节所讨论的，y 必须满足式（2.1））. 对于 x 的前几次幂，得到

$$2a_2+l(l+1)a_0=0 \quad \text{或} \quad a_2=-\frac{l(l+1)}{2}a_0;$$

$$6a_3+(l^2+l-2)a_1=0 \quad \text{或} \quad a_3=-\frac{(l-1)(l+2)}{6}a_1;$$

$$12a_4+(l^2+l-6)a_2=0 \quad \text{或} \quad a_4=-\frac{(l-2)(l+3)}{12}a_2 \tag{2.3}$$

$$=\frac{l(l+1)(l-2)(l+3)}{4!}a_0;$$

并且从 x^n 系数得到

$$(n+2)(n+1)a_{n+2}+(l^2+l-n^2-n)a_n=0.\tag{2.4}$$

把式（2.4）中 a_n 的系数提公因式得到

$$l^2-n^2+l-n=(l+n)(l-n)+(l-n)=(l-n)(l+n+1).\tag{2.5}$$

那么可以用 a_n 来表示 a_{n+2} 的通式. 式（2.6）包含了式（2.3）的 a_2，a_3，a_4，并可求得任意偶数项系数是 a_0 的倍数，任意奇数项系数是 a_1 的倍数. 从式（2.4）解得 a_{n+2}，由式（2.5），有

$$a_{n+2} = -\frac{(l-n)(l+n+1)}{(n+2)(n+1)}a_n. \tag{2.6}$$

作为二阶微分方程的解，则式（2.1）的通解为两个级数的和，其中包含由给定初始条件确定的两个常数 a_0 和 a_1

$$y = a_0\left[1 - \frac{l(l+1)}{2!}x^2 + \frac{l(l+1)(l-2)(l+3)}{4!}x^4 - \cdots\right] +$$

$$a_1\left[x - \frac{(l-1)(l+2)}{3!}x^3 + \frac{(l-1)(l+2)(l-3)(l+4)}{5!}x^5 - \cdots\right]. \tag{2.7}$$

由比值判别法知式（2.6）在 $x^2 < 1$ 时收敛. 可以证明对于 $x^2 = 1$，它们一般不收敛.

例 考虑当 $l = 0$ 时的 a_1 级数. 如果 $x^2 = 1$，那么这个级数为 $1 + \frac{1}{3} + \frac{1}{5} + \cdots$，由积分判别法知它是发散的. 在很多应用中，$x$ 是角 θ 的余弦，而 l 是一个（非负）整数. 我们想要一个对所有 θ 都收敛的解，也就是一个在 $x = \pm 1$ 和 $|x| < 1$ 处收敛的解. 当 l 是整数时，我们总能找到一个（而不是两个）这样的解，具体如下.

勒让德多项式

我们已经看到，对于 $l = 0$，式（2.7）中的 a_1 级数是发散的. 但是 a_0 级数在 $l = 0$ 时，只有 $y = a_0$，其他所有项都包含因子 l. 如果 $l = 1$，a_0 级数在 $x^2 = 1$ 处发散，a_1 级数在 $y = a_1 x$ 处截止（因为 a_1 级数其余项都包含因子 $(l-1)$）. 对于任何整数 l，其中一个级数截止得出一个多项式解，另一个级数在 $x^2 = 1$ 处发散.（l 的负整数值可由已知解 l 的正数项得出，如 $l = -2$ 的 $y = a_1 x$ 多项式解与 $l = 1$ 的解相同，因此，习惯上 l 取非负值.）由此，非负整数 l 都有一个多项式解，可得勒让德方程的一组多项式解. 对于 $l = 0$，$y = a_0$，对于 $l = 1$，$y = a_1 x$，依此类推. 每个解都包含一个任意常数因子 a_0 或 a_1，在每个多项式中分别选择 a_0 或 a_1 值，使 $x = 1$ 时，$y = 1$，由此得到的多项式称为勒让德多项式，即 $P_l(x)$. 从式（2.6）和式（2.7）及 $P_l(1) = 1$，可求得前几项的勒让德多项式如下：

$$P_0(x) = 1, \quad P_1(x) = x, \quad P_2(x) = \frac{1}{2}(3x^2 - 1). \tag{2.8}$$

通过这种方法和其他方法求解再多一些勒让德多项式留在习题中. 对任何整数 l 都可以用这种方法求出 $P_l(x)$，但对于较大的 l，求勒让德多项式的更简单的方法将在第 12.4 节和第 12.5 节中介绍. 当然，如果只想得到特殊 P_l 的公式，可通过计算机或参考书找到.

特征值问题

在求解勒让德多项式作为勒让德方程（2.1）的解时，我们解决了一个特征值问题.（特征值问题见第 3 章第 3.11 及 3.12 节）. 在特征值问题中，给定一个方程或一组包含参数的方程，求满足某些特殊要求的解. 为得到这样的解，给参数选择特定的值，所选的值称为特征值. 在求勒让德多项式时，需要求勒让德方程（2.1）在 $x = \pm 1$ 处收敛的级数解. 我们知道参数取任意整数值，就可以得到这样的解. $l = 0, 1, 2, \cdots$，称为特征值，相应的解 $P_l(x)$ 称为特征函数.

第 3 章的特征值、特征矢量问题与本章的特征值、特征函数问题是一致的. 在第 3 章中，特征值方程为 $Mr = \lambda r$，其中 M 为矩阵算子，乘以特征矢量 r 得到 r 的 λ 倍数. 勒让德

方程为 $f(D)y(x)=l(l+1)y(x)$，其中，$f(D)$ 是微分算子，乘以特征函数 $y(x)$ 得到 $y(x)$ 的倍数. 有关使用微分方程解特征函数的例子，请参阅第 12.22 节和第 13 章.

　　勒让德多项式也称为第一类勒让德函数. 每个 l 的第二个解是无穷级数（当 $x^2<1$ 时收敛），称为第二类勒让德函数，用 $Q_l(x)$ 表示（见习题 12.2 第 4 题）. 函数 $Q_l(x)$ 不如多项式 $P_l(x)$ 常用. 对于分数 l，两个解都是无穷级数，应用情况更少.

习题 12.2

　　1. 用式（2.6）和式（2.7）以及 $P_l(l)=1$ 的要求条件，求 $P_2(x)$，$P_3(x)$ 和 $P_4(x)$ 并用计算机检查结果.

　　2. 证明：$P_l(-1)=(-1)^l$. 提示：$P_l(x)$ 什么时候是偶函数，什么时候是奇函数？

　　3. 利用计算机绘制，$l=0,1,2,3,4$，以及 x 从 -1 到 1 的 $P_l(x)$ 的图.

　　4. 利用降阶法［见第 8 章第 8.7(e)］和勒让德方程已知解 $P_l(x)$，求出积分形式的第二个解 $Q_l(x)$. 由计算 $l=0$ 和 $l=1$ 的积分，求出 Q_0 和 Q_1. 注意对数在 $x=\pm1$ 处的散度. 将 Q_0 中的对数展开，得到上述发散级数［见式（2.7）中的 a_1 级数，$l=0$，$x^2=1$］.

12.3　乘积导数的莱布尼茨法则

　　先讨论一个关于求乘积的高阶导数公式，叫作莱布尼茨法则. 接下来会用一个例子来说明. 当然可以用计算机计算数值问题，但我们的目的是理解在推导过程中用到的一般公式. 运用莱布尼茨法则，可能会发现求乘积的高阶导数的一些简单情况，这可能比将问题输入计算机的速度还要快（见习题 12.3 第 2 题 ~第 5 题）.

　　例　求 $\dfrac{\mathrm{d}^9}{\mathrm{d}x^9}(x\sin x)$

　　由莱布尼茨法则可得

$$x\frac{\mathrm{d}^9}{\mathrm{d}x^9}(\sin x)+9\frac{\mathrm{d}}{\mathrm{d}x}(x)\frac{\mathrm{d}^8}{\mathrm{d}x^8}(\sin x)+\frac{9\cdot8}{2!}\frac{\mathrm{d}^2}{\mathrm{d}x^2}(x)\frac{\mathrm{d}^7}{\mathrm{d}x^7}(\sin x)+\cdots. \tag{3.1}$$

这会让你想起二项式展开：

$$(a+b)^9=a^0b^9+9ab^8+\frac{9\cdot8}{2!}a^2b^7+\cdots.$$

式（3.1）中的系数实际上是二项式系数，每一项中两个导数的阶数之和为 9.（见习题 12.3 第 6 题中的第二个提示对理解和记忆有帮助）. 在这里，因式的导数在前几项之后变成了 0，因此节省很多工作. 在式（3.1）中，$(\mathrm{d}^2/\mathrm{d}x^2)(x)=0$，并且 x 的所有高阶导数均为 0，得到

$$\frac{\mathrm{d}^9}{\mathrm{d}x^9}(x\sin x)=x\frac{\mathrm{d}^9}{\mathrm{d}x^9}(\sin x)+9\frac{\mathrm{d}^8}{\mathrm{d}x^8}(\sin x)=x\cos x+9\sin x.$$

习题 12.3

1. 根据莱布尼茨法则，写出 $(\mathrm{d}^n/\mathrm{d}x^n)(uv)$ 的公式.
用第 1 题的结论求下列导数.

2. $(\mathrm{d}^{10}/\mathrm{d}x^{10})(xe^x)$；

3. $(\mathrm{d}^6/\mathrm{d}x^6)(x^2\sin x)$；

4. $(\mathrm{d}^{25}/\mathrm{d}x^{25})(x\cos x)$；

5. $(\mathrm{d}^{100}/\mathrm{d}x^{100})(x^2e^{-x})$.

6. 验证第 1 题. 提示：一种方法用数学归纳法，另一种方法是利用

$$\frac{\mathrm{d}}{\mathrm{d}x}(uv) = D(uv) = (D_u + D_v)(uv),$$

其中 D_u 只作用于 u，D_v 只作用于 v，也就是说，$D_u(uv)$ 意味着 $v(\mathrm{d}u/\mathrm{d}x)$ 等. 则有：

$$\frac{\mathrm{d}^n}{\mathrm{d}x^n}(uv) = (D_u + D_v)^n(uv).$$

用二项式定理展开 $(D_u + D_v)^n$，得到莱布尼茨法则.

12.4 罗德里格斯公式

还有其他方法求 l 为整数时勒让德方程的勒让德多项式解. 下面将证明利用罗德里格斯公式可以正确地给出勒让德多项式 $P_l(x)$. 罗德里格斯公式如下：

$$P_l(x) = \frac{1}{2^l l!} \frac{\mathrm{d}^l}{\mathrm{d}x^l}(x^2 - 1)^l. \tag{4.1}$$

证明分为两部分. 首先证明如果

$$v = (x^2 - 1)^l, \tag{4.2}$$

那么 $\mathrm{d}^l v/\mathrm{d}x^l$ 是勒让德方程的一个解. 再证明式（4.1）中 $P_l(1) = 1$.

为了证明第一部分，对式（4.2）两边求导，再乘以 $(x^2 - 1)$ 得到

$$(x^2 - 1)\frac{\mathrm{d}v}{\mathrm{d}x} = (x^2 - 1) l (x^2 - 1)^{l-1} \cdot 2x = 2lxv. \tag{4.3}$$

对上式求导 $l+1$ 次（利用莱布尼茨法则求导）得到

$$(x^2 - 1)\frac{\mathrm{d}^{l+2}v}{\mathrm{d}x^{l+2}} + (l+1)(2x)\frac{\mathrm{d}^{l+1}v}{\mathrm{d}x^{l+1}} + \frac{(l+1)l}{2!} \cdot 2 \cdot \frac{\mathrm{d}^l v}{\mathrm{d}x^l} = 2lx\frac{\mathrm{d}^{l+1}v}{\mathrm{d}x^{l+1}} + 2l(l+1)\frac{\mathrm{d}^l v}{\mathrm{d}x^l}. \tag{4.4}$$

整理式（4.4）得到（见习题 12.4 第 1 题）

$$(1 - x^2)\left(\frac{\mathrm{d}^l v}{\mathrm{d}x^l}\right)'' - 2x\left(\frac{\mathrm{d}^l v}{\mathrm{d}x^l}\right)' + l(l+1)\frac{\mathrm{d}^l v}{\mathrm{d}x^l} = 0. \tag{4.5}$$

这就是由 $y = \mathrm{d}^l v/\mathrm{d}x^l$ 而得式（2.1）的勒让德方程. 由此可知，$\mathrm{d}^l v/\mathrm{d}x^l = (\mathrm{d}^l/\mathrm{d}x^l)(x^2 - 1)^l$ 是勒让德方程的解. 它是一个 l 次多项式，由于我们以前把 l 次多项式的解称为勒让德多项式 $P_l(x)$，故必须有 $P_l(1) = 1$. 在习题 12.4 第 2 题中概述了一个证明式（4.1）中函数 $P_l(x)$ 为 $P_l(1) = 1$ 的简单方法.

习题 12.4

1. 验证式（4.4）和式（4.5）.

2. 用下面的方法证明 $P_l(1) = 1$，$P_l(x)$ 由式（4.1）给出. $(x^2 - 1)^l$ 分解成 $(x+1)^l (x-1)^l$，用莱布尼茨法则对乘积求导 l 次. 不用写很多项就可以看到除了一项之外每项都包含因子 $x-1$，当 $x=1$ 时，$x-1$ 变成 0. 以此计算式（4.1）的 $P_l(x)$，当 $x=1$ 时，得到 $P_l(1) = 1$.

3. 由罗德里格斯公式（4.1）计算 $P_0(x)$，$P_1(x)$，$P_2(x)$，$P_3(x)$ 和 $P_4(x)$ 并用计算机检查结果.

4. 如果 $m<l$，证明：$\int_{-1}^{1} x^m P_l(x)\mathrm{d}x = 0$. 提示：由罗德里格斯公式（4.1）和分部积分，对 x 的幂进行微分，对导数进行积分.

12.5　勒让德多项式的生成函数

函数

$$\Phi(x,h) = (1-2xh+h^2)^{-1/2}, \quad |h|<1, \tag{5.1}$$

称为勒让德多项式的生成函数，将证明：

$$\Phi(x,h) = P_0(x) + hP_1(x) + h^2P_2(x) + \cdots = \sum_{l=0}^{\infty} h^l P_l(x), \tag{5.2}$$

其中函数 $P_l(x)$ 是勒让德多项式. （关于级数收敛性的讨论，见习题 14.2 第 43 题）. 验证式 （5.2）中的前几项. 为简单起见，将 $2xh-h^2 = y$ 代入式 （5.1） 中，以 y 的幂次展开 $(1-y)^{-1/2}$，再代入 $y=2xh-h^2$，整理 h 的幂得到

$$\begin{aligned}
\Phi = (1-y)^{-1/2} &= 1+\frac{1}{2}y+\frac{\frac{1}{2}\cdot\frac{3}{2}}{2!}y^2+\cdots \\
&= 1+\frac{1}{2}(2xh-h^2)+\frac{3}{8}(2xh-h^2)^2+\cdots \\
&= 1+xh-\frac{1}{2}h^2+\frac{3}{8}(4x^2h^2-4xh^3+h^4)+\cdots \\
&= 1+xh+h^2\left(\frac{3}{2}x^2-\frac{1}{2}\right)+\cdots \\
&= P_0(x)+hP_1(x)+h^2P_2(x)+\cdots.
\end{aligned} \tag{5.3}$$

这只是对 $P_l(x)$ 前几项的验证，不是对式 （5.2） 中勒让德多项式的证明. 为证明结论，必须证明它们满足勒让德方程且 $P_l(1)=1$，后者很容易证明. 设式 （5.1） 和式 （5.2） 中 $x=1$，得到

$$\begin{aligned}
\Phi(1,h) = (1-2h+h^2)^{-1/2} &= \frac{1}{1-h} = 1+h+h^2+\cdots \\
&\equiv P_0(1)+P_1(1)h+P_2(1)h^2+\cdots.
\end{aligned} \tag{5.4}$$

因为这是关于 h 的恒等式，式 （5.2） 中函数 $P_l(x)$ 满足 $P_l(1)=1$. 为证明它们满足勒让德方程，我们将使用下面的方程，此方程可从式 （5.1） 通过简单的微分和一些代数运算来验证 （见习题 12.5 第 2 题）：

$$(1-x^2)\frac{\partial^2\Phi}{\partial x^2}-2x\frac{\partial\Phi}{\partial x}+h\frac{\partial^2}{\partial h^2}(h\Phi) = 0. \tag{5.5}$$

将 Φ 的级数 （5.2） 代入式 （5.5） 得到

$$(1-x^2)\sum_{l=0}^{\infty}h^l P_l''(x) - 2x\sum_{l=0}^{\infty}h^l P_l'(x) + \sum_{l=0}^{\infty}l(l+1)h^l P_l(x) = 0. \tag{5.6}$$

这是 h 中的恒等式，所以 h 的每个一次幂的系数必须是零. 设 h^l 的系数为零得

$$(1-x^2)P_l''(x)-2xP_l'(x)+l(l+1)P_l(x) = 0. \tag{5.7}$$

这就是勒让德方程，我们已经证明了式 （5.2） 中的函数 $P_l(x)$ 是满足勒让德方程的解.

8

递推公式

生成函数用于推导勒让德多项式的递推关系，也称递归关系。这些递推关系是关于 x 的恒等式，可以简化证明和推导。下面是递归关系的一些例子

$$
\begin{aligned}
&\text{(a)} \quad lP_l(x) = (2l-1)xP_{l-1}(x) - (l-1)P_{l-2}(x), \\
&\text{(b)} \quad xP_l'(x) - P_{l-1}'(x) = lP_l(x), \\
&\text{(c)} \quad P_l'(x) - xP_{l-1}'(x) = lP_{l-1}(x), \\
&\text{(d)} \quad (1-x^2)P_l'(x) = lP_{l-1}(x) - lxP_l(x), \\
&\text{(e)} \quad (2l+1)P_l(x) = P_{l+1}'(x) - P_{l-1}'(x), \\
&\text{(f)} \quad (1-x^2)P_{l-1}'(x) = lxP_{l-1}(x) - lP_l(x).
\end{aligned}
\tag{5.8}
$$

现在推导式（5.8a），其他方程的推导与此类似。由式（5.1）得

$$
\frac{\partial \Phi}{\partial h} = -\frac{1}{2}(1 - 2xh + h^2)^{-3/2}(-2x + 2h);
$$

即 $\quad (1 - 2xh + h^2)\dfrac{\partial \Phi}{\partial h} = (x - h)\Phi.$
$$\tag{5.9}$$

将级数（5.2）及其对 h 的导数代入式（5.9），得

$$
(1 - 2xh + h^2)\sum_{l=1}^{\infty} lh^{l-1}P_l(x) = (x - h)\sum_{l=0}^{\infty} h^l P_l(x).
$$

这是 h 中的恒等式，设欲使 h^{l-1} 的系数对应相等，则需仔细对应好 h^{l-1} 项，得到

$$
lP_l(x) - 2x(l-1)P_{l-1}(x) + (l-2)P_{l-2}(x) = xP_{l-1}(x) - P_{l-2}(x).
\tag{5.10}
$$

它可以化简为式（5.8a）。对较小 l 的勒让德多项式，利用递归关系式（5.8a）是求取勒让德多项式的简单方法（见习题 12.5 第 3 题）。

电势的扩展

生成函数在涉及与任何反平方力相关的势的问题中是有用的。距离为 d 的两个质点之间的引力与 $1/d^2$ 成正比，相应的势能与 $1/d$ 成正比。同样，距离为 d 的两个电荷之间的静电力与 $1/d^2$ 成正比，相关静电势能与 $1/d$ 成正比。

例 1 每种情况都可把势能写成

$$
V = \frac{K}{d},
\tag{5.11}
$$

其中 K 是比例常数。在图 12.5.1 中，设两个质点（或电荷）位于矢量 r 和 R 的终点，根据余弦定理，它们之间的距离为

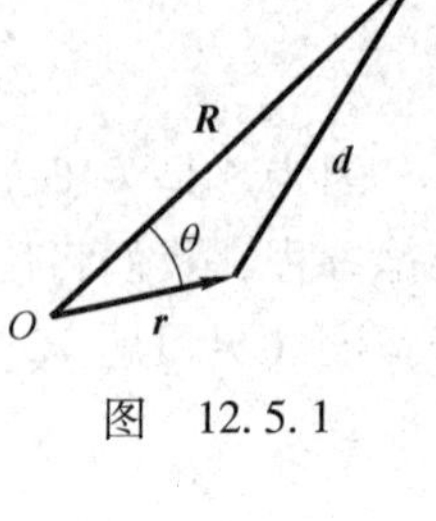

$$
\begin{aligned}
d &= |\boldsymbol{R} - \boldsymbol{r}| \\
&= \sqrt{R^2 - 2Rr\cos\theta + r^2} \\
&= R\sqrt{1 - 2\frac{r}{R}\cos\theta + \left(\frac{r}{R}\right)^2}.
\end{aligned}
\tag{5.12}
$$

图 12.5.1

重力或者电势是

$$
V = \frac{K}{R}\left[1 - \frac{2r}{R}\cos\theta + \left(\frac{r}{R}\right)^2\right]^{-1/2}.
\tag{5.13}
$$

对于 $|r| < |R|$，变量替换为

$$h = \frac{r}{R},$$

$$x = \cos\theta. \tag{5.14}$$

（注意：x 不是坐标，只是关于 $\cos\theta$ 的一个新变量）. 用式（5.1）中生成函数 Φ 有

$$d = R\sqrt{1 - 2hx + h^2},$$

$$V = \frac{K}{R}(1 - 2hx + h^2)^{-1/2} = \frac{K}{R}\Phi. \tag{5.15}$$

利用式（5.2），可把势 V 写成无穷级数

$$V = \frac{K}{R}\sum_{l=0}^{\infty} h^l P_l(x). \tag{5.16}$$

或者 r 和 θ 的形式［使用式（5.14）］为

$$V = \frac{K}{R}\sum_{l=0}^{\infty} \frac{r^l P_l(\cos\theta)}{R^l} = K\sum_{l=0}^{\infty} \frac{r^l P_l(\cos\theta)}{R^{l+1}}. \tag{5.17}$$

在许多应用中，距离 $|R|$ 比 $|r|$ 大得多. 由于因子 $(r/R)^l$ 的存在，级数（5.17）的项在量级上迅速下降，而电势可以通过使用级数中的少数项来近似.

通过考虑下面问题，我们可以使式（5.17）更加一般化和有用.（我们将讨论确定性的电荷的情况，引力的情况可以用类似的方式讨论.）

例 2　假设 r_i 点上有大量的电荷 q_i，r_i 处电荷 q_i 在 R 点引起的静电势 V_i 是一对电荷的静电势能，即 R 处的单位电荷和 r_i 处的电荷 q_i. 由式（5.11）和式（5.12）式（5.17）给出下面式子，$r = r_i$，$\theta = \theta_i$ 和 $K = q_i \cdot 1 \cdot K'$，其中，K' 是数值常数取决于单位的选择.

$$V_i = K' q_i \sum_{l=0}^{\infty} \frac{r_i^l P_l(\cos\theta_i)}{R^{l+1}}. \tag{5.18}$$

由 R 处所有电荷 q_i 引起的总电势 V 是对 i 求级数（5.18）之和，即

$$V = \sum_i V_i = K'\sum_i q_i \sum_{l=0}^{\infty} \frac{r_i^l P_l(\cos\theta_i)}{R^{l+1}} = K'\sum_{l=0}^{\infty} \frac{\sum_i q_i r_i^l P_l(\cos\theta_i)}{R^{l+1}}. \tag{5.19}$$

例 3　如果是连续电荷分布，而不是一组离散的电荷，那么对 i 的求和就变成了积分，即

$$\int r^l P_l(\cos\theta)\,\mathrm{d}q \quad \text{或者} \quad \iiint r^l P_l(\cos\theta)\rho\,\mathrm{d}\tau. \tag{5.20}$$

其中 ρ 是电荷密度，积分是电荷分布所占的空间. 那么式（5.19）变为

$$V = K'\sum_l \frac{1}{R^{l+1}}\iiint r^l P_l(\cos\theta)\rho\,\mathrm{d}\tau. \tag{5.21}$$

对级数（5.21）中的项可给出物理解释. $l = 0$ 项为

$$\frac{1}{R}\iiint \rho\,\mathrm{d}\tau = \frac{1}{R}. （总电荷） \tag{5.22}$$

因此，如果 R 与电荷分布点的所有 r_i 或所有 r 值相比足够大，那么可以将分布的势近似为单个电荷在原点的势，其大小等于分布的总电荷. 级数（5.21）的 $l = 1$ 项为

$$\frac{1}{R^2} \iiint r\cos\theta \rho \, \mathrm{d}\tau. \tag{5.23}$$

对此解释如下：一对电荷 $+q$ 和 $-q$ 在距离为 d 时的电偶极矩（见图 12.5.2）定义为矢量 $q\boldsymbol{d}$，其中 $\boldsymbol{d}$ 是从 $-q$ 到 $+q$ 的矢量. 由于矢量 $q\boldsymbol{d}$ 等于 $q(\boldsymbol{r}_1-\boldsymbol{r}_2)=q\boldsymbol{r}_1-q\boldsymbol{r}_2$，通常称 $q\boldsymbol{r}_1$ 和 $-q\boldsymbol{r}_2$ 为 $+q$ 和 $-q$ 关于 O 的偶极矩，由这两个电荷引起的总偶极矩就是这两个矩之和. 如计算所有电荷 q_i 关于 O 的偶极矩，这是矢量和 $\sum_i q_i r_i \cos\theta_i$，$\theta_i$ 是 $\boldsymbol{R}$ 和 $\boldsymbol{r}_i$ 的夹角. 在连续电荷分布的情况下，其和为

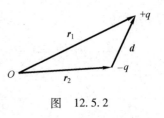

图　12.5.2

$$\iiint r\cos\theta \rho \, \mathrm{d}\tau. \tag{5.24}$$

因此，由式（5.23）和式（5.24）可知，式（5.21）级数的第二项等于 $1/R^2$ 乘以电荷分布的偶极矩在 $\boldsymbol{R}$ 方向上的分量. 第一项式（5.21）涉及总电荷（标量，即零阶张量），第二项涉及偶极矩（矢量，即一阶张量），第三项涉及二阶张量称为电荷分布四极矩张量，第四项涉及三阶张量称为八极矩张量等（更多细节见习题 12.15）.

例 4 给定电荷或质量分布，可以计算出各阶矩和式（5.21）中的项. 其逆过程通常在应用问题上很有趣. 设想一颗环绕地球运行的卫星，在地球质量的引力场中运动. 如果地球的质量分布是球对称的，那么只有第一项会出现在引力势的级数中［此级数（5.21）用质量密度 ρ 代替电荷密度］，但由于地球不是一个完美的球体（如赤道凸起等），式（5.21）中还存在其他项，相应产生的力会影响卫星的运动. 根据对卫星轨道的精确测量，可计算出很多该级数的项. 类似地，在电场的情况下，实验测量提供关于原子和原子核内部电荷分布的信息，在这里的讨论和方程（5.21）提供了解释这些测量的基础，以及在讨论时使用的概念和术语.

习题 12.5

1. 通过在生成函数展开式（5.3）中再得到一项来求 $P_3(x)$.

2. 用式（5.1）验证式（5.5）.

3. 用递归关系（5.8a）以及 $P_0(x)$ 和 $P_1(x)$ 的值，求 $P_2(x)$，$P_3(x)$，$P_4(x)$，$P_5(x)$ 和 $P_6(x)$.（求出 $P_3(x)$ 之后，再用它求 $P_4(x)$ 及高阶多项式）.

4. 由式（5.1）证明：

$$(x-h)\frac{\partial \Phi}{\partial x} = h\frac{\partial \Phi}{\partial h}$$

用上式替代式（5.2）中 Φ，也进而证明递归关系（5.8b）.

5. 对递归关系（5.8a）求导，利用递归关系（5.8b）用 $l-1$ 替换 l，证明递归关系（5.8c）.

6. 由式（5.8b）和式（5.8c）得到式（5.8d）和式（5.8f）. 在式（5.8d）中，对 x 求导并消去 $P'_{l-1}(x)$，结果应是勒让德方程. 第 4 题至第 6 题的推导构成了式（5.5）~式（5.7）的另一种证明式（5.2）中的函数 $P_l(x)$ 是勒让德多项式.

7. 在式（5.8c）中以 $l+1$ 替换 l，并用它消除式（5.8b）中的 $xP'_l(x)$ 项，可得式（5.8e）.

用勒让德多项式的线性组合表示下列每个多项式. 提示：从 x 的最高次幂开始，求出正确的组合.

8. $5-2x$　　　　　　　　9. $3x^2+x-1$　　　　　　　　10. x^4

11. $x-x^3$ 12. $7x^4-3x+1$ 13. x^5

14. 证明：任何 n 次多项式都可以写成 $l \leqslant n$ 勒让德多项式的线性组合.

15. 用下列方法展开式 (5.11) 中的势 $V=K/d$, 以了解这些项如何依赖于上面提到的张量. 在图 12.5.1 中, 设 $\boldsymbol{R}$ 的坐标为 X, Y, Z, 而 $\boldsymbol{r}$ 的坐标为 x, y, z. 〔注意：这里的 x 坐标不是式 (5.14) 中的 x〕. 则有：

$$V=\frac{K}{d}=K\left[(X-x)^2+(Y-y)^2+(Z-z)^2\right]^{-1/2}.$$

假设 X, Y, Z 为常数, 将 $V(x,y,z)$ 展开成关于原点的关于三个变量的幂级数. （见第 4 章第 4.2 节关于双变量幂级数的讨论和方法的推广.） 可以求出：

$$V=\frac{K}{R}+\frac{K}{R^2}\left(\frac{X}{R}x+\cdots\right)+\frac{K}{R^3}\left[\left(\frac{3}{2}\frac{X^2}{R^2}-\frac{1}{2}\right)x^2+\cdots+\frac{3}{2}\frac{X}{R}\frac{Y}{R}2xy+\cdots\right]+\cdots$$

以及 y, z, y^2, xz 类似项等. 对式 (5.18) 中的电荷分布, 设 $\boldsymbol{r}=\boldsymbol{r}_i$ 和 $K=K'q_i$ 并对电荷分布求和 （或积分）, 证明第一项是 (K'/R) 乘以总电荷, 在 x, y, z 中下一组涉及电偶极矩的三个分量, 这些项的和是 (K'/R^2) 乘以偶极矩在 $\boldsymbol{R}$ 方向的分量；下一组 （二次项） 包含六个量的形式：

$$\iiint x^2\rho\,d\tau \quad 类似的写出 y, z 项的积分,$$

$$\iiint 2xy\rho\,d\tau \quad 类似的写出 xz, yz 项的积分,$$

如果我们把 $2xy$ 项分解成 xy 和 yx （对于 $2xz$ 和 $2yz$ 项也是类似的）, 有一个二阶张量的 9 个分量, 称之四极矩. 用第 10 章第 10.2 节的直积法证明它是二阶张量 （根据第 10 章定义可知, x, y, z 是矢量的分量, 也即一阶张量. 正如两个电荷 $+q$ 和 $-q$ 形成电偶极子一样, 四个这样的电荷 ⁺⬛⁻ 形成电四极子, V 数列中的二次项给出了这种电荷构型的势. 再由第 10 章第 10.2 节, 证明 x, y, z 的三阶项构成了一个三阶张量, 称为八极矩, 它可以用两个四极子并排表示, 就像上面的四极子由两个偶极子并排构成一样).

12.6 正交函数的完备集

正交函数

如果两个矢量 $\boldsymbol{A}$ 和 $\boldsymbol{B}$ 的标量积是为 0, 那么它们正交, 即矢量 $\boldsymbol{A}$ 与 $\boldsymbol{B}$ 垂直, 也就是说满足

$$\sum_i A_i B_i = 0. \tag{6.1}$$

见第 3 章第 3.14 节, 可以把函数看作矢量空间的元素, 类比式 (6.1), 两个函数 $A(x)$ 和 $B(x)$ 在 (a,b) 上正交, 如果有

$$\int_a^b A(x)B(x)\,dx = 0. \tag{6.2}$$

如果函数 $A(x)$ 和 $B(x)$ 是复数, 且

$$\int_a^b A^*(x)B(x)\,dx = 0, \tag{6.3}$$

则 $A(x)$ 和 $B(x)$ 在 (a,b) 上正交, 其中 $A^*(x)$ 是 $A(x)$ 的共轭复数 （见习题 12.6 第 1 题）.

如果 $A(x)$ 和 $B(x)$ 是实数, 则式 (6.3) 与式 (6.2) 相同, 可取式 (6.3) 作为 $A(x)$ 和 $B(x)$ 在 (a,b) 的正交性的一般定义.

如果有一组函数 $A_n(x)$，其中 $n = 1, 2, 3, \cdots$，以及

$$\int_a^b A_n^*(x) A_m(x) \mathrm{d}x = \begin{cases} 0, & \text{当 } m \neq n \text{ 时,} \\ \text{常数} \neq 0, & \text{当 } m = n \text{ 时,} \end{cases} \tag{6.4}$$

那么函数 $A_n(x)$ 称为一组正交函数. 在傅里叶级数中已经用过这样的函数集［见第 7 章式 (5.2)］：

$$\int_{-\pi}^{\pi} \sin nx \sin mx \mathrm{d}x = \begin{cases} 0, & \text{当 } m \neq n \text{ 时,} \\ \pi, & \text{当 } m = n \neq 0 \text{ 时.} \end{cases} \tag{6.5}$$

因此，$\sin nx$ 是一组 $(-\pi, \pi)$ 区间或其他间隔 2π 的区间的正交函数. 同样，$\cos nx$ 也是 $(-\pi, \pi)$ 上的正交函数. 由 $\sin nx$ 和 $\cos nx$ 所组成的整个集合，也是一组 $(-\pi, \pi)$ 区间的正交函数，因为对于任意 n 和 m 有

$$\int_{-\pi}^{\pi} \sin nx \cos mx \mathrm{d}x = 0.$$

我们还用过复变函数集 e^{inx}，对此函数集，正交性由式 (6.4) 给出，即

$$\int_{-\pi}^{\pi} (\mathrm{e}^{inx})^* \mathrm{e}^{imx} \mathrm{d}x = \int_{-\pi}^{\pi} \mathrm{e}^{-inx} \mathrm{e}^{imx} \mathrm{d}x = \begin{cases} 0, & \text{当 } m \neq n \text{ 时,} \\ 2\pi, & \text{当 } m = n \text{ 时.} \end{cases} \tag{6.6}$$

$\sin nx$ 和 $\cos nx$（或 e^{inx}）是用于在 $(-\pi, \pi)$ 区间展开傅里叶级数的函数. 这是在求系数时用到的正交性质. 将方程 $f(x) = \sum_{m=-\infty}^{\infty} c_m \mathrm{e}^{imx}$ 乘以 e^{-inx} 并积分，根据正交性式 (6.6)，除 c_n 项外，级数中所有项的积分均为零. 除了三角函数和指数函数外，还有许多其他的正交函数族. 就像我们用三角函数族或者指数函数族展开傅里叶级数中的函数一样，也可用其他的正交函数族展开一个函数. 在证明函数 $P_l(x)$ 是正交的之后，我们将证明这一点.

完备集

用正交函数族展开函数时，还有一个重要的问题需要考虑. 矢量是用其分量和基矢量 $\boldsymbol{i}$，$\boldsymbol{j}$，$\boldsymbol{k}$ 来表示的. 在二维空间中只需要两个基矢量 $\boldsymbol{i}$ 和 $\boldsymbol{j}$. 但如果用 $\boldsymbol{i}$ 和 $\boldsymbol{j}$ 表示三维矢量，则会有很多矢量不能表示. 也就是说（在三维空间中）$\boldsymbol{i}$ 和 $\boldsymbol{j}$ 不构成基矢量的完备集，简单来说就是有另一个矢量 $\boldsymbol{k}$ 与 $\boldsymbol{i}$ 和 $\boldsymbol{j}$ 都正交（这可推广到 n 维情况）. 如果在所考虑的维数空间中，不再有其他矢量与所有正交基矢量正交，那么就称这组正交基矢量是完备的. 通过类比，可以定义一组在一个给定区间上的正交函数. 如果没有其他函数与它们正交，那么其在这个区间上是完备的. 在三维空间中有矢量不能只用 $\boldsymbol{i}$ 和 $\boldsymbol{j}$ 来表示，类似地，也存在函数不能用不是完备正交函数族的级数表示. 在傅里叶级数中讨论了一个例子（第 7 章第 7.11 小节）. 如果试图用傅里叶级数表示声波，那么不能漏掉任何谐波. 也就是说，若忽略 n 的一些值，函数 $\sin nx$，$\cos nx$ 在 $(-\pi, \pi)$ 上的集合是不完备的. 另一个例子是，$\sin nx$ 的函数集是关于 $(-\pi, \pi)$ 的正交集，但它并不完备，为了得到一个完备集，必须包含函数 $\cos nx$，在傅里叶级数中是这么做的. 另一方面，$\sin nx$ 是 $(0, \pi)$ 上的完备集，利用这个结论，对 $(0, \pi)$ 上的函数，定义 $(-\pi, 0)$ 使其为奇函数，就可以展开为正弦级数. 类似地，$\cos nx$ 也是 $(0, \pi)$ 上的完备集. 在本章中我们对勒让德多项式在 $(-1, 1)$ 上是完备集感兴趣，但没有加以证明.

习题 12.6

1. 证明：如果 $\int_a^b A^*(x) B(x) \mathrm{d}x = 0$［见式 (6.3)］，则 $\int_a^b A(x) B^*(x) \mathrm{d}x = 0$，反之亦然.

2. 证明：函数 $e^{in\pi\frac{x}{l}}(n=0,1,2,\cdots)$ 是 $(-l,l)$ 上的正交函数.

3. 证明：函数 x^2 和 $\sin x$ 在 $(-1,1)$ 上是正交的. 提示：见第 7 章第 7.9 节.

4. 证明：如果 $f(x)$ 是偶函数，$g(x)$ 是奇函数，那么函数 $f(x)$ 和 $g(x)$ 在 $(-a,a)$ 上正交（见第 3 题）.

5. 求 $\int_{-1}^{1} P_0(x)P_2(x)\mathrm{d}x$ 的值并证明这些函数在 $(-1,1)$ 上正交.

6. 用两种方法证明 $P_l(x)$ 和 $P_l'(x)$ 在 $(-1,1)$ 上正交. 提示：见第 4 题.

7. 通过将函数 $f(x)=1$ 在 $(-\pi,\pi)$ 上展开，证明：$\sin nx$ 函数集不是 $(-\pi,\pi)$ 上的完备集.

8. 证明：函数 $\cos\left(n+\dfrac{1}{2}\right)x,\ n=0,1,2,\cdots$，在 $(0,\pi)$ 上正交. 在 $(0,\pi)$ 上以它的形式展开函数 $f(x)=1$（它是完备集吗？见第 7 章第 7.11 节末尾）.

9. 用两种方法证明 $\int_{-1}^{1} P_{2n+1}(x)\mathrm{d}x=0$.

12.7　勒让德多项式的正交性质

我们将证明勒让德多项式是一组在 $(-1,1)$ 上的正交函数，也就是满足

$$\int_{-1}^{1} P_l(x)P_m(x)\mathrm{d}x = 0 \quad 除非\ l=m. \tag{7.1}$$

为了证明这一点，我们改写了勒让德微分方程（2.1）的形式

$$\frac{\mathrm{d}}{\mathrm{d}x}\left[(1-x^2)P_l'(x)\right]+l(l+1)P_l(x)=0. \tag{7.2}$$

多项式 $P_l(x)$ 和 $P_m(x)$ 为式（7.2）的解，将 $P_l(x)$ 方程乘以 $P_m(x)$，$P_m(x)$ 方程乘以 $P_l(x)$，然后两式相减得到

$$P_m(x)\frac{\mathrm{d}}{\mathrm{d}x}\left[(1-x^2)P_l'(x)\right]-P_l(x)\frac{\mathrm{d}}{\mathrm{d}x}\left[(1-x^2)P_m'(x)\right]+ \\ \left[l(l+1)-m(m+1)\right]P_m(x)P_l(x)=0. \tag{7.3}$$

式（7.3）的前两项可写成

$$\frac{\mathrm{d}}{\mathrm{d}x}\left[(1-x^2)(P_mP_l'-P_lP_m')\right] \tag{7.4}$$

其中，为简单起见，用了记号 $P_l=P_l(x)$ 等，对式（7.3）在 -1 和 1 之间积分，再由式（7.4）可得

$$(1-x^2)(P_mP_l'-P_lP_m')\bigg|_{-1}^{1}+\left[l(l+1)-m(m+1)\right]\int_{-1}^{1}P_m(x)P_l(x)\mathrm{d}x=0. \tag{7.5}$$

因为当 $x=\pm1$ 时 $(1-x^2)=0$，所以积分项为 0，而 $P_m(x)$ 和 $P_l(x)$ 是有限的. 除了 $m=l$ 外积分前括号不等于 0，因此当 $l\neq m$ 时积分为 0. 由此可得式（7.1）.

此方法是一种标准方法，可用于许多正交函数族，利用这些函数所满足的微分方程来证明正交性.

可把 n 次多项式写成小于等于 n 阶勒让德多项式的线性组合，因此，由式（7.1），阶数小于 l 的多项式正交于 $P_l(x)$：

$$\int_{-1}^{1} P_l(x)\cdot(阶数小于\ l\ 的多项式)\mathrm{d}x=0. \tag{7.6}$$

习题 12.7

1. 用类似于证明 P_l 在 $(-1,1)$ 上是正交函数族的方法，证明 $y_n'' = -n^2 y_n$ 的解是 $(-\pi,\pi)$ 上的正交函数族. 提示：y_n 的解是什么函数，不要用函数本身，可以用它们的值和导数的值在 $(-\pi,\pi)$ 上计算方程的积分部分.

2. 按式（7.2）到式（7.5）的方法，证明：微分方程的解
$$(1-x^2)y'' - 2xy' + [l(l+1) - (1-x^2)^{-1}]y = 0$$
是 $(-1,1)$ 上的一组正交函数.

3. 证明：如果 $m < l$，那么有 $\int_{-1}^{1} P_m(x)P_l(x)\,\mathrm{d}x = 0$. 注意：这相当于用罗德里格公式而不是用微分方程证明正交性.

4. 用方程（7.6）证明：$\int_{-1}^{1} P_l(x)P_{l-1}'(x)\,\mathrm{d}x = 0$. 提示：$P_{l-1}'(x)$ 的阶数是多少？证明 $\int_{-1}^{1} P_l'(x)P_{l+1}(x)\,\mathrm{d}x = 0$.

5. 证明：$\int_{-1}^{1} P_l(x)\,\mathrm{d}x = 0$，$l > 0$. 提示：考虑 $\int_{-1}^{1} P_l(x)P_0(x)\,\mathrm{d}x$.

6. 说明 $P_1(x)$ 与 $[P_l(x)]^2$ 在 $(-1,1)$ 上正交.

12.8 勒让德多项式的归一化

如果求矢量 A 和其自身的标量积，即 $A \cdot A = A^2$，可得矢量模的平方，或称范数. 如果用 A 除以矢量的模，则得到一个单位矢量. 第 3 章第 3.14 节证明了可以把函数看作矢量空间的矢量，定义函数 $A(x)$ 在 (a,b) 上的范数 N 为 ［见第 3 章方程（14.2）］

$$\int_a^b A^*(x)A(x)\,\mathrm{d}x = \int_a^b |A(x)|^2\,\mathrm{d}x = N^2.$$

可以说这个函数 $N^{-1}A(x)$ 是归一化的. 与单位矢量一样，归一化函数的范数为 1，因子 N^{-1} 称为归一化因子. 例如，$\int_0^\pi \sin^2 nx\,\mathrm{d}x = \pi/2$，$\sin nx$ 在 $(0,\pi)$ 上的范数是 $\sqrt{\pi/2}$，而函数 $\sqrt{2/\pi}\sin nx$ 在 $(0,\pi)$ 上的范数是 1，也就是说，它们是归一化的. 一组归一化的正交函数称为归一化正交函数集. 例如，$\sqrt{2/\pi}\sin nx$ 在 $(0,\pi)$ 上是归一化正交函数集.

这样一组标准正交函数会让我们想起 i，j，k. 与单位矢量一样，这些函数是正交的并且范数为 1. 如果矢量空间的元素是函数，那么可以用函数的归一化正交函数集作为空间的基矢量. 当用它们来展开其他函数时，类似用 i，j，k 来表示三维矢量. 例如，函数 $f(x)$ 在 $(0,\pi)$ 上的傅里叶正弦级数展开式为

$$f(x) = \sum B_n \sqrt{\frac{2}{\pi}} \sin nx$$

函数 $f(x)$ 称为分量为 B_n 的矢量，基矢量为 $\sqrt{2/\pi}\sin nx$. 因此，在量子力学中，经常将描述物理系统状态的函数称为状态函数或状态矢量. 就如可用 i，j，k 表示一个三维矢量，或者用另一组基矢量如 e_r，e_θ，e_ϕ 来表示，我们可用另一组归一化正交函数展开一个给定函数 $f(x)$，求出在这组新基上的分量. 在第 12.9 节中，将看到如何展开勒让德级数中的函数.

正如在傅里叶级数中需要 $\sin nx$ 的范数一样，在勒让德级数中展开函数也需要 $P_l(x)$ 的范数. 我们将证明

$$\int_{-1}^{1} \left[P_l(x) \right]^2 \mathrm{d}x = \frac{2}{2l+1} \tag{8.1}$$

则函数 $\sqrt{\dfrac{2l+1}{2}} P_l(x)$ 是在 $(-1,1)$ 上的归一化正交函数集. 为了证明式（8.1），我们利用递推关系（5.8b），即

$$l P_l(x) = x P_l'(x) - P_{l-1}'(x). \tag{8.2}$$

将式（8.2）乘以 $P_l(x)$ 再积分得

$$l \int_{-1}^{1} \left[P_l(x) \right]^2 \mathrm{d}x = \int_{-1}^{1} x P_l(x) P_l'(x) \mathrm{d}x - \int_{-1}^{1} P_l(x) P_{l-1}'(x) \mathrm{d}x. \tag{8.3}$$

经过计算可知最后一个积分是 0. 为了计算式（8.3）中间的积分，采用分部积分法

$$\int_{-1}^{1} x P_l(x) P_l'(x) \mathrm{d}x = \frac{x}{2} \left[P_l(x) \right]^2 \bigg|_{-1}^{1} - \frac{1}{2} \int_{-1}^{1} \left[P_l(x) \right]^2 \mathrm{d}x$$

$$- 1 - \frac{1}{2} \int_{-1}^{1} \left[P_l(x) \right]^2 \mathrm{d}x$$

式（8.3）给出：

$$l \int_{-1}^{1} \left[P_l(x) \right]^2 \mathrm{d}x = 1 - \frac{1}{2} \int_{-1}^{1} \left[P_l(x) \right]^2 \mathrm{d}x$$

上式化简为式（8.1），可把式（7.1）和式（8.1）结合起来写为

$$\int_{-1}^{1} P_l(x) P_m(x) \mathrm{d}x = \frac{2}{2l+1} \delta_{lm} \tag{8.4}$$

习题 12.8

求出下列每个函数在给定区间上的范数，并给出归一化函数.

1. $\cos nx$ 在 $(0, \pi)$ 上
2. $P_2(x)$ 在 $(-1, 1)$ 上
3. $x \mathrm{e}^{-x/2}$ 在 $(0, \infty)$ 上
4. $\mathrm{e}^{-x^2/2}$ 在 $(-\infty, \infty)$ 上
5. $x \mathrm{e}^{-x^2/2}$ 在 $(0, \infty)$ 上，提示：见第 4 章第 4.12 节.

6. 给出式（8.1）的另一种证明如下：将式（5.8e）乘以 $P_l(x)$ 并从 -1 积分到 1. 求中间项的值，用分部积分法，再用习题 12.7 第 4 题.

7. 利用式（8.1）写出前四个归一化的勒让德多项式，并与在第 3 章第 3.14 节例 6 中通过不同方法求解的答案进行比较.

12.9　勒让德级数

勒让德多项式在 $(-1, 1)$ 上是正交完备集，与傅里叶级数一样，可以用勒让德级数展开函数.

例 1　用勒让德多项式展开函数

$$f(x) = \begin{cases} 0, & -1 < x < 0, \\ 1, & 0 < x < 1 \end{cases} \tag{9.1}$$

其函数图像如图 12.9.1 所示.

设

$$f(x) = \sum_{l=0}^{\infty} c_l P_l(x). \tag{9.2}$$

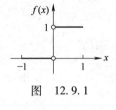

图 12.9.1

为求出 c_l，可采用一种类似于求傅里叶级数的系数公式时所用的方法. 将式 (9.2) 两边同时乘以 $P_m(x)$，然后从-1 到 1 积分. 因为勒让德多项式是正交的，除了那个包含 c_m 的积分，右边所有的积分都是零，由式 (8.1) 得

$$\int_{-1}^{1} f(x) P_m(x) dx = \sum_{l=0}^{\infty} c_l \int_{-1}^{1} P_l(x) P_m(x) dx = c_m \cdot \frac{2}{2m+1}. \tag{9.3}$$

根据式 (9.3) 和式 (9.1) 得

$$\int_{-1}^{1} f(x) P_0(x) dx = c_0 \int_{-1}^{1} [P_0(x)]^2 dx \quad \text{或} \quad \int_0^1 dx = c_0 \cdot 2, \quad c_0 = \frac{1}{2};$$

$$\int_{-1}^{1} f(x) P_1(x) dx = c_1 \int_{-1}^{1} [P_1(x)]^2 dx \quad \text{或} \quad \int_0^1 x dx = c_1 \cdot \frac{2}{3}, \quad c_1 = \frac{3}{4};$$

$$\int_{-1}^{1} f(x) P_2(x) dx = c_2 \int_{-1}^{1} [P_2(x)]^2 dx \quad \text{或} \quad \int_0^1 \left(\frac{3}{2}x^2 - \frac{1}{2}\right) dx = c_2 \cdot \frac{2}{5}, \quad c_2 = 0.$$

$$\vdots$$

故有

$$f(x) = \frac{1}{2} P_0(x) + \frac{3}{4} P_1(x) - \frac{7}{16} P_3(x) + \frac{11}{32} P_5(x) - \cdots. \tag{9.4}$$

在麦克劳林级数展开式中，$f(x)$ 必须是连续的，但这并不是必要的. 与傅里叶级数一样，狄利克雷条件（见第 7 章第 7.6 节）是函数 $f(x)$ 在勒让德级数中可以展开的一个充分条件. 如果 $f(x)$ 在 $(-1,1)$ 上满足狄利克雷条件，那么在 $(-1,1)$ 内的点（不一定在端点处），勒让德级数在 $f(x)$ 的连续点收敛于 $f(x)$，并且在其不连续点收敛于跳变的中点.

例 2 下面是关于勒让德级数的有趣情况. 有时我们想用多项式来拟合一条给定的曲线，比如三次多项式. 最优拟合通常采用最小二乘法. 如果给定函数 $f(x)$ 在 $(-1,1)$ 上用三次多项式拟合，求出系数 a，b，c，d，使得

$$\int_{-1}^{1} [f(x) - (ax^3 + bx^2 + cx + d)]^2 dx \tag{9.5}$$

尽可能小，那么

$$f(x) \cong ax^3 + bx^2 + cx + d \tag{9.6}$$

称为最小二乘最优逼近. 这不仅证明了勒让德多项式的一个展开式（直到多项式逼近到期望的程度），也给出了这个最小二乘最优逼近（见习题 12.9 第 16 题）.

习题 12.9

在勒让德级数中展开下列函数.

1. $f(x) = \begin{cases} -1, & -1 < x < 0, \\ 1, & 0 < x < 1; \end{cases}$

2. $f(x) = \begin{cases} 0, & -1 < x < 0, \\ x, & 0 < x < 1; \end{cases}$

3. $f(x) = P_3'(x)$

4. $f(x) = \arcsin x$

5.

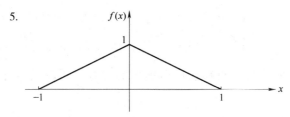

6. $f(x)=\begin{cases}0, & \text{当 } x\in(-1,0)\\ \left(\ln\dfrac{1}{x}\right)^2, & \text{当 } x\in(0,1)\end{cases}$

7. $f(x)=\begin{cases}0, & \text{当 } x\in(-1,0)\\ \sqrt{1-x}, & \text{当 } x\in(0,1)\end{cases}$

8.

提示：求解 $P_l(x)$ 的递归关系（5.8e）并证明：

$$\int_a^1 P_l(x)\,\mathrm{d}x=\frac{1}{2l+1}\left[P_{l-1}(a)-P_{l+1}(a)\right].$$

9. $f(x)=P'_n(x)$，提示：对于 $l\geq n$，$\int_{-1}^{1} P'_n(x)P_l(x)\,\mathrm{d}x=0$（思考为什么？），对于 $l<n$，分部积分.

将以下多项式展开成勒让德级数. 通过不同方法得到在第 12.5 节的相应习题中的结果相同的结果.

10. $3x^2+x-1$　　　　　　11. $7x^4-3x+1$　　　　　　12. $x-x^3$

在 $-1<x<1$ 区间内求每个给定函数的最佳二阶多项式逼近（最小二乘法）.（见第 16 题）

13. x^4　　　　　　　　14. $|x|$　　　　　　　　15. $\cos\pi x$

16. 证明勒让德多项式的最小二乘逼近性质［见式（9.5）和式（9.6）］如下：设 $f(x)$ 为要近似的给定函数. 令函数 $p_l(x)$ 为规范化的勒让德多项式，即

$$p_l(x)=\sqrt{\frac{2l+1}{2}}\,P_l(x)\quad\text{所以}\quad\int_{-1}^{1}\left[p_l(x)\right]^2\mathrm{d}x=1.$$

证明：$f(x)$ 勒让德级数至 $p_2(x)$ 项为

$$f(x)=c_0 p_0(x)+c_1 p_1(x)+c_2 p_2(x),\quad\text{其中 } c_l=\int_{-1}^{1} f(x)p_l(x)\,\mathrm{d}x$$

将满足最小二乘条件的二次多项式写成 $b_0 p_0(x)+b_1 p_1(x)+b_2 p_2(x)$（根据习题 12.5 第 14 题，任何二次多项式都可以写成这种形式）. 问题是需要求出 b_0，b_1，b_2，使

$$I=\int_{-1}^{1}\left[f(x)-(b_0 p_0(x)+b_1 p_1(x)+b_2 p_2(x))\right]^2\mathrm{d}x$$

是一个最小值. 方括号的平方，把 I 写成各项积分的和，利用正交性证明一些积分是零，一些积分是 1，因为 p_l 是标准化的，还有一些等于系数 c_l，加减 $c_0^2+c_1^2+c_2^2$ 并证明：

$$I=\int_{-1}^{1}\left[f^2(x)+(b_0-c_0)^2+(b_1-c_1)^2+(b_2-c_2)^2-c_0^2-c_1^2-c_2^2\right]\mathrm{d}x$$

确定 b 的值使 I 尽可能的小（提示：实数平方的最小值是零.）思考并推广到 n 次多项式的证明.

12.10　关联勒让德函数

一个与勒让德方程密切相关的微分方程为

$$(1-x^2)y''-2xy'+\left[l(l+1)-\frac{m^2}{1-x^2}\right]y=0, \tag{10.1}$$

其中 $m^2\leqslant l^2$. 可用级数解此方程，但更有用的是其与勒让德多项式的关系，所以只验证其解. 首先在式（10.1）中代入

$$y=(1-x^2)^{m/2}u \tag{10.2}$$

得到（见习题 12.10 第 1 题）：

$$(1-x^2)u''-2(m+1)xu'+[l(l+1)-m(m+1)]u=0, \tag{10.3}$$

对于 $m=0$，就是解为 $P_l(x)$ 的勒让德方程. 对式（10.3）求导，得（见习题 12.10 第 1 题）：

$$(1-x^2)(u')''-2[(m+1)+1]x(u')'+[l(l+1)-(m+1)(m+2)]u'=0, \tag{10.4}$$

用 u' 代替式（10.3）中的 u，$(m+1)$ 代替 m. 换句话说，如果 $P_l(x)$ 是当 $m=0$ 时，式（10.3）的解，那么 $P_l'(x)$ 是当 $m=1$ 时，式（10.3）的解，$P_l''(x)$ 是当 $m=2$ 时的解. 一般来说，对于整数 m，$0\leqslant m\leqslant l$，$\left(\dfrac{\mathrm{d}^m}{\mathrm{d}x^m}\right)P_l(x)$ 是式（10.3）的一个解，则

$$y=(1-x^2)^{m/2}\frac{\mathrm{d}^m}{\mathrm{d}x^m}P_l(x) \tag{10.5}$$

是式（10.1）的一个解. 式（10.5）中的函数称为关联勒让德函数，其定义为：

$$P_l^m(x)=(1-x^2)^{m/2}\frac{\mathrm{d}^m}{\mathrm{d}x^m}P_l(x) \tag{10.6}$$

关联勒让德函数（一些作者在 $p_l^m(x)$ 的定义中加入了因子 $(-1)^m$.）

在式（10.1）中 m 为负值并不改变 m^2，所以当 m 为正值时式（10.1）的解也是 m 为对应负值的解. 因此，许多文献将 $-l\leqslant m\leqslant l$ 的 $p_l^m(x)$ 定义为 $P_l^{|m|}(x)$. 或者，对式（10.6）中的 $P_l(x)$，可用罗德里格公式（4.1）得到：

$$P_l^m(x)=\frac{1}{2^l l!}(1-x^2)^{m/2}\frac{\mathrm{d}^{l+m}}{\mathrm{d}x^{l+m}}(x^2-1)^l. \tag{10.7}$$

可以看出式（10.7）对于正 m 或负 m 都是式（10.1）的解. 但 $P_l^{-m}(x)$ 和 $P_l^m(x)$ 是成比例的，而不是相等的（见习题 12.10 第 8 题）.

对于每一个 m，函数 $P_l^m(x)$ 是在 $(-1,1)$ 上的一组正交函数（见习题 12.10 第 3 题）. 可求出归一化常数，对于定义式（10.7）可求出（见习题 12.10 第 10 题）：

$$\int_{-1}^{1}\left[P_l^m(x)\right]^2\mathrm{d}x=\frac{2}{2l+1}\frac{(l+m)!}{(l-m)!}. \tag{10.8}$$

关联勒让德函数出现的问题中很多与勒让德多项式相似. 事实上，勒让德多项式只是函数 $P_l^m(x)$ 在 $m=0$ 时的特殊情况.

习题 12.10

1. 验证式（10.3）和式（10.4）.
2. 关联勒让德函数（当 $m=0$ 时为勒让德函数）的方程通常以如下形式出现（见第 13 章第 13.7 节）

$$\frac{1}{\sin\theta}\frac{\mathrm{d}}{\mathrm{d}\theta}\left(\sin\theta\frac{\mathrm{d}y}{\mathrm{d}\theta}\right)+\left[l(l+1)-\frac{m^2}{\sin^2\theta}\right]y=0$$

以变量 $x = \cos\theta$ 进行变换，得到式（10.1）.

3. 证明对于每个 m，函数 $P_l^m(x)$ 是在 $(-1, 1)$ 上的正交函数，即证明

$$\int_{-1}^{1} P_l^m(x) P_n^m(x) \, dx = 0, \quad l \neq n$$

提示：使用微分方程（10.1）并遵循第 12.7 节的方法.

将习题 12.4 第 3 题或习题 12.5 第 3 题中所求的 $P_l(x)$ 代入方程（10.6），求出 $P_l^m(x)$，然后设 $x = \cos\theta$，求以下各式的值.

4. $P_1^1(\cos\theta)$ 5. $P_4^1(\cos\theta)$ 6. $P_3^2(\cos\theta)$

7. 证明：

$$\frac{d^{l-m}}{dx^{l-m}}(x^2-1)^l = \frac{(l-m)!}{(l+m)!}(x^2-1)^m \frac{d^{l+m}}{dx^{l+m}}(x^2-1)^l.$$

提示：写出 $(x^2-1)^l = (x-1)^l(x+1)^l$，用莱布尼茨法则求导数.

8. 用 $-m$ 替换式（10.7）中的 m；再用第 7 题证明：

$$P_l^{-m}(x) = (-1)^m \frac{(l-m)!}{(l+m)!} P_l^m(x).$$

说明：证明式（10.7）是式（10.1）当 m 为负时的解.

9. 用第 7 题证明：

$$P_l^m(x) = (-1)^m \frac{(l+m)!}{(l-m)!} \frac{(1-x^2)^{-m/2}}{2^l l!} \frac{d^{l-m}}{dx^{l-m}}(x^2-1)^l.$$

10. 推导式（10.8）如下：将式（10.7）和第 9 题中给出的 $P_l^m(x)$ 的两个公式相乘，然后重复使用分部积分降低 $l+m$ 阶导数同时提高 $l-m$ 阶导数，直到两者都是 l 阶导数，再利用式（8.1）求解.

12.11 广义幂级数或弗罗比尼乌斯方法

一个微分方程的解可能不是 $\sum\limits_{n=0}^{\infty} a_n x^n$ 的幂级数，但可能是下面之一

（a）包含 x 的一些负幂，如

$$y = \frac{\cos x}{x^2} = \frac{1}{x^2} - \frac{1}{2!} + \frac{x^2}{4!} - \cdots$$

（b）以 x 的分数次幂作为因子，如

$$y = \sqrt{x}\sin x = x^{1/2}\left(x - \frac{x^3}{3!} + \cdots\right)$$

这些例子都是以下级数的特例

$$y = x^s \sum_{n=0}^{\infty} a_n x^n = \sum_{n=0}^{\infty} a_n x^{n+s} \tag{11.1}$$

式中，s 为适合问题的数字，可以是正的，也可以是负的，还可以是分数（事实上，它也可能是复数，但我们不考虑这种情况）. 因为 $a_0 x^s$ 是级数的第一项，假设 a_0 不为 0. 级数（11.1）称为广义幂级数. 我们将考虑一些微分方程，这些方程可以通过假定存在形如式（11.1）的级数求解. 这种解微分方程的方法称为弗罗比尼乌斯法.

例 1 为说明这种方法，求解方程：

$$x^2 y'' + 4xy' + (x^2+2)y = 0 \tag{11.2}$$

从式（11.1）中有：

$$y = a_0 x^s + a_1 x^{s+1} + a_2 x^{s+2} + \cdots = \sum_{n=0}^{\infty} a_n x^{n+s},$$

$$y' = s a_0 x^{s-1} + (s+1) a_1 x^s + (s+2) a_2 x^{s+1} + \cdots$$

$$= \sum_{n=0}^{\infty} (n+s) a_n x^{n+s-1}, \tag{11.3}$$

$$y'' = s(s-1) a_0 x^{s-2} + (s+1) s a_1 x^{s-1} + (s+2)(s+1) a_2 x^s + \cdots$$

$$= \sum_{n=0}^{\infty} (n+s)(n+s-1) a_n x^{n+s-2}.$$

将式（11.3）代入式（11.2），对 x 的幂列表，就像求解勒让德方程一样，得到

	x^s	x^{s+1}	x^{s+2}	$\cdots$	x^{n+s}
$x^2 y''$	$s(s-1)a_0$	$(s+1)sa_1$	$(s+2)(s+1)a_2$		$(n+s)(n+s-1)a_n$
$4xy'$	$4sa_0$	$4(s+1)a_1$	$2(s+2)a_2$		$4(n+s)a_n$
$x^2 y$			a_0		a_{n-2}
$2y$	$2a_0$	$2a_1$	$2a_2$		$2a_n$

x 的每一次幂的总系数必须为零，根据 x^s 的系数，可得 $(s^2+3s+2)a_0=0$，由假设 $a_0 \neq 0$，有

$$s^2 + 3s + 2 = 0 \tag{11.4}$$

此 s 方程称为指示方程，解得

$$s = -2, \quad s = -1$$

求 $s=-2$ 和 $s=-1$ 时的两个独立解，这两个独立解的线性组合即为方程的通解，就像 $A\sin x + B\cos x$ 是 $y''+y=0$ 的通解一样.

例 2 对于 $s=-1$，从表中 x^{s+1} 得出系数 $a_1=0$. 从 x^{s+2} 列开始，可以用上一列给出的通式，使用通式时要注意表中前两列不包含 a_{n-2} 项（见习题 12.11 第 13 题和第 14 题）. 对于 $s=-1$，在通项中有：

$$a_n [(n-1)(n+2)+2] = -a_{n-2}$$

或者，

$$a_n = \frac{-a_{n-2}}{n(n+1)} \quad n \geqslant 2$$

因为 $a_1=0$，所以所有奇数项都等于 0，对偶数项有

$$a_2 = -\frac{a_0}{3!}, \quad a_4 = \frac{a_0}{5!}, \quad a_6 = -\frac{a_0}{7!}, \quad \cdots \tag{11.5}$$

则式（11.2）的一个解是：

$$y = a_0 x^{-1} - \frac{a_0}{3!} x + \frac{a_0}{5!} x^3 - \cdots$$

$$= a_0 x^{-2} \left(x - \frac{x^3}{3!} + \frac{x^5}{5!} - \cdots \right) = \frac{a_0 \sin x}{x^2} \tag{11.6}$$

另一个当 $s=-2$ 时的解，留在习题 12.11 第 1 题中求解.

习题 12.11

1. 当 $s = -2$ 时，完成对式（11.2）的求解. 将所得解以封闭形式写成式（11.6）. 为了避免与 $s = -1$ 时的 a_n 值混淆，你可以把级数中的系数记作 a'_n 或 b_n，但是这并不重要，只要你意识到存在两个独立的问题，一个是当 $s = -1$ 时，另一个是当 $s = -2$ 时，每个级数都有自己的系数.

用广义幂级数法求解下列微分方程. 记住，解这些习题的重点是了解方法（我们将在后面使用），而不仅是要求出答案. 可通过此过程了解一些级数［就像式（11.6）中做的那样］或通过扩展计算机答案来检验级数.

2. $x^2 y'' + xy' - 9y = 0$

3. $x^2 y'' + 2xy' - 6y = 0$

4. $x^2 y'' - 6y = 0$

5. $2xy'' + y' + 2y = 0$

6. $3xy'' + (3x+1)y' + y = 0$

7. $x^2 y'' - (x^2 + 2)y = 0$

8. $x^2 y'' + 2x^2 y' - 2y = 0$

9. $xy'' - y' + 9x^5 y = 0$

10. $2xy'' - y' + 2y = 0$

11. $36x^2 y'' + (5 - 9x^2)y = 0$

12. $3xy'' - 2(3x-1)y' + (3x-2)y = 0$

考虑以下每一道习题作为说明，在幂级数解中，须谨慎使用级数的前几项系数之间的一般递归关系.

13. 通过求解微分方程 $y'' + y'/x^2 = 0$，得出幂级数关系

$$a_{n+1} = -\frac{n(n-1)}{n+1}a_n.$$

如果不仔细考虑，用比值判别法来判别级数 $\displaystyle\sum_{n=0}^{\infty} a_n x^n$ 的收敛性，会发现：

$$\lim_{n \to \infty} \frac{|a_{n+1} x^{n+1}|}{|a_n x^n|} = \infty. \qquad （证明这个式子）$$

因此可以得出的结论为：该级数是发散的，方程没有幂级数解. 说明为什么这个结论是错的，因为幂级数的解是 $y = $ 常数.

14. 使用弗罗贝尼乌斯方法求解 $y'' = -y$，你会发现，指示方程的根是 $s = 0$ 和 $s = 1$. 当 $s = 0$ 时，解是 $\cos x$ 和 $\sin x$. 对于 $s = 1$，设级数 $y = \displaystyle\sum_{n=0}^{\infty} b_n x^{n+1}$，求下面关系：

$$b_{n+2} = -\frac{b_n}{(n+3)(n+2)}.$$

说明由这个关系得到的 b_0 级数只是 $\sin x$，而 b_1 级数不是微分方程的解. 指出错误在哪？

12.12　贝塞尔方程

与勒让德方程一样，贝塞尔方程也受到人们的广泛关注. 关于贝塞尔函数的资料很多，在计算机程序和参考文献中可找到大量的公式、图形和数值. 你可以认为贝塞尔函数是带阻尼的正弦函数和余弦函数. 事实上，如果你第一次了解 $\sin nx$ 和 $\cos nx$ 作为 $y'' = -n^2 y$ 的幂级数解而不是在初等三角学中，你不会觉得贝塞尔函数明显比三角函数更困难或奇怪. 像正弦函数和余弦函数一样，贝塞尔函数是微分方程的解，它可用级数表示，也可画出其图形，它与三角恒等式一样有很多公式. 但相关专业的学生更感兴趣的是它的应用. 贝塞尔函数与电、热、流体力学、弹性、波动、量子力学等方面的问题相关，通过这些问题可以大致地了解贝塞尔函数的应用情况. 贝塞尔函数涉及圆柱对称，也称为圆柱函数，长度稳定增加的钟摆的运动，柔性链的小振动，铁路过渡曲线，垂直钢索或钢梁的稳定性，光学中的菲涅耳积分，

导体中的电流分布，圆弧的傅里叶级数等. 我们稍后将讨论其中一些应用（见第 12.18 节和第 13 章第 13.5 节和 13.6 节）.

贝塞尔方程标准形式是：

$$x^2y''+xy'+(x^2-p^2)y=0 \qquad (12.1)$$

其中 p 是常数（但不一定是整数）. p 称为贝塞尔函数 y 的阶数，贝塞尔函数 y 是式（12.1）的解. 可以验证 $x(xy')'=x^2y''+xy'$，因此式（12.1）可以写成更简单的形式：

$$x(xy')'+(x^2-p^2)y=0 \qquad (12.2)$$

求解式（12.2）的一般幂级数的方法与求解式（11.2）的方法相同.［事实上，式（11.2）即为贝塞尔方程的一种，见习题 12.16 第 1 题和 12.17 第 1 题］. 设级数解中 y 的一般项和导数为：

$$y = \sum_{n=0}^{\infty} a_n x^{n+s}$$

$$y' = \sum_{n=0}^{\infty} a_n (n+s) x^{n+s-1}$$

$$xy' = \sum_{n=0}^{\infty} a_n (n+s) x^{n+s} \qquad (12.3)$$

$$(xy')' = \sum_{n=0}^{\infty} a_n (n+s)^2 x^{n+s-1}$$

$$x(xy')' = \sum_{n=0}^{\infty} a_n (n+s)^2 x^{n+s}$$

把式（12.3）代入式（12.2），x 的幂的系数列表为：

	x^s	x^{s+1}	x^{s+2}	$\cdots$	x^{s+n}
$x(xy')'$	$s^2 a_0$	$(1+s)^2 a_1$	$(2+s)^2 a_2$		$(n+s)^2 a_n$
$x^2 y$			a_0		a_{n-2}
$-p^2 y$	$-p^2 a_0$	$-p^2 a_1$	$-p^2 a_2$		$-p^2 a_n$

x^s 的系数给出了指示方程和 s 的值

$$s^2-p^2=0, \quad s=\pm p.$$

由 x^{s+1} 的系数给出 $a_1=0$，由 x^{s+2} 的系数给出 a_2 用 a_0 表示等，也可以从最后一列中写出通式，得到

$$[(n+s)^2-p^2]a_n+a_{n-2}=0$$

或者

$$a_n = -\frac{a_{n-2}}{(n+s)^2-p^2} \qquad (12.4)$$

首先求出 $s=p$ 的情况下的系数，从式（12.4）得到

$$a_n = -\frac{a_{n-2}}{(n+p)^2-p^2} = -\frac{a_{n-2}}{n^2+2np} = -\frac{a_{n-2}}{n(n+2p)} \qquad (12.5)$$

因为 $a_1=0$，故所有奇数项 a 都是 0. 对于偶数项 a，用 $2n$ 代替 n，从式（12.5）得

$$a_{2n} = -\frac{a_{2n-2}}{2n(2n+2p)} = -\frac{a_{2n-2}}{2^2 n(n+p)} \tag{12.6}$$

系数的公式可以使用 Γ 函数符号简化（见第 11 章第 2 节到第 5 节），如下面式（12.7）所示. 对于任意的 p，$\Gamma(p+1)=p\Gamma(p)$，还有：

$$\Gamma(p+2)=(p+1)\Gamma(p+1),$$
$$\Gamma(p+3)=(p+2)\Gamma(p+2)=(p+2)(p+1)\Gamma(p+1),$$

等，从式（12.6）可求得

$$a_2 = -\frac{a_0}{2^2(1+p)} = -\frac{a_0\Gamma(1+p)}{2^2\Gamma(2+p)},$$

$$a_4 = -\frac{a_2}{2^3(2+p)} = \frac{a_0}{2!2^4(1+p)(2+p)} = \frac{a_0\Gamma(1+p)}{2!2^4\Gamma(3+p)}, \tag{12.7}$$

$$a_6 = -\frac{a_4}{3!2(3+p)} = -\frac{a_0}{3!2^6(1+p)(2+p)(3+p)}$$

$$= -\frac{a_0\Gamma(1+p)}{3!2^6\Gamma(4+p)},$$

等. 则 $s=p$ 时级数解为：

$$y = a_0 x^p \Gamma(1+p) \left[\frac{1}{\Gamma(1+p)} - \frac{1}{\Gamma(2+p)} \left(\frac{x}{2}\right)^2 + \right.$$

$$\left. \frac{1}{2!\Gamma(3+p)} \left(\frac{x}{2}\right)^4 - \frac{1}{3!\Gamma(4+p)} \left(\frac{x}{2}\right)^6 + \cdots \right]$$

$$= a_0 2^p \left(\frac{x}{2}\right)^p \Gamma(1+p) \left[\frac{1}{\Gamma(1)\Gamma(1+p)} - \frac{1}{\Gamma(2)\Gamma(2+p)} \left(\frac{x}{2}\right)^2 + \right. \tag{12.8}$$

$$\left. \frac{1}{\Gamma(3)\Gamma(3+p)} \left(\frac{x}{2}\right)^4 - \frac{1}{\Gamma(4)\Gamma(4+p)} \left(\frac{x}{2}\right)^6 + \cdots \right].$$

在前面两项插入 $\Gamma(1)$ 和 $\Gamma(2)$（这两个函数等于 1），写出 $x^p = 2^p \left(\frac{x}{2}\right)^p$，使级数更一致. 设

$$a_0 = \frac{1}{2^p \Gamma(1+p)} \quad 或者 \quad \frac{1}{2^p p!}$$

则 y 称为第一类 p 阶的贝塞尔函数，写作 $J_p(x)$.

$$J_p(x) = \frac{1}{\Gamma(1)\Gamma(1+p)} \left(\frac{x}{2}\right)^p - \frac{1}{\Gamma(2)\Gamma(2+p)} \left(\frac{x}{2}\right)^{2+p} +$$

$$\frac{1}{\Gamma(3)\Gamma(3+p)} \left(\frac{x}{2}\right)^{4+p} - \frac{1}{\Gamma(4)\Gamma(4+p)} \left(\frac{x}{2}\right)^{6+p} + \cdots \tag{12.9}$$

$$= \sum_{n=0}^{\infty} \frac{(-1)^n}{\Gamma(n+1)\Gamma(n+1+p)} \left(\frac{x}{2}\right)^{2n+p}.$$

1. 用比值判别法验证无穷级数（12.9）$J_p(x)$对所有的 x 收敛. 用式（12.9）证明以下等式

2. $J_2(x) = (2/x)J_1(x) - J_0(x)$.

3. $J_1(x) + J_3(x) = (4/x)J_2(x)$.

4. $(d/dx)J_0(x) = -J_1(x)$.

5. $(d/dx)[xJ_1(x)] = xJ_0(x)$.

6. $J_0(x) - J_2(x) = 2(d/dx)J_1(x)$.

7. $\lim\limits_{x \to 0} J_1(x)/x = \dfrac{1}{2}$.

8. $\lim\limits_{x \to 0} x^{-3/2} J_{3/2}(x) = 3^{-1}\sqrt{2/\pi}$. 提示：见第 11 章方程（3.4）和方程（5.3）.

9. $\sqrt{\pi x/2}\, J_{1/2}(x) = \sin x$.

12.13　第二类贝塞尔方程

我们只找到了贝塞尔方程两个解中的一个，也就是当 $s = p$ 时的解，下面求出当 $s = -p$ 时的解. 在式（12.9）中用 $-p$ 代替 p. 当 $s = -p$ 时的解通常可以写成 $J_{-p}(x)$. 由式（12.9）得

$$J_{-p}(x) = \sum_{n=0}^{\infty} \frac{(-1)^n}{\Gamma(n+1)\Gamma(n-p+1)}\left(\frac{x}{2}\right)^{2n-p} \tag{13.1}$$

若 p 不是整数，$J_p(x)$ 是从 x^p 开始的级数，$J_{-p}(x)$ 是从 x^{-p} 开始的级数，$J_p(x)$ 和 $J_{-p}(x)$ 是两个独立解，则它们的线性组合为通解. 如果 p 是整数，J_{-p} 前几项是零，因为分母中 $\Gamma(n-p+1)$ 是负整数的 Γ，是无限的. 可以证明（见习题 12.13 第 2 题）$J_p(x)$ 和 $J_{-p}(x)$ 一样都由 x^p（对于整数 p）开始，则

$$J_{-p}(x) = (-1)^p J_p(x) \quad \text{对于整数 } p \tag{13.2}$$

因此，当 p 是整数时，$J_{-p}(x)$ 不是独立解. 这种情况下第二个解包含一个对数不是式（11.1）的弗罗贝尼乌斯级数. $J_p(x)$ 在原点处是有限的，但第二个解是无限的，只适用于不包含原点的区域.

当 p 不是整数，$J_{-p}(x)$ 满足第二解条件，但通常使用 $J_p(x)$ 和 $J_{-p}(x)$ 的线性组合作为第二解. 这很像在 $y'' + y = 0$ 方程中，用 $\sin x$ 和 $(2\sin x - 3\cos x)$ 代替 $\sin x$ 和 $\cos x$. 微分方程的通解是 $\sin x$ 和 $\cos x$ 任意系数的线性组合. $A\sin x + B(2\sin x - 3\cos x)$ 是与 $c_1\sin x + c_2\cos x$ 一样的线性组合. 同样地，$J_p(x)$ 和 $J_{-p}(x)$ 的线性组合可以满足贝塞尔方程第二解，其线性组合称为诺伊曼函数或韦伯函数，用 N_p 或 Y_p 表示：

$$N_p(x) = Y_p(x) = \frac{\cos(\pi p)J_p(x) - J_{-p}(x)}{\sin \pi p}. \tag{13.3}$$

对于整数 p，上式是"$\dfrac{0}{0}$"不定式. 对于任何 $x \neq 0$，当 p 趋向于一个整数值时式（13.3）有极限，为第二解. 这就是为什么使用式（13.3）特别形式的原因，因为其对任何 p 有效. N_p 或 Y_p 称为第二类贝塞尔函数. 贝塞尔方程式（12.1）或式（12.2）的通解可以写成

$$y = AJ_p(x) + BN_p(x) \tag{13.4}$$

其中 A 和 B 是任意常数.

习题 12. 13

1. 利用式（12.9）和式（13.1），写出以下各式的前几项：$J_0(x)$，$J_1(x)$，$J_{-1}(x)$，$J_2(x)$，$J_{-2}(x)$. 证明：$J_{-1}(x) = -J_1(x)$ 和 $J_{-2}(x) = J_2(x)$.

2. 证明：对于整数 n，$J_{-n}(x) = (-1)^n J_n(x)$ 和 $J_n(-x) = (-1)^n J_n(x)$.

用式（12.9）和式（13.1）证明：

3. $\sqrt{\pi x/2}\, J_{-1/2}(x) = \cos x$.

4. $J_{3/2}(x) = x^{-1} J_{1/2}(x) - J_{-1/2}(x)$.

5. 由方程（13.3）证明：$N_{1/2}(x) = -J_{-1/2}(x)$，$N_{3/2}(x) = J_{-3/2}(x)$.

6. 由方程（13.3）证明：$N_{(2n+1)/2}(x) = (-1)^{n+1} J_{-(2n+1)/2}(x)$.

12. 14 贝塞尔函数的图形和零点

可以依据计算机程序和参考书中得到贝塞尔函数的值，也可用计算机绘制贝塞尔函数的图形. 除了 $J_0(x)$ 所有的 $J_p(x)$ 都是从原点开始，类似 x^p 然后像 $\sin x$ 一样振荡，但幅度逐渐减小. 当 $x = 0$ 时，$J_0(x)$ 等于 1，像阻尼余弦. 在原点处所有的 N 项都为 $\pm\infty$，远离原点时振幅也在减小.

满足 $\sin x = 0$ 的 x 值，称为 $\sin x$ 零点，它不需要计算机计算，因为 $x = n\pi$，$n = 0, 1, 2, \cdots$. 贝塞尔函数的零点并不按等间隔出现，可以通过计算机或查表计算. 值得注意的是，当 x 很大时，连续两个零点之间的间隔近似为 π（就像 $\sin x$ 和 $\cos x$），可从函数曲线或者查表看到这点，当 x 很大时，在贝塞尔函数的近似公式中也可以看到这点.

习题 12. 14

1. 用计算机绘制 $p = 0, 1, 2, 3$，x 从 0 到 15 的 $J_p(x)$ 的图.

2. 从第 1 题的图中，读出每个函数前三个零点的近似值. 然后，用计算机求出更精确的零值.

3. 用计算机绘制 x 从 0 到 15 的 $N_0(x)$ 以及 $p = 1, 2, 3$ 和 x 从 1 到 15 的 $N_p(x)$.

4. 从第 3 题的图中，读出每个函数前三个零点的近似值，然后用计算机求出更精确的值.

5. 用计算机绘制 $\sqrt{x}\, J_{1/2}(x)$，x 从 0 到 4π 的区间. 认识这条曲线吗？见习题 12 第 9 题.

6. 通过计算机，求出 J_0 的 30 个零值，注意连续零点之间的间距趋向于 π.

12. 15 递推关系

以下是贝塞尔函数及其导数之间的关系. 公式及其简要证明均为对于 $J_p(x)$ 的情况，它也同样适用于 $N_p(x)$

$$\frac{\mathrm{d}}{\mathrm{d}x}[x^p J_p(x)] = x^p J_{p-1}(x), \tag{15.1}$$

$$\frac{\mathrm{d}}{\mathrm{d}x}[x^{-p} J_p(x)] = -x^{-p} J_{p+1}(x), \tag{15.2}$$

$$J_{p-1}(x)+J_{p+1}(x)=\frac{2p}{x}J_p(x),\tag{15.3}$$

$$J_{p-1}(x)-J_{p+1}(x)=2J_p'(x),\tag{15.4}$$

$$J_p'(x)=-\frac{p}{x}J_p(x)+J_{p-1}(x)=\frac{p}{x}J_p(x)-J_{p+1}(x).\tag{15.5}$$

证明式（15.1），先用 x^p 乘以式（12.9），两边求导得

$$\frac{d}{dx}\big[x^pJ_p(x)\big]=\frac{d}{dx}\sum_{n=0}^{\infty}\frac{(-1)^n}{\Gamma(n+1)\Gamma(n+1+p)}\frac{x^{2n+2p}}{2^{2n+p}}$$

$$=\sum_{n=0}^{\infty}\frac{(-1)^n(2n+2p)}{\Gamma(n+1)\Gamma(n+1+p)}\frac{x^{2n+2p-1}}{2^{2n+p}}.$$

由 $\Gamma(n+1+p)=(n+p)\Gamma(n+p)$，消去因子 2 及 $(n+p)$，得

$$\frac{d}{dx}\big[x^pJ_p(x)\big]=\sum_{n=0}^{\infty}\frac{(-1)^n}{\Gamma(n+1)\Gamma(n+p)}\frac{x^{2x+2p-1}}{2^{2n+p-1}}.$$

除以 x^p 并与式（12.9）比较，得到

$$\frac{1}{x^p}\frac{d}{dx}\big[x^pJ_p(x)\big]=\sum_{n=0}^{\infty}\frac{(-1)^n}{\Gamma(n+1)\Gamma(n+p)}\Big(\frac{x}{2}\Big)^{2n+p-1}=J_{p-1}(x).$$

这个级数是式（12.9）用 $p-1$ 替换了 p 的式子. 其他关系的证明见习题 12.15 第 1 题~ 第 3 题.

习题 12.15

1. 用与证明式（15.1）类似的方法证明式（15.2）.

2. 对 $J_{p+1}(x)$ 和 $J_{p-1}(x)$ 求解式（15.1）和式（15.2）. 将这两式分别相加或相减，得式（15.3）和式（15.4）.

3. 对式（15.1）和式（15.2）求导得式（15.5）.

4. 利用式（15.1）到式（15.5）求解习题 12 的第 2 题~第 6 题.

5. 用式（15.4）和式（15.5），证明：在 $J_1(x)$ 的每一个最大值或最小值处，$J_0(x)=J_2(x)$. 在 $J_1(x)$ 的每个正零点处，$J_0(x)=-J_2(x)=J_1'(x)$. 用计算机将 $J_0(x)$，$J_1(x)$ 和 $J_2(x)$ 绘制在同一个坐标轴上，并验证这些结果是正确的.

6. 如第 5 题，证明：在 $J_p(x)$ 的每个最大值或最小值处，$J_{p-1}(x)=J_{p+1}(x)$；在 $J_p(x)$ 的每个正零点处，$J_{p-1}(x)=-J_{p+1}(x)=J_p'(x)$. 用计算机在相同的坐标轴上绘制 J_2，J_3 和 J_4（或任何其他三个连续的 J，或三个连续的 N），并验证结果是否正确.

7. （a）用式（15.2）证明：

$$\int_0^{\infty}J_1(x)\,dx=-J_0(x)\,\Big|_0^{\infty}=1.$$

（b）用拉普拉斯变换表 $L23$ 证明：$\int_0^{\infty}J_0(t)\,dt=1$.

8. 由式（15.4）证明：

$$\int_0^{\infty}J_1(x)\,dx=\int_0^{\infty}J_3(x)\,dx=\cdots=\int_0^{\infty}J_{2n+1}(x)\,dx,$$

和

$$\int_0^{\infty}J_0(x)\,dx=\int_0^{\infty}J_2(x)\,dx=\cdots=\int_0^{\infty}J_{2n}(x)\,dx.$$

由第 7 题证明：

$$\int_0^\infty J_n(x)\,dx = 1，对所有整数 n$$

9. 用拉普拉斯变换表 $L23$ 和 $L32$ 计算 $\int_0^\infty tJ_0(2t)e^{-t}dt$.

12.16 具有贝塞尔函数解的微分方程

实际中出现的许多微分方程不是标准形的式（12.1），但其解可以用贝塞尔函数表示. 可以证明（见习题 12.16 第 13 题）微分方程

$$y'' + \frac{1-2a}{x}y' + \left[(bcx^{c-1})^2 + \frac{a^2 - p^2c^2}{x^2}\right]y = 0 \tag{16.1}$$

其解为
$$y = x^a Z_p(bx^c) \tag{16.2}$$

其中 Z 代表 J 或 N，或其线性组合，a，b，c，p 是常数. 为了了解如何使用它，让我们解微分方程：

$$y'' + 9xy = 0. \tag{16.3}$$

如果式（16.3）是式（16.1）的类型，则有

$$1 - 2a = 0，\quad (bc)^2 = 9，\quad 2(c-1) = 1，\quad a^2 - p^2c^2 = 0.$$

从这些方程中可得：

$$a = \frac{1}{2}，\quad c = \frac{3}{2}，\quad b = 2，\quad p = \frac{a}{c} = \frac{1}{3}.$$

那么式（16.3）的解是

$$y = x^{1/2}Z_{1/3}(2x^{3/2}). \tag{16.4}$$

即式（16.3）的通解是

$$y = x^{1/2}\left[AJ_{1/3}(2x^{3/2}) + BN_{1/3}(2x^{3/2})\right],$$

其中 A 和 B 是任意常数.

此微分方程的解为 $J_p(Kx)$ 和 $N_p(Kx)$，其中 K 是常量. 将 Kx 代入式（12.2）中的 x，$x(dy/dx)$ 变成 $Kx[dy/d(Kx)] = x(dy/dx)$，同理，$x(xy')'$ 不变. 因此式（12.2）中唯一的变化是用 $K^2x^2 - p^2$ 替换 $x^2 - p^2$，得

$$x(xy')' + (K^2x^2 - p^2)y = 0 \text{ 有解为 } J_p(Kx) \text{ 和 } N_p(Kx). \tag{16.5}$$

习题 12.16

利用式（16.1）和式（16.2）求下列以贝塞尔函数表示的微分方程的解.

1. $x^2y'' + 4xy' + (x^2 + 2)y = 0.$ 　　　　　　　2. $y'' + 4x^2y = 0.$

3. $xy'' + 2y' + 4y = 0.$ 　　　　　　　　　　　4. $3xy'' + 2y' + 12y = 0.$

5. $y'' - \frac{1}{x}y' + \left(4 + \frac{1}{x^2}\right)y = 0.$ 　　　　　　6. $4xy'' + y = 0.$

7. $xy'' + 3y' + x^3y = 0.$ 　　　　　　　　　　8. $y'' + xy = 0.$

9. $3xy'' + y' + 12y = 0.$ 　　　　　　　　　　10. $xy'' - y' + 9x^5y = 0.$

11. $xy''+5y'+xy=0.$ 　　　　　　　　　12. $4xy''+2y'+y=0.$

13. 使用直接代换的方法验证式（16.3）的解及上面习题中的解是正确的. 证明式（16.1）的解（16.2）是正确的. 提示：这些是关于偏微分的练习. 为验证式（16.3）的解（16.4），我们将变量从 x, y 改为 z, u，其中

$$y=x^{1/2}u, \quad u=J_{1/3}(z), \quad z=2x^{3/2}$$

证明：如果 x, y 满足式（16.3），那么 z, u 满足式（12.1），即

$$z^2\frac{\mathrm{d}^2u}{\mathrm{d}z^2}+z\frac{\mathrm{d}u}{\mathrm{d}z}+\left(z^2-\frac{1}{9}\right)u=0.$$

用式（16.5）写出下列习题的解. 记住 $x(xy')'=x^2y''+xy'$.

14. $x^2y''+xy'+(4x^2-9)y=0.$ 　　　　15. $x(xy')'+(25x^2-4)y=0.$

16. $x^2y''+xy'+(16x^2-1)y=0.$ 　　　　17. $xy''+y'+9xy=0.$

12.17　其他类型的贝塞尔函数

我们分别讨论了第一类贝塞尔函数和第二类贝塞尔函数的 $J_p(x)$ 和 $N_p(x)$. 贝塞尔方程是二阶的，只有两个独立的解. 但是有一些相关函数也称为贝塞尔函数. 这与正弦函数和余弦函数有相似之处. 我们可以认为 $\cos x$ 和 $\sin x$ 是 $y''+y=0$ 的解，$\cos x\pm i\sin x$ 是其通解，也可写成 $\mathrm{e}^{\pm ix}$. 用 ix 代替 x，得到函数 e^x，e^{-x}，$\cosh x$，$\sinh x$，它们是 $y''-y=0$ 的解. 下面列举一些常用的贝塞尔函数及其相似的三角函数.

汉克尔函数或第三类贝塞尔函数

$$H_p^{(1)}(x)=J_p(x)+iN_p(x),$$
$$H_p^{(2)}(x)=J_p(x)-iN_p(x). \tag{17.1}$$

（可以对比 $\mathrm{e}^{\pm ix}=\cos x\pm i\sin x$）

修正或双曲贝塞尔函数

方程

$$x^2y''+xy'-(x^2+p^2)y=0 \tag{17.2}$$

由式（16.1）得到解为 $Z_p(ix)$（将其与标准贝塞尔方程进行比较，类比 $y''+y=0$ 和 $y''-y=0$ 两者之间的关系）. 式（17.2）的两个独立解为

$$I_p(x)=i^{-p}J_p(ix),$$
$$K_p(x)=\frac{\pi}{2}i^{p+1}H_p^{(1)}(ix). \tag{17.3}$$

比较 $\sinh x=-i\sin(ix)$ 和 $\cosh x=\cos(ix)$，因为这个类比，I 和 K 被称为双曲贝塞尔函数. 调整 i 因子使 I 和 K 为实数 x.

球贝塞尔函数

如果 $p=(2n+1)/2=n+\frac{1}{2}$，n 为整数，那么 $J_p(x)$ 和 $N_p(x)$ 被称为半奇数阶贝塞尔函数. 它们可以用 $\cos x$，$\sin x$ 和 x 的幂表示. 从下面的式（17.4）可以看出，球贝塞尔函数与它们密切相关. 球贝塞尔函数在各种振动问题中都会出现，特别是在球坐标的情况下. 我们定义

了 $n=0,1,2,\cdots$ 的球面贝塞尔函数 $j_n(x)$，$y_n(x)$，$h_n^{(1)}(x)$，$h_n^{(2)}(x)$，并以初等函数的形式表示它们的值（见习题 12.17 第 2 题和第 3 题）. 关于这些函数的使用，请见第 13 章习题 13.7 的第 15 题、第 16 题、第 19 题.

$$j_n(x)=\sqrt{\frac{\pi}{2x}}J_{(2n+1)/2}(x)=x^n\left(-\frac{1}{x}\frac{\mathrm{d}}{\mathrm{d}x}\right)^n\left(\frac{\sin x}{x}\right),$$
$$y_n(x)=\sqrt{\frac{\pi}{2x}}Y_{(2n+1)/2}(x)=-x^n\left(-\frac{1}{x}\frac{\mathrm{d}}{\mathrm{d}x}\right)^n\left(\frac{\cos x}{x}\right),$$
$$h_n^{(1)}(x)=j_n(x)+\mathrm{i}y_n(x),$$
$$h_n^{(2)}(x)=j_n(x)-\mathrm{i}y_n(x).$$
(17.4)

开尔文函数

解决振动问题的一种标准方法是假设解包含 $\mathrm{e}^{\mathrm{i}\omega t}$，得到的方程含有虚数项. 例如，对于交流电流在导线中的分布问题有下面这个方程

$$y''+\frac{1}{x}y'-\mathrm{i}y=0.\qquad(17.5)$$

方程的解是

$$y=Z_0(\mathrm{i}^{3/2}x).\qquad(17.6)$$

这个结果为复数，习惯上将复数分为实部和虚部，称为 ber 和 bei（$Z=J$），它们代表贝塞尔实部和贝塞尔虚部. 定义 ber，bei，ker，kei 函数：

$$J_0(\mathrm{i}^{3/2}x)=\mathrm{ber}x+\mathrm{ibei}x,$$
$$K_0(\mathrm{i}^{1/2}x)=\mathrm{ker}x+\mathrm{ikei}x.$$
(17.7)

当 $n\neq0$ 时也有类似的函数. 这些函数出现在热流问题、黏性流体理论以及电气工程中.

艾里函数

艾里微分方程是：

$$y''-xy=0\qquad(17.8)$$

根据第 12.16 节可求出解为（见习题 12.7 第 8 题（b）问）：

$$\sqrt{x}Z_{1/3}\left(\frac{2}{3}\mathrm{i}x^{3/2}\right)\qquad(17.9)$$

由式（17.3）可以写成 $I_{1/3}$ 和 $K_{1/3}$ 的形式. 艾里函数定义为

$$\mathrm{Ai}(x)=\frac{1}{\pi}\sqrt{\frac{x}{3}}K_{1/3}\left(\frac{2}{3}x^{3/2}\right),$$
$$\mathrm{Bi}(x)=\sqrt{\frac{x}{3}}\left[I_{-1/3}\left(\frac{2}{3}x^{3/2}\right)+I_{1/3}\left(\frac{2}{3}x^{3/2}\right)\right].$$
(17.10)

对于负数 x，Ai 和 Bi 可以用 $J_{1/3}$ 和 $N_{1/3}$ 项表示，或者用 1/3 阶汉克尔函数式（17.1）表示. 艾里函数用于电动力学和量子力学.

习题 12.17

1. 用 $J_{(2n+1)/2}(x)$ 和 $Y_{(2n+1)/2}(x)$ 表示 $j_n(x)$ 和 $y_n(x)$ 的定义（17.4）将习题 12.16 第 1 题的解写成球贝塞

尔函数. 然后，使用式（17.4），求出以 $\sin x$ 和 $\cos x$ 表示的解，并与式（11.6）和习题 12.11 第 1 题的解进行比较.

2. 从习题 12.12 第 9 题可知 $J_{1/2}(x) = \sqrt{2/\pi x}\sin x$. 用式（15.2）可得 $J_{3/2}(x)$ 和 $J_{5/2}(x)$. 将 J 项的结果代入式（17.4）验证用 $\sin x$ 和 $\cos x$ 表示的 j_0，j_1 和 j_2 的公式.

3. 从习题 12.13 的第 3 题和第 5 题可知，$Y_{1/2}(x) = -\sqrt{2/\pi x}\cos x$. 如第 2 题一样，得到 $Y_{3/2}$ 和 $Y_{5/2}$，验证用 $\sin x$ 和 $\cos x$ 表示 y_0，y_1 和 y_2 的式（17.4）.

4. 利用式（17.3）和第 2 题和第 3 题中 $J_{1/2}$ 和 $Y_{1/2}(=N_{1/2})$ 表示的结果，证明：

$$I_{1/2}(x) = \sqrt{\frac{2}{\pi x}}\sinh x \quad 和 \quad K_{1/2}(x) = \sqrt{\frac{\pi}{2x}}e^{-x}$$

5. 由式（17.4）证明：$h_n^{(1)}(x) = -ix^n\left(-\frac{1}{x}\frac{d}{dx}\right)^n\left(\frac{e^{ix}}{x}\right)$.

6. 用式（16.1）和式（17.4）证明球贝塞尔函数满足微分方程：

$$x^2 y'' + 2xy' + [x^2 - n(n+1)]y = 0.$$

7.（a）用式（16.1）求解微分方程 $xy'' = y$，用式（17.3）函数 I_p 的形式表示答案.

（b）如（a）一样，求 $y'' - x^4 y = 0$ 的一个解.

8. 用式（16.1）式（16.2）验证：

（a）式（17.5）的解为（17.6）.

（b）式（17.8）的解为（17.9）.

9. 用式（17.3），式（15.1）~式（15.5），求出 $I_p(x)$ 的递归关系. 特别地，证明：$I_0' = I_1$.

10. 利用计算机绘图

（a）$I_0(x)$，$I_1(x)$，$I_2(x)$，x 从 0 到 2.

（b）$K_0(x)$，$K_1(x)$，$K_2(x)$，x 从 0.1 到 2.

（c）$\mathrm{Ai}(x)$，x 从 -10 到 10.

（d）$\mathrm{Bi}(x)$，x 从 -10 到 1.

11. 由式（17.4）证明，$h_0^{(1)}(ix) = -e^{-x}/x$.

使用第 12.15 节递归关系和式（17.4），得到以下球贝塞尔函数的递归关系. 我们把它们写成了 j_n，但对 y_n 和 h_n 的系数也是有效的.

12. $j_{n-1}(x) + j_{n+1}(x) = (2n+1)j_n(x)/x$.

13. $(d/dx)j_n(x) = nj_n(x)/x - j_{n+1}(x)$.

14. $(d/dx)j_n(x) = j_{n-1}(x) - (n+1)j_n(x)/x$.

15. $(d/dx)[x^{n+1}j_n(x)] = x^{n+1}j_{n-1}(x)$.

16. $(d/dx)[x^{-n}j_n(x)] = -x^{-n}j_{n+1}(x)$.

12.18 变长摆

作为使用贝塞尔函数的一个例子，我们考虑以下问题. 假设一个单摆（见第 11 章第 11.8 节），其弦的长度 l 以一个稳定的速率增加（例如，重物由起重机升降过程摆动），求运动方程和小振动的解.

由第 11 章第 11.8 节，得到运动方程：

$$\frac{d}{dt}(ml^2\dot{\theta}) + mgl\sin\theta = 0. \tag{18.1}$$

设 t 时刻弦的长度为

$$l = l_0 + vt, \tag{18.2}$$

自变量由 t 改为 l，对于小振动，可用 θ 取代 $\sin\theta$，则式（18.1）变为（见习题 12.18 第 1 题）

$$l\frac{\mathrm{d}^2\theta}{\mathrm{d}l^2} + 2\frac{\mathrm{d}\theta}{\mathrm{d}l} + \frac{g}{v^2}\theta = 0. \tag{18.3}$$

（此方程也可以描述变质量或变 L 的 RLC 电路的阻尼振动.）

将式（18.3）与标准式（16.1）进行比较，得到（见习题 12.18 第 2 题）：

$$\theta = l^{-1/2}Z_1(bl^{1/2}) \tag{18.4}$$

其中，$b = 2g^{1/2}/v.$

为了简化符号，令

$$u = bl^{1/2} = (2g^{1/2}/v)l^{1/2}, \tag{18.5}$$

则式（18.3）的通解为

$$\theta = Au^{-1}J_1(u) + Bu^{-1}N_1(u). \tag{18.6}$$

使用式（15.2）通过式（18.6）可求出 $\mathrm{d}\theta/\mathrm{d}u$：

$$\frac{\mathrm{d}\theta}{\mathrm{d}u} = -[Au^{-1}J_2(u) + Bu^{-1}N_2(u)]. \tag{18.7}$$

常数 A 和常数 B 必须从起始条件中求得，就像普通单摆的常数 l 一样. 例如，在一般情况下，当 $t = 0$ 时，如果 $\theta = \theta_0$ 和 $\dot\theta = 0$，那么通解 $\theta = A\cos\omega t + B\sin\omega t$ 变为 $\theta = \theta_0\cos\omega t.$ 对于变长摆，用同样的初始条件，即当 $t = 0$ 时，$\theta = \theta_0$ 和 $\dot\theta = 0.$ 由初始条件，可求出（在一些计算之后求出，见习题 12.18 第 3 题到第 6 题）

$$A = -\frac{\pi u_0^2}{2}\theta_0 N_2(u_0), \quad B = \frac{\pi u_0^2}{2}\theta_0 J_2(u_0) \tag{18.8}$$

如果调整常数 v 和 l_0，有简单形式的解为

$$u_0 = 2(gl_0)^{1/2}/v \text{ 是 } J_2(u) \text{ 的零点}, \tag{18.9}$$

则 $B = 0$，式（18.6）的第 2 项是 0，有：

$$\theta = Au^{-1}J_1(u) = Cl^{-1/2}J_1(bl^{1/2}), \tag{18.10}$$

其中（见习题 12.18 第 7 题），

$$b = \frac{2g^{1/2}}{v} = \frac{u_0}{l_0^{1/2}}, \quad C = \frac{\theta_0 l_0^{1/2}}{J_1(u_0)}. \tag{18.11}$$

对于这个简单的例子，$\dot\theta$ 是 $J_2(u)$ 的倍数（见习题 12.18 第 8 题）；因此，$\theta = 0$ 对应于 $J_1(u)$ 的零点，$\dot\theta = 0$ 对应于 $J_2(u)$ 的零点. 一个"四分之一"周期对应 $\theta = 0$ 到 $\dot\theta = 0$，或者 $\dot\theta = 0$ 到 $\theta = 0$ 的时间. 这些四分之一周期可以从 $J_1(u)$ 和 $J_2(u)$ 的零点中求出（见习题 12.18 第 8 题）.

习题 12.18

1. 验证方程（18.3）. 提示：由方程（18.2），$\mathrm{d}l = v\mathrm{d}t$，得 $\dfrac{\mathrm{d}}{\mathrm{d}t} = v\dfrac{\mathrm{d}}{\mathrm{d}l}.$

2. 解方程（18.3）得方程（18.4）.

3. 证明

$$J_p(x)J'_{-p}(x) - J_{-p}(x)J'_p(x) = -\frac{2}{\pi x}\sin p\pi.$$

写出 $y=J_p$ 和 $y=J_{-p}$ 的贝塞尔方程（12.1），将 J_p 方程乘以 J_{-p}，再将 J_{-p} 方程乘以 J_p，然后将两式相减得到

$$\frac{\mathrm{d}}{\mathrm{d}x}\left[x\left(J_p J'_{-p}-J_{-p}J'_p\right)\right]=0.$$

于是 $J_p J'_{-p}-J_{-p}J'_p=c/x$. 要求出 c，用式（12.9）的四个函数，求出 $1/x$ 项的乘积. 再利用第 11 章的式（5.4）.

4. 利用式（13.3）和第 3 题，证明

$$J_p(x)N'_p(x)-J'_p(x)N_p(x)=\frac{J'_p(x)J_{-p}(x)-J_p(x)J'_{-p}(x)}{\sin p\pi}=\frac{2}{\pi x}.$$

5. 利用第 12.15 节（对于 N 系数和 J 系数的结论）和第 4 题的递归关系证明

$$J_n(x)N_{n+1}(x)-J_{n+1}(x)N_n(x)=-\frac{2}{\pi x}.$$

提示：先证明当 $n=0$ 时式成立，再将结果用于证明 $n=1$ 的情况，以此类推.

6. 对于初始条件 $\theta=\theta_0$ 和 $\dot\theta=0$，证明：式（18.6）和式（18.7）中的常数 A 和 B 如式（18.8）所示. 提示：如果 $\dot\theta=0$ 证明：$\mathrm{d}\theta/\mathrm{d}u=0$. 在式（18.6）和式（18.7）中，设当 $u=u_0$ 时 $\theta=\theta_0$ 和 $\mathrm{d}\theta/\mathrm{d}u=0$，解出 A 和 B. 再用第 5 题中的公式简化结果，得到式（18.8）.

7. 验证式（18.11）中给出的 b 和 C 的值. 注意：C 有两种形式：（1）在式（18.10）中，$u=bl^{1/2}$，所以 $Au^{-1}=(A/b)l^{-1/2}$，$C=A/b$. 使用第 5 题化简式子.（2）在式（18.10）中，设 $\theta=\theta_0$，$u=u_0$，$l=l_0$，求解 C.

8. 求解

$$\dot\theta=\frac{\mathrm{d}\theta}{\mathrm{d}t}=\frac{\mathrm{d}\theta}{\mathrm{d}u}\frac{\mathrm{d}u}{\mathrm{d}l}\frac{\mathrm{d}l}{\mathrm{d}t}.$$

从式（18.10）和式（15.2），或者从式（18.7）中，可知 $B=0$. 由此证明，当 $J_1(u)=0$ 时，$\theta=0$，以及当 $J_2(u)=0$ 时，$\dot\theta=0$. 证明：加长摆连续（可变）四分之一周期为 $(v/4g)(r_2^2-r_1^2)$ 或 $(v/4g)(r_1^2-r_2^2)$，其中，r_1 和 r_2 为 J_1 和 J_2 的连续零点. 使用计算机或查表求出零点，并计算几个四分之一周期（如 $v/(4g)$ 的倍数）. 观察向内摆动比之前或之后的向外摆动花费的时间更长.

9. 考虑缩短摆问题. 按照文中的方法，但有 $l=l_0-vt$，振动的振幅 θ 随摆的缩短是增加还是减少？为这道题重述第 8 题关于四分之一周期的结果.

10. 密度从一端到另一端线性增加的弦横向振动，其微分方程满足 $y''+(Ax+B)y=0$，其中 A 和 B 是常数，用贝塞尔函数求这个方程的通解，提示：改变变量 $Ax+B=Au$.

11. 有一根笔直的电线，将它的下端垂直夹紧，如果它很短，那么就会直立，如果它很长，那么会因自身重量而弯曲. 可以证明，垂直平衡的最大长度为 l，$kl^{3/2}$ 是 $J_{-1/3}$ 的第一个零点，并且

$$k=\frac{4}{3r^2}\sqrt{\frac{\rho g}{\pi Y}},$$

其中 r 为电线半径，ρ 为线密度，g 为重力加速度，Y 为杨氏模量. 求半径为 1mm 钢线的 l，及同样半径铅线的 l.

12.19 贝塞尔函数的正交性

你可能期望在这里我们将证明两个对于不同 p 值的 J_p 是正交的. 然而，这不是我们要做的. 事实上，这个结论不成立！为了了解我们要证明什么，观察下面贝塞尔函数与正弦函数和余弦函数之间的比较.

两个函数：$\sin x$ 和 $\cos x$	两个对于每个 p 的函数：$J_p(x)$ 和 $N_p(x)$	
只考虑 $\sin x$	只考虑一个 p 值的 $J_p(x)$	
在 $\sin x$ 的零点处，即 $x = n\pi$，$\sin x = 0$，在 $x = 1$ 处，$\sin n\pi x = 0$.	在 $J_p(x)$ 的零点处，即 $x = \alpha, \beta, \cdots$，$J_p(x) = 0$，在 $x = 1$ 处，$J_p(\alpha x) = 0$，$J_p(\beta x) = 0, \cdots$.	(19.1)
$y = \sin n\pi x$ 满足的微分方程是 $y'' + (n\pi)^2 y = 0$.	$y = J_p(\alpha x)$ 满足的微分方程是 $x(xy')' + (\alpha^2 x^2 - p^2)y = 0$ [见式 (16.5)].	

（在比较微分方程时，记住 p 是常数. $\sin x$ 的零点为 $n\pi$，对应 $J_p(x)$ 的零点为 α，β 等.）

已经证明（见第 7 章）：

$$\int_0^1 \sin n\pi x \sin m\pi x\, dx = 0,\ n \neq m.$$

将要证明：

$$\int_0^1 x J_p(\alpha x) J_p(\beta x)\, dx = 0,\ \alpha \neq \beta.$$

由式 (16.5)，满足 $J_p(\alpha x)$ 的微分方程为

$$x(xy')' + (\alpha^2 x^2 - p^2)y = 0 \tag{19.2}$$

满足 $J_p(\beta x)$ 的微分方程为

$$x(xy')' + (\beta^2 x^2 - p^2)y = 0. \tag{19.3}$$

为了简单起见，设 $J_p(\alpha x) = u$ 和 $J_p(\beta x) = v$，则式 (19.2) 及式 (19.3) 可以化为

$$x(xu')' + (\alpha^2 x^2 - p^2)u = 0,$$
$$x(xv')' + (\beta^2 x^2 - p^2)v = 0. \tag{19.4}$$

与勒让德多项式正交性的证明方法类似（见第 12.7 节），用式 (19.4) 来证明式 (19.1) 中的最后一个方程. 用 v 乘以式 (19.4) 的第一个方程，u 乘以第二个方程，将两方程相减，消去一个 x，得到

$$v(xu')' - u(xv')' + (\alpha^2 - \beta^2)xuv = 0. \tag{19.5}$$

式 (19.5) 的前两项等于

$$\frac{d}{dx}(vxu' - uxv'). \tag{19.6}$$

利用式 (19.6) 和对式 (19.5) 积分，得到

$$(vxu' - uxv')\Big|_0^1 + (\alpha^2 - \beta^2)\int_0^1 xuv\, dx = 0. \tag{19.7}$$

上式积分项的下限是 0，因为 $x = 0$，v，u'，v' 有限. 为了求上限处的积分项，回顾一下有 $u = J_p(\alpha x)$，$v = J_p(\beta x)$，则在 $x = 1$ 处，$u = J_p(\alpha) = 0$，$v = J_p(\beta) = 0$，因为 α 和 β 是 J_p 的零点. 因此式 (19.7) 变为

$$\int_0^1 xuv\, dx = 0, \tag{19.8}$$

或者

$$(\alpha^2 - \beta^2)\int_0^1 x J_p(\alpha x) J_p(\beta x)\, dx = 0. \tag{19.9}$$

如果 $\alpha \neq \beta$，即如果 α 和 β 是 J_p 的不同零点，积分为零. 如果 $\alpha = \beta$，积分不为零，现在

只给出结果

$$\int_0^1 x J_p(\alpha x) J_p(\beta x) \, dx = \begin{cases} 0, & \alpha \neq \beta, \\ \dfrac{1}{2} J_{p+1}^2(\alpha) = \dfrac{1}{2} J_{p-1}^2(\alpha) = \dfrac{1}{2} J_p'^2(\alpha), & \alpha = \beta, \end{cases} \tag{19.10}$$

其中 α 和 β 是 $J_p(x)$ 的零点.

［可以看到，通过式（15.3）至式（15.5），在 $\alpha = \beta$ 的情况下三个方程的答案相等，记住，α 是 J_p 的零点.］

我们可以用两种不同的方式来表述式（19.10）；如果 α_n 是 $J_p(x)$ 的零点，其中 $n = 1, 2, 3, \cdots$，那么我们可以有下面结论之一

（a）函数 $\sqrt{x} J_p(\alpha_n x)$ 在区间 $(0, 1)$ 正交；

（b）函数 $J_p(\alpha_n x)$ 在区间 $(0, 1)$ 关于权函数 x 正交.

还存在其他与正交相关的权函数. 一般来说，我们说 $y_n(x)$ 是关于权函数 $w(x)$ 在 (x_1, x_2) 上的正交函数族，如果有

$$\int_{x_1}^{x_2} y_n(x) y_m(x) w(x) \, dx = 0, \quad n \neq m.$$

满足式（19.10）的贝塞尔函数 $J_p(\alpha_n x)$ 可以用一组贝塞尔函数展开给定函数，就如用傅里叶级数和勒让德级数展开一样. 对此稍后在第 13 章关于物理的例子中讲述.

正如可以将傅里叶级数推广到区间 $(0, l)$ 一样，可将式（19.10）推广到区间 $(0, a)$. 在式（19.10）中，令 $x = r/a$，积分限是 $x = r/a = 0$ 到 1，即 r 从 0 到 a，式（19.10）中的积分变为：

$$\int_0^a (r/a) J_p(\alpha r/a) J_p(\beta r/a) \, d(r/a) = \frac{1}{a^2} \int_0^a r J_p(\alpha r/a) J_p(\beta r/a) \, dr,$$

因此有

$$\int_0^a r J_p(\alpha r/a) J_p(\beta r/a) \, dr = \begin{cases} 0, & \alpha \neq \beta, \\ \dfrac{a^2}{2} J_{p+1}^2(\alpha) = \dfrac{a^2}{2} J_{p-1}^2(\alpha) = \dfrac{a^2}{2} J_p'^2(\alpha), & \alpha = \beta. \end{cases} \tag{19.11}$$

习题 12.19

1. 用下列方法证明式（19.10）. 首先要注意式（19.2）和式（19.3），以及式（19.7）是否保持 α 和 β 是 $J_p(x)$ 的零点. 设 α 为零点，而 β 为任意数. 由式（19.7）证明：

$$\int_0^1 x u v \, dx = \frac{J_p(\beta) \alpha J_p'(\alpha)}{\beta^2 - \alpha^2}.$$

现在设 $\beta \to \alpha$，应用洛必达法则计算不定式（即对分子和分母关于 β 求导，并设 $\beta \to \alpha$）. 这样可求

$$\int_0^1 x u v \, dx = \frac{1}{2} J_p'^2(\alpha).$$

如在式（19.10）中，$\alpha = \beta$，$u = v = J_p(\alpha x)$. 使用式（15.3）到式（15.5）来证明式（19.10）中给出两个表达式是等价的.

2. 给出

$$J_{3/2}(x) = \sqrt{\frac{2}{\pi x}} \left(\frac{\sin x}{x} - \cos x \right)$$

使用式（19.10）计算

$$\int_0^1 \left(\frac{\sin\alpha x}{\alpha x} - \cos\alpha x \right)^2 dx$$

其中，α 是方程 $\tan x = x$ 的根.

3. 利用式（17.4）和式（19.10）写出球贝塞尔函数 $j_n(x)$ 的正交条件和归一化积分.

4. 由 z 替换 x 幂级数（12.9），定义复数 z 的 $J_p(z)$（由习题 12.12 第 1 题，级数对所有 z 都收敛）. 通过式（19.10）证明 $J_p(z)$ 的所有零点都是实数. 提示：假设式（19.10）的 α 和 β 是共轭复数对，证明被积函数是正的积分不可能为零.

5. 对于 $J_p(x)$，$p \geqslant 0$，得到式（19.10）. 它对 $p > -1$ 是有效的，也就是对于 $N_p(x)$，$0 \leqslant p < 1$. 证明的困难就发生在式（19.7）之后. 我们说 u，v，u'，v' 在 $x = 0$ 处是有限的，对于 $N_p(x)$ 是不正确的. 但是，如果 $p < 1$，那么 x 的负幂可以消去. 使用函数 $N_{1/2}(x) = -J_{-1/2}(x)$ 的幂级数（12.9）或式（13.1）两项来证明当 $p = \frac{1}{2}$ 时的结果〔见式（13.3）〕.

6. 根据第 5 题，如果 α 和 β 是 $N_{1/2}(x)$ 的不同零点，$\int_0^1 x N_{1/2}(\alpha x) N_{1/2}(\beta x) dx = 0$. 用式（17.4）求出包含 $\cos x$ 项的 $N_{1/2}(x)$，从而求出 $N_{1/2}(x)$ 的零点. 证明：函数 $\cos\left(n + \frac{1}{2}\right)\pi x$ 是 $(0, 1)$ 上的正交函数族，使用式（19.10）求归一化常数.

12.20 贝塞尔函数的近似公式

通常情况下，当 x 接近 0 或 x 非常大时，可以给出贝塞尔函数的近似公式. 列出其中一些公式供参考. 符号 $O(x^n)$ 读作 x^n 项的阶数或更小的阶数，意味着给定近似中的误差小于常数乘以 x^n，则 $O(1)$ 表示有界项. 注意 $p \geqslant 0$.

函数	小 x	大 x（渐近公式）
$J_p(x)$	$\frac{1}{\Gamma(p+1)}\left(\frac{x}{2}\right)^p + O(x^{p+2})$	$\sqrt{\frac{2}{\pi x}}\cos\left(x - \frac{2p+1}{4}\pi\right) + O(x^{-3/2})$
$N_p(x)$	$\begin{cases} p=0 & \frac{2}{\pi}\ln x + O(1) \\[2mm] p>0 & -\frac{\Gamma(p)}{\pi}\left(\frac{2}{x}\right)^p + \begin{cases} O(x^p), & p<1, \\ O\left(x\ln\frac{1}{x}\right), & p=1, \\ O(x^{2-p}), & p>1. \end{cases} \end{cases}$	$\sqrt{\frac{2}{\pi x}}\sin\left(x - \frac{2p+1}{4}\pi\right) + O(x^{-3/2})$
$H_p^{(1)\text{或}(2)}(x)$	$\pm i N_p(x)$	$\sqrt{\frac{2}{\pi x}}e^{\pm i[x-(2p+1)\pi/4]} + O(x^{-3/2})$
$I_p(x)$	$J_p(x)$	$\frac{1}{\sqrt{2\pi x}}e^x + O\left(\frac{e^x}{x}\right)$
$K_p(x)$	$-\frac{\pi}{2}N_p(x)$	$\sqrt{\frac{\pi}{2x}}e^{-x} + O\left(\frac{e^{-x}}{x}\right)$
$j_n(x)$	$\frac{x^n}{(2n+1)!!} + O(x^{n+2})$	$\frac{1}{x}\sin\left(x - \frac{n\pi}{2}\right) + O(x^{-2})$
$y_n(x)$	$\frac{-(2n-1)!!}{x^{n+1}} + O(x^{1-n})$	$-\frac{1}{x}\cos\left(x - \frac{n\pi}{2}\right) + O(x^{-2})$

注：$(2n+1)!!$ 表示 $1 \cdot 3 \cdot 5 \cdot 7 \cdots (2n+1) = \frac{(2n+1)!}{2^n n!}$，见第 1 章第 1.13C 节.

习题 12.20

使用上表计算下列极限

1. $\lim\limits_{x\to 0} J_4(x)/\left[J_2(x)\right]^2$.

2. $\lim\limits_{x\to\infty} I_3(x)/I_5(x)$.

3. $\lim\limits_{x\to 0} N_0(x^2)/\ln(x)$.

4. $\lim\limits_{x\to\infty} J_p(x)/N_p(x)$.

5. $\lim\limits_{x\to\infty} xI_p(x)K_p(x)$.

6. $\lim\limits_{x\to 0} xj_n(x)y_n(x)$.

使用上表和第 12.17 节中的定义对下面式子求大 x 值的近似公式

7. $h_n^{(1)}(x)$.

8. $h_n^{(2)}(x)$.

9. $h_n^{(1)}(ix)$.

10. $h_n^{(2)}(ix)$.

为了研究表中的逼近，用计算机在同一轴上绘制出给定函数及其小 x 值近似值和渐近近似值. 用一个足够大的区间说明与大 x 值的函数相一致的渐近近似值. 如果小 x 值的近似值不清晰，在一个小区间内单独画出它与函数的关系.

11. $J_1(x)$

12. $J_2(x)$

13. $J_3(x)$

14. $N_2(x)$

15. $N_3(x)$

16. $j_1(x)$

17. $j_2(x)$

18. $y_2(x)$

19. 在同一坐标轴上用计算机绘制几个 $I_p(x)$ 函数及其共同的渐近近似值，再用计算机绘制每个函数的小 x 近似值.

20. 如第 19 题，研究 $K_p(x)$ 函数. 有趣的是 $K_{1/2}(x)$ 等于渐近近似值（见习题 12.17 第 4 题）.

12.21 级数解、富克斯定理

我们讨论了两个用弗罗贝尼乌斯（Frobenius）方法可解的微分方程的例子（勒让德方程和贝塞尔方程）. 还有许多其他命名方程和相应的命名函数是它们的解（见第 12.22 节中的更多例子）. 它们和这两个例子有很多相似之处，当在计算机中、课本上或参考书中遇到它们时，应马上查找、使用. 你可能会发现关于这样一组（对你来说）新函数的任何或所有内容：它们是具有一个或多个参数的微分方程的解的集合（如贝塞尔方程中的 p）. 函数的值、导数、零点以及许多涉及它们的公式在参考资料（查表和计算机）中都可以找到，它们具有正交性，可能与权重函数有关，因此在适当限制后，函数可以在它们的级数中展开. 函数集合有一个生成函数，有些物理问题的解包含这些函数，通常是偏微分方程的解等.

现在你可能想知道是否所有的微分方程都可以用弗罗比尼乌斯方法求解. 富克斯（Fuchs）提出的一个一般性定理告诉我们这种方法何时可行，对于在实际应用中最重要的二阶微分方程，我们将详细给出说明. 把微分方程写成

$$y''+f(x)y'+g(x)y=0 \tag{21.1}$$

如果 $xf(x)$ 和 $x^2g(x)$ 可以在收敛幂级数 $\sum\limits_{n=0}^{\infty} a_nx^n$ 中展开，也就是说微分方程（21.1）在原点是规则的（或有一个非本质的奇异点）. 我们把这些称为富克斯条件. 富克斯定理说明，对于式（21.1）的通解包含下面任何一个条件，这些条件是必要的和充分的

（1）两个弗罗比尼乌斯（Frobenius）级数；

（2）一个解 $S_1(x)$ 是弗罗比尼乌斯级数，另一个解是 $S_1(x)\ln x+S_2(x)$，其中 $S_2(x)$ 是另一个弗罗比尼乌斯级数.

情况（2）只发生在指示方程的根等于或相差一个整数时，但通常不总是这样（例如，见方程（11.2）和习题 12.11 第 1 题至习题 12.11 第 4 题，和习题 12.11 第 7 题至习

题 12.11 第 9 题). 注意必要条件：如果不满足富克斯条件，那么无法用广义幂级数的方法求得通解（见习题 12.21 第 11 题~第 13 题）. 然而，应用中最常见的方程确实满足这些条件.

如果第一个弗罗比尼乌斯级数 $S_1(x)$ 恰好中断了，或者可以很容易把它的和写成封闭形式，那么"降阶"法［见第 8 章第 8.7(e) 节］给出了一种不使用无穷级数求第二个解的方法. 但请注意，我们对级数解的主要兴趣并不是一般地用这种方法来解微分方程，而是研究一些函数（如勒让德多项式和贝塞尔函数），它们是在应用中出现的微分方程的解，所以使用级数解一些简单微分方程（对于这些方程有更简单的方法）的目的是学习级数法是如何以及何时起作用的，观察富克斯定理的实际应用.

习题 12.21

第 1 题~第 4 题，用级数求出每个微分方程的一个（简单）解，然后用降阶法求出第二个解（见第 8 章第 8.7（e）节）.

1. $(x^2+1)y''-xy'+y=0.$　　　　　　　2. $x^2y''+(x+1)y'-y=0.$

3. $x^2y''+x^2y'-2y=0.$　　　　　　　4. $(x-1)y''-xy'+y=0.$

用弗罗比尼乌斯法求解第 5 题~第 10 题中的微分方程. 注意，只能得到一个解（还要注意，S 的两个值等于或相差一个整数，在后一种情况下，大 S 值给出　个解）. 证明满足富克斯定理的条件. 已知第二个解是由 $\ln x$ 乘以已知解，加上另一个弗罗比尼乌斯级数，求第二个解.

5. $x(x+1)y''-(x-1)y'+y=0.$　　　　6. $4x^2(x+1)y''-4x^2y'+(3x+1)y=0.$

7. $x(x-1)^2y''-2y=0.$　　　　　　　8. $xy''+xy'-2y=0.$

9. $x^2y''+(x^2-3x)y'+(4-2x)y=0.$　　10. $x^2(x-1)y''-x(5x-4)y'+(9x-6)y=0.$

11. 对于第 2 题中的微分方程，验证它不满足富克斯条件，且第二个解不能在弗罗比尼乌斯级数中展开.

12. 验证微分方程 $x^4y''+y=0$ 不满足富克斯条件，它有两个独立解 $x\sin(1/x)$ 和 $x\cos(1/x)$，这些解在弗罗比尼乌斯级数中是不能展开的.

13. 验证习题 12.11 第 13 题中的微分方程不满足富克斯条件. 通过分离变量求出显式解 $y=$ 常数，第二个解是积分形式的. 证明第二解在弗罗比尼乌斯级数中不能展开.

12.22　埃尔米特函数、拉盖尔函数、阶梯算子

这一节将概述另外两组命名函数的一些重要公式. 埃尔米特函数和拉盖尔函数在量子力学中都是有趣的，它们出现在特征值问题的解中（参见习题 12.22 第 27 题和第 13 章习题 13.7 第 20 题至第 22 题）. 还将考虑一种算子法，它是一些微分方程级数解的替代方法.

埃尔米特函数

埃尔米特（Hermite）函数的微分方程为：

$$y_n''-x^2y_n=-(2n+1)y_n,\quad n=0,1,2,\cdots \tag{22.1}$$

此方程可以用幂级数求解（见习题 12.22 第 5 题）. 这里考虑一种算子方法，它对这个方程特别有效. 用算子 D 表示 d/dx，则有（见第 8 章习题 8.5 第 31 题）

$$(D-x)(D+x)y=\left(\frac{d}{dx}-x\right)(y'+xy)=y''-x^2y+y,$$

$$(D+x)(D-x)y=y''-x^2y-y. \tag{22.2}$$

利用式（22.2）和式（22.1）有两种方式：

$$(D-x)(D+x)y_n = -2ny_n,\qquad(22.3)$$

或者

$$(D+x)(D-x)y_n = -2(n+1)y_n.\qquad(22.4)$$

现在用 $(D+x)$ 乘以式（22.3）两边，用 $(D-x)$ 乘以式（22.4）两边，为方便起见，将 n 改为 m 得

$$(D+x)(D-x)\big[(D+x)y_m\big] = -2m\big[(D+x)y_m\big],\qquad(22.5)$$

$$(D-x)(D+x)\big[(D-x)y_m\big] = -2(m+1)\big[(D-x)y_m\big].\qquad(22.6)$$

（插入括号是为了阐明下一步.）

现在比较一下式（22.3）和式（22.6），如果令 $y_n = \big[(D-x)y_m\big]$ 和 $n = m+1$，那么方程是相同的，有

$$y_{m+1} = (D-x)y_m.\qquad(22.7)$$

我们看到，对于 n 的一个值，即 $n=m$，式（22.1）有已知解 y_m. 当 $n=m+1$ 时，可通过"上升算子" $(D-x)$ 至 y_m 求出一个解. 同样地，从式（22.4）和式（22.5），可求出（习题12.22 第 1 题）

$$y_{m-1} = (D+x)y_m\qquad(22.8)$$

可称 $(D+x)$ 为下降算子. 这些算子在量子理论中称为产生和湮灭算子. 这类算子（其他例子请见习题12.22 的第 29 题、第 30 题和习题12.23 的第 27 题）称为阶梯算子，因为就像梯子的阶梯一样，能在一组函数中向上或向下移动.

如果 $n=0$，求出式（22.3）［以及式（22.1）］的解，通过设

$$(D+x)y_0 = 0,\qquad(22.9)$$

解这个方程（见习题12.22 第 2 题）得

$$y_0 = e^{-x^2/2}.\qquad(22.10)$$

则由式（22.7），$y_n = (D-x)^n e^{-x^2/2}$. 这就是埃尔米特（Hermite）函数，可以写成更简单的形式 $y_n = e^{x^2/2}(d^n/dx^n)e^{-x^2}$（见习题12.22 第 3 题）：

$$y_n = (D-x)^n e^{-x^2/2} \text{ 或 } y_n = e^{x^2/2}(d^n/dx^n)e^{-x^2} \quad \text{埃尔米特函数}\qquad(22.11)$$

如果用式（22.11）乘以 $(-1)^n e^{x^2/2}$，可得埃尔米特多项式，下面的方程可以称为它们的罗德里格斯（Rodrigues）公式：

$$H_n(x) = (-1)^n e^{x^2}\frac{d^n}{dx^n}e^{-x^2} \quad \text{埃尔米特多项式}\qquad(22.12)$$

求得（见习题12.22 第 4 题和第 5 题）

$$H_0(x) = 1,\quad H_1(x) = 2x,\quad H_2(x) = 4x^2 - 2\qquad(22.13)$$

埃尔米特多项式满足微分方程（见习题12.22 第 6 题）

$$y'' - 2xy' + 2ny = 0 \quad \text{埃尔米特方程}\qquad(22.14)$$

利用微分方程，可以证明（见习题12.22 第 7 题）关于权函数 e^{-x^2} 的埃尔米特多项式在

$(-\infty,\infty)$上是正交的. 可以计算归一化积分（见习题 12.22 第 10 题）. 因此有

$$\int_{-\infty}^{\infty} e^{-x^2} H_n(x) H_m(x) \,dx = \begin{cases} 0, & n \neq m, \\ \sqrt{\pi}\, 2^n n!, & n = m. \end{cases} \tag{22.15}$$

埃尔米特多项式的生成函数为（见习题 12.22 第 8 题）

$$\Phi(x,h) = e^{2xh-h^2} = \sum_{n=0}^{\infty} H_n(x) \frac{h^n}{n!}. \tag{22.16}$$

利用生成函数可以推导出埃尔米特多项式的递推关系. 两个有用的关系是

$$\begin{array}{l}(\text{a})\ H'_n(x) = 2n H_{n-1}(x),\\[4pt] (\text{b})\ H_{n+1}(x) = 2x H_n(x) - 2n H_{n-1}(x).\end{array} \tag{22.17}$$

拉盖尔函数

拉盖尔（Laguerre）多项式可用罗德里格斯（Rodrigues）公式定义为

$$L_n(x) = \frac{1}{n!} e^x \frac{d^n}{dx^n}(x^n e^{-x}). \tag{22.18}$$

求导（见习题 12.22 第 12 题），可得

$$\begin{aligned} L_n(x) &= 1 - nx + \frac{n(n-1)}{2!} \frac{x^2}{2!} - \frac{n(n-1)(n-2)}{3!} \frac{x^3}{3!} + \cdots + \frac{(-1)^n x^n}{n!} \\ &= \sum_{m=0}^{n} (-1)^m \binom{n}{m} \frac{x^m}{m!}. \quad \text{拉盖尔多项式} \end{aligned} \tag{22.19}$$

其中符号$\binom{n}{m}$是二项式系数（见第 1 章第 13c 节）. 有些作者省略了在式（22.18）中的 $1/n!$，在式（22.19）中的级数乘以 $n!$，在式（22.19）中的级数类似于$(1-x)^n$ 的二项式展开，只是 x 的每一次幂，比如 x^m，都除以额外的 $m!$. 可求得（见习题 12.22 第 13 题）

$$L_0(x) = 1, \quad L_1(x) = 1-x, \quad L_2(x) = 1-2x+x^2/2 \tag{22.20}$$

拉盖尔多项式是微分方程（见习题 12.22 第 14 和 15 题）的解：

$$xy'' + (1-x)y' + ny = 0, \quad y = L_n(x). \tag{22.21}$$

利用微分方程，我们可以证明（见习题 12.22 第 16 题）关于权函数 e^{-x} 的拉盖尔多项式在 $(0,\infty)$ 上正交. 事实上，我们发现（见习题 12.22 第 19 题），由定义式（22.18），函数 $e^{-x/2} L_n(x)$ 是在$(0,\infty)$上的标准正交集.

$$\int_0^{\infty} e^{-x} L_n(x) L_k(x)\, dx = \delta_{nk} = \begin{cases} 0, & n \neq k, \\ 1, & n = k. \end{cases} \tag{22.22}$$

拉盖尔多项式的生成函数为（见习题 12.22 第 17 题）：

$$\Phi(x,h) = \frac{e^{-xh/(1-h)}}{1-h} = \sum_{n=0}^{\infty} L_n(x) h^n, \tag{22.23}$$

利用它可推导出递归关系，如以下例子（见习题 12.22 第 18 题）

$$
\begin{aligned}
&\text{(a)}\quad L'_{n+1}(x) - L'_n(x) + L_n(x) = 0, \\
&\text{(b)}\quad (n+1)L_{n+1}(x) - (2n+1-x)L_n(x) + nL_{n-1}(x) = 0, \\
&\text{(c)}\quad xL'_n(x) - nL_n(x) + nL_{n-1}(x) = 0.
\end{aligned}
\tag{22.24}
$$

注意：如果因子 $1/n!$ 在式（22.18）中省略了，那么这些公式会有所不同. 因此在参考计算机、查表、课本时应检查所引用的符号.

拉盖尔多项式的导数称为关联拉盖尔多项式，这可通过对式（22.18）、式（22.19）或式（22.20）（见习题 12.22 第 20 题）求导得到. 定义

$$
L_n^k(x) = (-1)^k \frac{\mathrm{d}^k}{\mathrm{d}x^k} L_{n+k}(x) \quad \text{关联拉盖尔多项式}
\tag{22.25}
$$

注意：不同参考资料中的符号可能有些混淆. 有的作者将 $L_n^k(x)$ 定义为 $(\mathrm{d}^k/\mathrm{d}x^k)L_n(x)$（可比较式（22.25）中的定义），所以引用参考资料时应请仔细阅读. 例如，关联拉盖尔多项式在量子力学的氢原子理论中的应用. 在各种文献中，会发现它们分别表示为 $L_{n-l-1}^{2l+1}(x)$ 和 $L_{n+l}^{2l+1}(x)$；这两种符号都表示（正负号除外）$(\mathrm{d}^{2l+1}/\mathrm{d}x^{2l+1})L_{n+l}(x)$（见习题 12.22 第 26 题至第 28 题）.

通过微分拉盖尔式（22.21），可得多项式 $L_n^k(x)$ 所满足的微分方程（见习题 12.22 第 21 题）

$$
xy'' + (k+1-x)y' + ny = 0, \quad y = L_n^k(x).
\tag{22.26}
$$

多项式 $L_n^k(x)$ 也可以从罗德里格斯公式中求出（见习题 12.22 第 22 题）

$$
L_n^k(x) = \frac{x^{-k}\mathrm{e}^x}{n!} \frac{\mathrm{d}^n}{\mathrm{d}x^n}(x^{n+k}\mathrm{e}^{-x}).
\tag{22.27}
$$

注意，在这种形式中，k 不一定是整数. 事实上，式（22.27）用于定义对任意 $k > -1$ 的 $L_n^k(x)$.

通过微分拉盖尔多项式的递推关系，可以得到多项式 $L_n^k(x)$ 的递推关系. 以下是例子（见习题 12.22 第 23 题）

$$
\begin{aligned}
&\text{(a)}\quad (n+1)L_{n+1}^k(x) - (2n+k+1-x)L_n^k(x) + (n+k)L_{n-1}^k(x) = 0, \\
&\text{(b)}\quad x\frac{\mathrm{d}}{\mathrm{d}x}L_n^k(x) - nL_n^k(x) + (n+k)L_{n-1}^k(x) = 0.
\end{aligned}
\tag{22.28}
$$

利用微分方程式（22.26），可证明（见习题 12.22 第 24 题）函数 $L_n^k(x)$ 与权重函数 $x^k\mathrm{e}^{-x}$ 在 $(0,\infty)$ 上正交. 可得（见习题 12.22 第 25 题）

$$
\int_0^\infty x^k \mathrm{e}^{-x} L_n^k(x) L_m^k(x)\,\mathrm{d}x = \begin{cases} 0, & m \neq n, \\ \dfrac{(n+k)!}{n!}, & m = n. \end{cases}
\tag{22.29}
$$

氢原子理论中需要的归一化积分不是式（22.29），而是因子 x^{k+1}. 可求（见习题 12.22 第 25 题~第 27 题）：

$$
\int_0^\infty x^{k+1} \mathrm{e}^{-x} \left[L_n^k(x)\right]^2 \mathrm{d}x = (2n+k+1)\frac{(n+k)!}{n!},
\tag{22.30}
$$

再次提醒：式（22.28）、式（22.29）和式（22.30）在省略式（22.18）中的 $1/n!$ 和在式（22.25）中使用不同的 $L_n^k(x)$ 定义的引用中会有所不同.

习题 12.22

1. 验证式（22.2）~式（22.4）和式（22.8）.

2. 求解式（22.9）得到式（22.10）. 如有需要，请见第 8 章第 8.2 节.

3. 证明：$e^{x^2/2}D\left[e^{-x^2/2}f(x)\right]=(D-x)f(x)$，设

$$f(x)=(D-x)g(x)=e^{x^2/2}D\left[e^{-x^2/2}g(x)\right],$$

得

$$(D-x)^2 g(x)=e^{x^2/2}D^2\left[e^{-x^2/2}g(x)\right].$$

继续这个过程证明，对任何 $F(x)$ 有：

$$(D-x)^n F(x)=e^{x^2/2}D^n\left[e^{-x^2/2}F(x)\right],$$

令 $F(x)=e^{x^2/2}$，得到式（22.11）.

4. 用式（22.12）求式（22.13）中给出的埃尔米特多项式. 利用式（22.17b）求出 $H_3(x)$ 和 $H_4(x)$.

5. 利用幂级数求解埃尔米特微分方程：

$$y''-2xy'+2py=0.$$

在第 12.2 节中，应能求出一个 a_0 级数和一个 a_1 级数. 证明：a_0 级数在 p 为偶数时终止，a_1 级数在 p 为奇数时终止. 对于每一个整数 n，微分方程（22.14）有一个次数为 n 的多项式解. 选择 a_0 或 a_1 的多项式使其最高阶项是 $(2x)^n$ 即为埃尔米特多项式，求 $H_0(x)$，$H_1(x)$，$H_2(x)$. 前面已经解决了特征值问题（见第 12.2 节末），即找出给定微分方程具有多项式解的 p 的值，然后求出相应的解（特征函数）.

6. 将 $y_n=e^{-x^2/2}H_n(x)$ 代入式（22.1），证明：$H_n(x)$ 所满足的微分方程式为（22.14）.

7. 证明：函数 $H_n(x)$ 与权重函数 e^{-x^2} 在 $(-\infty,\infty)$ 上正交. 提示：将微分方程（22.14）写成

$$e^{x^2}\frac{d}{dx}(e^{-x^2}y')+2ny=0.$$

8. 在式（22.16）生成函数中，将指数展开成幂级数，聚集 h 的次幂，得到前几个埃尔米特多项式. 验证等式

$$\frac{\partial^2\Phi}{\partial x^2}-2x\frac{\partial\Phi}{\partial x}+2h\frac{\partial\Phi}{\partial h}=0$$

将式（22.16）中的级数代入这个恒等式，证明式（22.16）中的函数 $H_n(x)$ 满足式（22.14）. 验证式（22.16）中 $H_n(x)$ 的最大值为 $(2x)^n$（已经证明 $H_n(x)$ 函数确实是埃尔米特多项式，由第 5 题，式（22.14）只有一个 n 次多项式的解）.

9. 利用生成函数证明式（22.17）中的递归关系. 提示（a）：对式（22.16）关于 x 求导，使 h^n 系数对应相等. 提示（b）：对式（22.16）关于 h 求导，使 h^n 系数对应相等.

10. 计算式（22.15）中的归一化积分. 提示：使用式（22.12）对其中一个 $H_n(x)$ 因子进行分部积分，并使用式（22.17a），重复使用此结果.

11. 证明已经解决的下面的特征值问题（见第 5 题和第 12.2 节的结尾）：考虑微分方程 $y''+(\varepsilon-x^2)y=0$ ［比较式（22.1）］，求 ε 可能的值（特征值），使得给定微分方程的解 $y(x)$ 在 $x\to\pm\infty$ 时趋向于 0. 对这些 ε 值，求出特征函数 $y(x)$. 说明 ε 是什么？特征函数是什么？

12. 利用莱布尼茨法则（见第 12.3 节），对式（22.18）进行微分，得到式（22.19）.

13. 使用式（22.19），验证式（22.20）并求出 $L_3(x)$ 和 $L_4(x)$.

14. 证明式（22.18）中给出的 $y=L_n(x)$ 满足式（22.21）. 提示：遵循与第 12.4 节中类似的方法，设

$v=x^n e^{-x}$，证明：$xv'=(n-x)v$. 用莱布尼茨法则对最后一个方程求导$(n+1)$次，并且使用从式（22.18）中得到的 $d^n v/dx^n = n! e^{-x} L_n(x)$.

15. 以幂级数求解拉盖尔微分方程

$$xy''+(1-x)y'+py=0.$$

证明：如果 p 是整数，那么 a_0 级数终止. 因此，对于每一个整数 n，微分方程式（22.21）有一个解，是 n 次多项式. $a_0=1$ 的多项式就是拉盖尔多项式 $L_n(x)$. 求 $L_0(x)$，$L_1(x)$，$L_2(x)$ 和 $L_3(x)$（这是特征值问题，比较第 5 题和第 12.2 节）.

16. 证明：函数 $L_n(x)$ 与权重函数 e^{-x} 在 $(0,\infty)$ 上正交. 提示：将微分方程式（22.21）写成

$$e^x \frac{d}{dx}(xe^{-x}y')+ny=0,$$

见第 12.7 节和第 12.19 节.

17. 在式（22.23）中，写出指数的级数，聚集 h 的幂验证级数的前几项. 验证恒等式

$$x\frac{\partial^2 \Phi}{\partial x^2}+(1-x)\frac{\partial \Phi}{\partial x}+h\frac{\partial \Phi}{\partial h}=0.$$

将式（22.23）中的级数代入此恒等式，证明：式（22.23）中的函数 $L_n(x)$ 满足 Laguerre 方程式（22.21）. 通过将 $x=0$ 代入生成函数，验证常数项为 1（已经证明了在式（22.23）中称为 $L_n(x)$ 的函数实际上是拉盖尔多项式，因为由第 15 题，式（22.21）只有一个 n 次多项式解）.

18. 验证递归关系式（22.24）如下：

（a）对式（22.23）关于 x 求导，得 $h\Phi=(h-1)(\partial \Phi/\partial x)$，使 h^{n+1} 的系数对应相等.

（b）对式（22.23）关于 h 求导，得 $(1-h)^2(\partial \Phi/\partial h)=(1-h-x)\Phi$，使 h^n 的系数对应相等.

（c）结合问题（a）和问题（b）得到 $x(\partial \Phi/\partial x)+h\Phi-(1-h)\partial \Phi/\partial h=0$. 替代 Φ 级数同时使 h^n 的系数对应相等.

19. 计算式（22.22）中的归一化积分. 提示：对 $L_n(x)$ 的一个因子用式（22.18）分部积分 n 次. 利用式（22.19）求 $(d^n/dx^n)L_n(x)$ 和根据第 11 章第 11.3 节求 $\int_0^\infty x^n e^{-x}dx$ 的值.

20. 利用式（22.25）、式（22.20）和第 13 题，求出 $n=0,1,2$ 和 $k=1,2$ 时的 $L_n^k(x)$.

21. 验证式（22.25）中的多项式 $L_n^k(x)$ 满足式（22.26）. 提示：将式（22.21）写成 $n+k$ 替换 n，用莱布尼茨法则求导 k 次.

22. 验证式（22.27）给出的多项式与式（22.25）中定义的 $L_n^k(x)$ 相同. 提示：证明式（22.27）中的函数满足式（22.26）. 设 $v=e^{-x}x^{n+k}$ 和证明 $xv'=(n+k-x)v$，（比较第 14 题）. 用莱布尼茨法则对这个方程求导 $n+1$ 次，并利用式（22.27）的 $d^n v/dx^n = n! e^{-x}x^k L_n^k(x)$. 式（22.25）和式（22.27）的 x^n 系数均为 $(-1)^n/n!$（假设式（22.26）对于一个 k 只有一个 n 次多项式的解（可以由级数解证明），对于 k 的积分，式（22.27）给出了与式（22.25）相同的多项式）.

23. 验证递归关系式（22.28）如下：

（a）在式（22.24b）中，用 $n+k$ 替换 n，用莱布尼茨法则对式子 k 次求导. 在式（22.24a）中，用 $n+k$ 替换 k 并求导 $k-1$ 次. 将第一个结果减去第二个结果的 k 倍.

（b）在式（22.24c）中，将 $n+k$ 替换 n 并求导 k 次.

24. 证明函数 $L_n^k(x)$ 相对于权重函数 $x^k e^{-x}$ 在 $(0,\infty)$ 上正交. 提示：将微分方程式（22.26）写成

$$x^{-k}e^x \frac{d}{dx}(x^{k+1}e^{-x}y')+ny=0.$$

25. 计算归一化积分式（22.29）和式（22.30）. 提示：对于式（22.29）中的 $L_n^k(x)$ 因子，利用式（22.27），分部积分 n 次. 使用式（22.25）以及式（22.19）计算 $d^n/dx^n x^n L_n^k(x)$. 比较第 19 题. 为了求式（22.30）的值，用式（22.28a）乘以 $x^k e^{-x}$ 并积分，对 $m\neq n$ 和 $m=n$ 都使用式（22.29）.

26. 解下列特征值问题（见第 12.2 节和第 11 题）：给定微分方程：

$$y''+\left(\frac{\lambda}{x}-\frac{1}{4}-\frac{l(l+1)}{x^2}\right)y=0.$$

其中，l 是大于等于 0 的整数，求出当 $x\to\infty$ 时，$y\to0$ 的 λ 的值，并求出所对应的特征函数. 提示：设 $y=x^{l+1}\mathrm{e}^{-x/2}v(x)$，证明 $v(x)$ 满足微分方程：

$$xv''+(2l+2-x)v'+(\lambda-l-1)v=0$$

比较式（22.26）可以看出，如果 λ 是大于 l 的整数，那么有多项式解 $v(x)=L_{\lambda-l-1}^{2l+1}(x)$.

27. 在氢原子理论中令人感兴趣的函数是

$$f_n(x)=x^{l+1}\mathrm{e}^{-x/2n}L_{n-l-1}^{2l+1}\left(\frac{x}{n}\right).$$

其中，n 和 l 是 $0\leqslant l\leqslant n-1$ 的整数（注意：这里 $k=2l+1$，用 $n-l-1$ 代替了 n，在这道习题中，L_2^3 的意思是 $l=1$，$n=4$），当 $l=1$ 时，证明

$$f_2(x)=x^2\mathrm{e}^{-x/4},\quad f_3(x)=x^2\mathrm{e}^{-x/6}\left(4-\frac{x}{3}\right),\quad f_4(x)=x^2\mathrm{e}^{-x/8}\left(10-\frac{5x}{4}+\frac{x^2}{32}\right)$$

提示：求出多项式 L_0^3，L_1^3，L_2^3，如第 20 题（$k=3$），再用 x/n 代替 x. 函数 $f_n(x)$ 不同于式（22.29）中的函数，因为 x/n 从一个函数变化到下一个函数. 可证明（见第 23 题和 25 题），对于固定的 l，存在函数 $f_n(x)$ 的集合，$n\geqslant l+1$，是在 $(0,\infty)$ 上的正交集. 验证这三个函数的正确性. 提示：积分是 Γ 函数，见第 11 章第 11.3 节.

28. 对 $l=0$，$n=1,2,3$ 重复第 27 题.

29. 证明：$R_p=\dfrac{p}{x}-D$ 和 $L_p=\dfrac{p}{x}+D$（其中 $D=\mathrm{d}/\mathrm{d}x$）是贝塞尔函数的升算子和降算子，即证明 $R_pJ_p(x)=J_{p+1}(x)$，$L_pJ_p(x)=J_{p-1}(x)$. 提示：利用式（15.5）. 注意，这些算子既依赖于 p，也依赖于 x，因此不像埃尔米特函数的升降算子式（22.7）和式（22.8）那么简单. 如果想对 J_{p+1} 进行操作，必须改变 R 中的 p 或者将 L 中的 p 变成 $p+1$ 等. 进行这样的调整后，证明方程 $LRJ_p=J_p$ 和 $RLJ_p=J_p$ 均为贝塞尔方程.

30. 求球贝塞尔函数的升降算子（见第 29 题）. 提示：见习题 12.17 的第 15 题和习题 12.17 的第 16 题.

12.23　综合习题

1. 利用生成函数式（5.1）求勒让德多项式的归一化因子. 提示：先对式（5.1）和式（5.2）中的 Φ 进行平方，然后从 -1 到 1 积分，以 h 的幂展开 Φ^2 的积分（积分后），然后让对应系数相同.

2. 利用生成函数证明：

$$P_{2n+1}(0)=0\ \text{和}\ P_{2n}(0)=\binom{-1/2}{n}=\frac{(-1)^n(2n-1)!!}{2^nn!}.$$

提示：对 $x=0$ 以 h 的幂展开式（5.1），使之与式（5.2）中 h 次幂的系数对应相等（见第 1 章第 13c 节）.

3. 用式（5.8e）证明：$\int_0^1 P_l(x)\mathrm{d}x=[P_{l-1}(0)-P_{l+1}(0)]/(2l+1)$. 再用第 2 题和第 1 章第 13c 节的结果证明：

$$\int_0^1 P_{2n}(x)\mathrm{d}x=0,\ n>0,\ \text{和}\ \int_0^1 P_{2n+1}(x)\mathrm{d}x=\frac{(-1)^n(2n-1)!!}{2^{n+1}(n+1)!}=\binom{1/2}{n+1}.$$

4. 通过对从 0 到 1 的生成函数积分，并将结果展开为 h 的幂，直接得到第 3 题中的二项式系数，对应等于将式（5.2）从 0 到 1 的积分得到的恒等式中 h^l 的系数，使用第 1 章 13c 节的结果.

5. 证明：$\displaystyle\sum_{l=0}^n(2l+1)P_l(x)=P_n'(x)+P_{n+1}'(x)$. 提示：使用数学归纳法如下：

（a）验证 $n=0$ 时的公式；

（b）假设公式对 $l=n-1$ 时成立，证明：对 $l=n$ 时成立［使用式（5.8e）］.

6. 利用式（10.6）、式（5.8）和第 2 题，计算 $P_{2n+1}^1(0)$.

7. 证明：对于 $l>0$，如果 a 和 b 是 $P_l(x)$ 的两个最大值或最小值，或 ±1，那么 $\int_a^b P_l(x)\mathrm{d}x=0$. 提示：对式（7.2）积分.

8. 证明：$(2l+1)(x^2-1)P_l'\mid(x)=l(l+1)[P_{l+1}(x)-P_{l-1}(x)]$.提示：对式（5.8e）和式（7.2）积分并合并结果. 证明：在 $P_l(x)$ 的最大值点、最小值点以及 ±1 处，$P_{l+1}(x)=P_{l-1}(x)$.

9. 计算 $\int_{-1}^1 xP_l(x)P_n(x)\mathrm{d}x,\ n\leqslant l$. 提示：将式（5.8a）用 $l+1$ 代替 l，乘以 $P_n(x)$，并进行积分.

用第 12.15 节的递归关系（以及如果有需要，第 12、第 13、第 17 和第 20 节）验证第 10 题至第 14 题中的公式.

10. $\displaystyle\int_0^\infty x^{-p}J_{p+1}(x)\mathrm{d}x=\frac{1}{2^p\Gamma(1+p)}$.

11. $\displaystyle\int_0^\infty x^{-n}j_{n+1}(x)\mathrm{d}x=\frac{1}{(2n+1)!!}$.

12. $\displaystyle\frac{\mathrm{d}}{\mathrm{d}x}K_p(x)=-\frac{1}{2}[K_{p-1}(x)+K_{p+1}(x)]$.

13. $\displaystyle\frac{\mathrm{d}}{\mathrm{d}x}j_n(x)=[nj_{n-1}(x)-(n+1)j_{n+1}(x)]/(2n+1)$.

14. $\int x^3 J_0(x)\mathrm{d}x=x^3J_1(x)-2x^2J_2(x)$.

15. 用习题 12.18 第 4 题和式（17.4）的结果证明：

$$j_n(x)y_n'(x)-y_n(x)j_n'(x)=\frac{1}{x^2},$$

再用习题 12.17 第 14 题（对于 y 项和 j 项）证明：

$$j_n(x)y_{n-1}(x)-y_n(x)j_{n-1}(x)=\frac{1}{x^2}.$$

16. 重复使用式（15.2），证明：

$$J_1(x)=x\left(-\frac{1}{x}\frac{\mathrm{d}}{\mathrm{d}x}\right)J_0(x),\quad J_2(x)=x^2\left(-\frac{1}{x}\frac{\mathrm{d}}{\mathrm{d}x}\right)^2J_0(x),$$

和一般公式：

$$J_n(x)=x^n\left(-\frac{1}{x}\frac{\mathrm{d}}{\mathrm{d}x}\right)^nJ_0(x).$$

17. 设 α 是 $J_1(x)$ 的第一个正零点，β_n 是 $J_0(x)$ 的零点，根据 α 和 β_n，求函数 $y=xJ_1(\alpha x)$ 在最大值点和最小值点的 x 值. 通过计算机或查表，求出零点，并计算 x 在 0 到 5 之间 $y(x)$ 的图形上的最大值点和最小值点的坐标. 从 $x=0$ 到 5 用计算机对 y 绘图，并将计算出的最大值点和最小值点与图中显示的值进行比较.

18. （a）在微分方程 $y''+e^{2x}y=0$ 中，改变变量 $z=e^x$，求一个由贝塞尔函数表示的微分方程的解.

（b）在微分方程 $xy''-y'+x^3(e^{x^2}-p^2)y=0$ 中，改变变量 $z=e^{x^2/2}$，求贝塞尔函数表示的微分方程的解.

19. （a）贝塞尔函数整数阶 $p=n$ 的生成函数为：

$$\Phi(x,h)=e^{(1/2)x(h-h^{-1})}=\sum_{n=-\infty}^\infty h^nJ_n(x).$$

通过对 $x(h-h^{-1})$ 进行幂指数展开，证明：$n=0$ 项是 $J_0(x)$.

（b）证明：

$$x^2\frac{\partial^2\Phi}{\partial x^2}+x\frac{\partial\Phi}{\partial x}+x^2\Phi-\left(h\frac{\partial}{\partial h}\right)^2\Phi=0.$$

用这个结果和 $\Phi(x,h)=\sum\limits_{n=-\infty}^{\infty}h^nJ_n(x)$ 证明该函数 $J_n(x)$ 满足贝塞尔方程. 通过考虑问题（a）中的 $e^{(1/2)x(h-h^{-1})}$ 展开中的 h^n 项，证明：h^n 系数是以 $(1/n!)(x/2)^n$ 开始的级数（这证明了 $\Phi(x,h)$ 扩展的函数 $J_n(x)$ 确实是整数阶贝塞尔函数，它通过当 $p=n$ 时的式（12.9）和式（13.1）定义）.

20. 在第 19 题的生成函数方程中，令 $h=e^{i\theta}$，分离实部和虚部，推导出方程：

$$\cos(x\sin\theta)=J_0(x)+2J_2(x)\cos2\theta+2J_4(x)\cos4\theta+\cdots$$

$$=J_0(x)+2\sum_{n=1}^{\infty}J_{2n}(x)\cos2n\theta,$$

$$\sin(x\sin\theta)=2\big[J_1(x)\sin\theta+J_3(x)\sin3\theta+\cdots\big]$$

$$=2\sum_{n=0}^{\infty}J_{2n+1}(x)\sin(2n+1)\theta.$$

这些是系数为贝塞尔函数的傅里叶级数（事实上，整数 n 的 J_n 常称为贝塞尔系数，因为它们出现在很多这样的级数中）. 利用傅里叶级数系数的公式求对偶数 n 和奇数 n 的 J_n 的积分表示. 证明这些结果可以组合给出对所有整数 n，有：

$$J_n(x)=\frac{1}{\pi}\int_0^\pi\cos(n\theta-x\sin\theta)\,\mathrm{d}\theta.$$

这些级数和积分常出现在天文学和波理论中.

21. 在第 19 题的生成函数方程中，设 $x=iy$ 和 $h=-ik$，证明：

$$e^{(1/2)y(k+k^{-1})}=\sum_{n=-\infty}^{\infty}k^nI_n(y).$$

22. 在第 20 题的 $\cos(x\sin\theta)$ 级数中，设 $\theta=0$，和 $\theta=\pi/2$，把这些结果相加，证明：

$$\sum_{n=-\infty}^{\infty}J_{4n}(x)=\frac{1}{2}(1+\cos x).$$

23. 以幂级数求解 $(1-x^2)y''-xy'+n^2y=0$. 在这个方程里，使 $y(1)=1$ 的系数的多项式解称为切比雪夫多项式 $T_n(x)$. 求：T_0，T_1 和 T_2.

24.（a）以下微分方程常称为 Sturm-Liouville 方程：

$$\frac{\mathrm{d}}{\mathrm{d}x}\big[A(x)y'\big]+\big[\lambda B(x)+C(x)\big]y=0.$$

其中，λ 是常量参数. 许多数学物理的微分方程都可以作为这个方程的特例. 证明下列方程可以写成 Sturm-Liouville 形式：勒让德方程式（7.2），固定 p 的贝塞尔方程式（19.2），也就是说，以参数 λ 对应于 α^2；简谐运动方程 $y''=-n^2y$；埃尔米特方程式（22.14）；拉盖尔方程式（22.21）和式（22.26）.

（b）根据第 12.7 节和第 12.19 节中正交证明的方法，证明：如果 y_1 和 y_2 是 Sturm-Liouville 方程的两个解（对应于参数 λ 的两个值 λ_1 和 λ_2），那么若满足 $A(x)(y_1'y_2-y_2'y_1)\big|_a^b=0$，则 λ_1 和 λ_2 相对于权重函数 $B(x)$ 在 (a,b) 上正交.

25. 在习题 12.22 的第 26 题中，将微分方程中的 x 替换为 x/n，设 $\lambda=n$，证明习题 12.22 第 27 题中函数 $f_n(x)$ 所满足的微分方程为：

$$y''+\left(\frac{1}{x}-\frac{1}{4n^2}-\frac{l(l+1)}{x^2}\right)y=0.$$

因此通过第 24 题证明函数 $f_n(x)$ 正交于 $(0,\infty)$.

26. 如以下验证 Bauer 公式 $e^{ixw}=\sum\limits_0^{\infty}(2l+1)i^lj_l(x)P_l(w)$. 写出 $e^{ixw}=\sum c_lP_l(w)$ 的勒让德级数中系数 c_l 的

积分. 要证明 $c_l(x)=(2l+1)i^l j_l(x)$，首先证明 $y=c_l(x)$ 满足球贝塞尔函数的微分方程（见习题 12.17 第 6 题）. 提示：在积分符号下对 x 求导求出 y' 和 y''，代入微分方程的左边. 对 w 分部积分证明被积函数是零，因为 $P_l(w)$ 满足勒让德方程，因此 $c_l(x)$ 是 $j_l(x)$ 和 $n_l(x)$ 的线性组合. 现在考虑小 x 的 $c_l(x)$ 积分，以级数展开 e^{iwx} 并求其最小项（即为 x^l，因为当 $n<l$ 时 $\int_{-1}^{1} w^n P_l(w)\,\mathrm{d}w=0$）与第 12.20 节中 $j_l(x)$ 和 $n_l(x)$ 的近似公式进行比较.

27. 证明：$R=lx-(1-x^2)D$ 和 $L=lx+(1-x^2)D$，其中 $D=\mathrm{d}/\mathrm{d}x$，是勒让德多项式的升降算子［比较埃尔米特函数，式（22.1）至式（22.11）和贝塞尔函数，习题 12.22 第 29 题和习题 12.22 第 30 题］. 更精确地，证明：$RP_{l-1}(x)=lP_l(x)$ 和 $LP_l(x)=lP_{l-1}(x)$. 提示：用式（5.8d）和式（5.8f）. 注意，不同于埃尔米特函数的升降算子，这里的 R 和 L 依赖于 l 和 x，所以需注意上下标. L 算子作用于 P_l，但给定的 R 算子作用于 P_{l-1} 产生 lP_l［可以用 $l+1$ 代替 l，把 R 写成 $(l+1)x-(1-x^2)D$，它作用于 P_l 产生 $(l+1)P_{l+1}$］. 假设所有 $P_l(1)=1$，求解 $LP_0(x)=0$，从而求出 $P_0(x)=1$，再用升算子求 $P_1(x)$ 和 $P_2(x)$.

28. 证明：函数 $J_0(t)$ 和 $J_0(\pi-t)$ 正交于 $(0,\pi)$. 提示：见拉普拉斯变换表 L23 和表 L24，$g=h=J_0$. 说明 $(p^2+a^2)^{-1}$ 的逆变换是什么？

29. 证明：$J_0(x)$ 的傅里叶余弦变换（第 7 章第 12.12 节）为

$$\begin{cases} \sqrt{\dfrac{2}{\pi}}\dfrac{1}{\sqrt{1-\alpha^2}}, & 0\leq\alpha<1, \\[2mm] 0, & \alpha>1. \end{cases}$$

证明：$\int_0^\infty J_0(x)\,\mathrm{d}x=1$. 提示：证明第 20 题中的积分给出 $J_0(x)=(2/\pi)\int_0^{\pi/2}\cos(x\sin\theta)\,\mathrm{d}\theta$，在 $\pi/2$ 到 π 的积分中，θ 替换为 $\pi-\theta$. 让 $\sin\theta=\alpha$ 得到 J_0 作为余弦变换，写出逆变换，再设 $\alpha=0$.

30. 用第 7 章习题 12.12 第 18 题和习题 12.13 第 19 题的结果计算 $\int_0^\infty [j_1(\alpha)]^2\,\mathrm{d}\alpha$.

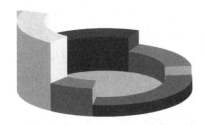

第 *13* 章

偏微分方程

13.1 简介

数学物理方程中的许多问题都涉及求偏微分方程的解. 形式相同的偏微分方程可适用于各种各样的物理问题. 因此, 这一章将要学习的数学方法可以解决大量的问题, 而不仅局限于讲解的示例. 下面概述介绍物理问题及其偏微分方程.

拉普拉斯方程
$$\nabla^2 u = 0. \tag{1.1}$$

其中, 函数 u 或是无质量区域的引力势函数, 或是无电荷区域的静电势, 不含热源区域 (温度不随时间变化区域) 的稳态温度, 或是无源、无旋不可压缩流体的速度势.

泊松方程
$$\nabla^2 u = f(x, y, z). \tag{1.2}$$

其中, 函数 u 可以表示拉普拉斯方程中列出的相同物理量, 但是在一个包含质量、电荷、热源或流体的区域等不同的情况下除外. 函数 $f(x, y, z)$ 叫作源密度, 在电学中, 它与电荷的密度成正比.

扩散或热流方程
$$\nabla^2 u = \frac{1}{\alpha^2} \frac{\partial u}{\partial t} \tag{1.3}$$

其中, u 可以是无热源区域非稳态温度 (即温度随时间变化), 也可以是扩散物质的浓度, 如化学物质, 或像中子这样的粒子. $\frac{1}{\alpha^2}$ 为常数, 常称为扩散系数.

波动方程
$$\nabla^2 u = \frac{1}{v^2} \frac{\partial^2 u}{\partial t^2} \tag{1.4}$$

其中, 函数 u 可以表示振动弦或膜的位移. 在声学上为振动介质 (如气体、液体或固体) 的位移. 在电场中, u 是电路电流或电势. 在电磁波中, 如光、无线电波, u 是电场强度 E 或磁感应强度 B 的组成部分. v 为波速, 如在真空中的光, 它是光速 c, 对于声波来说, 是声音在介质中传播的速度. $\nabla^2 - \frac{1}{c^2} \frac{\partial^2}{\partial t^2}$ 为达朗贝尔运算符

亥姆霍兹方程
$$\nabla^2 F + k^2 F = 0 \tag{1.5}$$

其中, 函数 F 表示扩散方程或波动方程解的空间部分, 即与时间无关的部分.

薛定谔方程
$$-\frac{h^2}{2m} \nabla^2 \Psi + V \Psi = \mathrm{i} h \frac{\partial}{\partial t} \Psi \tag{1.6}$$

这是量子力学的波动方程. 在方程中，h 是普朗克常数除以 2π，m 是粒子质量，$i = \sqrt{-1}$，V 是粒子的势能. 波函数 Ψ 是复数，其绝对平方与粒子的位置概率成正比.

我们主要关心方程的解，而不是方程的推导. 可以认为在实验中以上物理量满足给定的方程. 这些方程也可以从简单的实验假设中推导出来. 例如，我们在第 6 章的第 6.10 节和第 6.11 节中，考虑了流体的流动. 在第 6 章的习题 6.10 第 15 题中证明了不含源或无汇区域中不可压缩流体中满足 $\nabla \cdot v = 0$. 如果没有漩涡，即无旋流，那么旋度 $v = 0$，同时 v 可表示为标量函数的梯度：$v = \nabla u$. 结合这两个方程可以得出 $\nabla \cdot \nabla u = \nabla^2 u = 0$. 函数 u 称为速度势，在给定条件下满足拉普拉斯方程. 此外，问题中还列举了出了一些此类推导的例子.

下面几节我们将通过一些物理问题来说明解偏微分方程的一种非常有用的方法，即分离变量法，这与第 8 章常微分方程中提到的方法不同. 在第 8.2 至 8.4 节为在直角坐标系中用傅里叶级数法求解. 往后章节在其他坐标系如圆柱坐标系、球面坐标系中，用勒让德级数或贝塞尔级数求解.

习题 13.1

1. 静电学中假设 $\nabla \cdot E = \rho/\varepsilon_0$，$E = -\nabla\phi$，$E$ 为电场，ρ 为电荷密度，ε_0 为常数，ϕ 为静电势. 证明静电势在无电荷区满足拉普拉斯方程（1.1），并且在电荷密度为 ρ 的区域满足泊松方程（1.2）.

2. （a）证明正弦波表达式 $u = \sin(x-vt)$（见第 7 章，图 7.2.3），满足波动方程式（1.4）. 证明在一般情况下，$u = f(x-vt)$ 和 $u = f(x+vt)$ 满足波动方程，其中 f 是任何二阶可导的函数. 这是波动方程的达朗贝尔解（见第 4 章，第 4.11 节）. 函数 $f(x-vt)$ 代表波沿 x 轴正方向运动，$f(x+vt)$ 代表波沿相反方向移动.

（b）证明：$u(r,t) = (1/r)f(r-vt)$ 和 $u(r,t) = \left(\dfrac{1}{r}\right)f(r+vt)$ 在球坐标下满足波动方程. 用式（7.1）中 $\nabla^2 u$ 的第一项 u，因为变量 u 与变量 θ 和 ϕ 互相独立. 这些函数表示球面波从原点向外扩散，或汇聚到原点.

3. 从电动力学的角度，假设下列麦克斯韦方程在自由空间中成立

$$\nabla \cdot E = 0, \quad \nabla \cdot B = 0,$$

$$\nabla \times E = -\frac{\partial B}{\partial t}, \quad \nabla \times B = \frac{1}{c^2}\frac{\partial E}{\partial t}.$$

其中，E 和 B 分别是电场和磁场，c 是真空中的光速. 证明：E 或 B 分量都满足 $v = c$ 的波动方程（1.4）.

4. 导出热流方程（1.3）如下：穿过物体表面的热量 Q 与温度梯度 $(-\nabla T) \cdot n$ 法向量成负比例. 比较第 6 章式（10.4），将水流应用于热流. 证明单位时间单位体积的热量增加速率与 $\nabla \cdot \nabla T$ 成正比，但是 $\partial T/\partial t$ 正比于热量的增量，因此 T 满足式（1.3）.

13.2　拉普拉斯方程　矩形长平板稳态温度

下列待解决问题：长矩形金属板有两条长边，远端温度为 0℃，底部温度为 100℃（见图 13.2.1）. 平板宽度是 10cm. 求平板内稳态温度的分布. 如果给定的温度被势代替，那么这个问题在数学上与寻找区域 $0<x<10$，$y>0$ 内的静电势的问题是相同的.

为简化问题，首先假设平板长度比宽度长得多，在 y 方向上延伸近似到无穷远处，这称为半无限板. 如果关注不太接近远端的温度，这个近似是可以的，如图 13.2.1 所示.

$$\nabla^2 T = 0 \quad \text{或} \quad \frac{\partial^2 T}{\partial x^2} + \frac{\partial^2 T}{\partial y^2} = 0 \qquad (2.1)$$

由于平板边界为矩形，因此在直角坐标系中表示 ∇^2. 由于平板是在二维空间中的，从而忽略了 z 项. 用以下公式解方程：

$$T(x,y) = X(x)Y(y). \qquad (2.2)$$

式中 X 是只有一个变量 x 的函数，Y 也是只有变量 y 的函数. 如何知道解就是这种形式呢？它还不是最终答案. 一旦得到了式（2.2）形式的解，将其组合起来才可得最终解. 注意，式（2.1）的解之和也是式（2.1）的解. 将式（2.2）代入式（2.1），得到

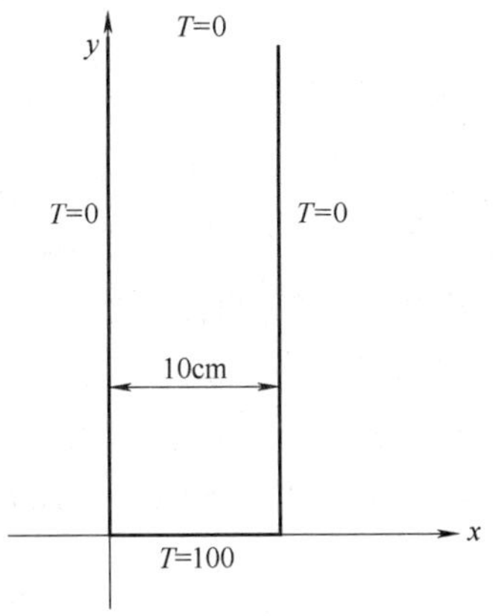

$$Y\frac{\mathrm{d}^2 X}{\mathrm{d}x^2} + X\frac{\mathrm{d}^2 Y}{\mathrm{d}y^2} = 0, \qquad (2.3)$$

图 13.2.1

此时 X 只依赖于 x，Y 只依赖于 y，可用导数代替偏导数. 将式（2.3）除以 XY，得到

$$\frac{1}{X}\frac{\mathrm{d}^2 X}{\mathrm{d}x^2} + \frac{1}{Y}\frac{\mathrm{d}^2 Y}{\mathrm{d}y^2} = 0 \qquad (2.4)$$

下一步是分离变量的关键. 式（2.4）中第一项是关于独立变量 x 的函数，第二项是关于独立变量 y 的函数，所以每一项都是常数. 回想一下，如果 $u = \sin t$ 是 $\ddot{u} = -u$ 的解，那么如果把 $u = \sin t$ 代入微分方程，$\ddot{u} = -u$ 则变为恒等式 $-\sin t = -\sin t$，此时方程对所有的 t 值成立. 对一个方程，将解代入微分方程，就得到关于独立变量的恒等式. 在第 12 章第 12.1 节和第 12.2 节中，求微分方程的级数解正是利用了这一点. 式（2.1）至式（2.4）中有两个独立变量 x 和 y，式（2.2）是式（2.1）的一个解意味着：式（2.4）是独立变量 x 和 y 的等式. 而式（2.4）是将式（2.2）代入式（2.1）得到的. 换句话说，如果式（2.2）是式（2.1）的解，那么式（2.4）对于两个独立变量 x 和 y 的任意和所有值都成立. 因为 X 是只有变量 x 的函数，Y 是只有变量 y 的函数，所以式（2.4）第一项是只有 x 的函数，第二项是只有 y 的函数. 如果把特定的 x 代入第一项，那么第一项就为常数. 要使式（2.4）成立，第二项必须减去相同的常数. 当 x 保持不变时 y 变化，因为 x 和 y 是独立的，对固定的 x 和任意的 y，式（2.4）都是恒等式，因此第二项在 y 变化时保持不变. 类似地，如果固定 y，让 x 变化，式（2.4）的第一项是常数. 简单地说，方程 $f(x) = g(y)$，有 x 和 y 为独立变量，只有当两个函数是相同的常数时才是恒等式，这是分离变量过程的基础. 从式（2.4）可得

$$\frac{1}{X}\frac{\mathrm{d}^2 X}{\mathrm{d}x^2} = -\frac{1}{Y}\frac{\mathrm{d}^2 Y}{\mathrm{d}y^2} = \text{常数} = -k^2, \quad k \geq 0, \quad \text{或} \qquad (2.5)$$

$$X'' = -k^2 X \quad \text{和} \quad Y'' = k^2 Y.$$

常数 k^2 称为分离常量，式（2.5）的解为

$$X = \begin{cases} \sin kx, \\ \cos kx, \end{cases} \qquad Y = \begin{cases} \mathrm{e}^{ky}, \\ \mathrm{e}^{-ky}, \end{cases} \qquad (2.6)$$

式（2.1）的解为

$$T = XY = \begin{Bmatrix} e^{ky} \\ e^{-ky} \end{Bmatrix} \begin{Bmatrix} \sin kx \\ \cos kx \end{Bmatrix}. \tag{2.7}$$

在式（2.7）中，四个解都不满足给定的边界温度. 需要把式（2.7）的解通过选择合适的常数 k 组合起来，以满足给定的边界条件. 由于微分方程（2.1）是线性的，式（2.1）的解的任何线性组合依然是式（2.1）的解（见第 3 章第 3.7 节，第 8 章第 8.1 节和第 8.6 节）. 假定 k 大于 0，首先可以舍去 e^{ky}，因为当 $T \to 0$ 时，$y \to \infty$. 同时因为 $x = 0$ 时，$T = 0$，所以舍去含有 $\cos kx$ 的解. 此时只剩下了 $e^{ky} \sin kx$，但 k 的值仍然是有待确定的. 在 $\sin(10k) = 0$，其中 $k = \pi n/10 (n = 1, 2, \cdots)$ 的条件下，当 $x = 10$ 时，$T = 0$. 因此对任意的整数 n，解

$$T = e^{-n\pi y/10} \sin \frac{n\pi x}{10} \tag{2.8}$$

在 $T = 0$ 的三条边满足给定的边界条件.

当 $y = 0$ 时，有 $T = 100$. 对于任何 n，这个条件都不满足式（2.8），但式（2.8）的线性组合是式（2.1）的解. 为此求满足 $y = 0$ 时，$T = 100$ 的线性组合. 对所有 n，用 T 表示无穷级数，即

$$T = \sum_{n=1}^{\infty} b_n e^{-n\pi y/10} \sin \frac{n\pi x}{10}. \tag{2.9}$$

对 $y = 0$，有 $T = 100$. 由 $y = 0$ 从式（2.9）得到

$$T_{y=0} = \sum_{n=1}^{\infty} b_n \sin \frac{n\pi x}{10} = 100. \tag{2.10}$$

这只是 $f(x) = 100$，$l = 10$ 傅里叶级数（见第 7 章，第 9 章）. 用第 7 章的方法计算系数 b_n 可得

$$b_n = \frac{2}{l} \int_0^l f(x) \sin \frac{n\pi x}{l} \mathrm{d}x = \frac{2}{10} \int_0^{10} 100 \sin \frac{n\pi x}{10} \mathrm{d}x = \begin{cases} \dfrac{400}{n\pi}, & n \text{ 为奇数}, \\ 0, & n \text{ 为偶数}. \end{cases} \tag{2.11}$$

那么式（2.9）变成

$$T = \frac{400}{\pi} \left(e^{-\pi y/10} \sin \frac{\pi x}{10} + \frac{1}{3} e^{-3\pi y/10} \sin \frac{3\pi x}{10} + \cdots \right). \tag{2.12}$$

如果 $\pi y/10$ 不是太小，那么级数将很快收敛，此时式（2.12）可用于计算. 例如，在 $x = 5$（平板的中心线）、$y = 5$ 处，有

$$T = \frac{400}{\pi} \left(e^{-\pi/2} \sin \frac{\pi}{2} + \frac{1}{3} e^{-3\pi/2} \sin \frac{3\pi}{2} + \cdots \right) \approx 26.1. \tag{2.13}$$

为描述温度在平板上随 x 和 y 而变化的规律，可用计算机绘制出式（2.12）中 $T(x,y)$ 若干项的三维图形，或绘出二维等温线图，即常数 T 的曲线. 如果底边温度不是 100°C 而是函数 $f(x)$，其他三条边都是 0°C，则可用同样的方法求解. 只需用傅里叶级数展开给定的 $f(x)$，并把系数代入式（2.9）.

考虑一个 30cm 高，顶部边缘温度 $T = 0^\circ\text{C}$，其他维度和温度如图 13.2.1 所示的有限平板. 这时不能舍去 e^{-ky} 这个解，因为 y 并不是无穷的. 现用线性组合 $ae^{-ky} + be^{ky}$ 来代替 e^{-ky}，该式在 $y = 30$ 时，等于 0. 最方便的方法是使用组合

$$\frac{1}{2}e^{k(30-y)} - \frac{1}{2}e^{-k(30-y)}. \tag{2.14}$$

其中，$a = \frac{1}{2}e^{30k}$，$b = -\frac{1}{2}e^{-30k}$. 当 $y = 30$ 时，式（2.14）变为 $e^0 - e^0 = 0$. 此时，式（2.14）为 $\sinh(30-y)$（见第 2 章，第 12.12 节），因此对有限平板，解为：

$$T = \sum_{n=1}^{\infty} B_n \sinh \frac{n\pi}{10}(30-y)\sin\frac{n\pi x}{10}. \tag{2.15}$$

在平板三个 $T = 0$ 的边，该级数每一项都是 0. 当 $y = 0$ 时，要求 $T = 100$：

$$T_{y=0} = 100 = \sum_{n=1}^{\infty} B_n \sinh(3n\pi)\sin\frac{n\pi x}{10} = \sum_{n=1}^{\infty} b_n \sin\frac{n\pi x}{10}. \tag{2.16}$$

其中，$b_n = B_n \sinh 3n\pi$ 或 $B_n = b_n/\sinh 3n\pi$. 计算 b_n，求解 B_n，然后代入式（2.15）得到有限平板的温度分布：

$$T = \sum_{奇数 n} \frac{400}{n\pi \sinh 3n\pi} \sinh \frac{n\pi}{10}(30-y)\sin\frac{n\pi x}{10}. \tag{2.17}$$

在式（2.12）和式（2.17）中，函数 $T(x,y)$ 满足式（2.1）和所有给定的边界条件. 对于给定边界温度的有界区域，只有一个 $T(x,y)$ 满足拉普拉斯方程和给定的边界条件，这是一个实验事实，也可以用数学方法证明（见习题 13.2 第 16 题和第 14 章）. 因此式（2.17）是平板所需要的解. 也可以证明，在无穷处，$T \to 0$ 的半无限板上只有一个解. 因此式（2.12）是满足条件的解.

为什么把式（2.5）的常数写成 $-k^2$，如果用 $+k^2$ 代替情况会如何. 就微分方程的解而言，使用 $+k^2$ 是完全正确的. 替换式（2.7）可得

$$T = XY = \begin{Bmatrix} e^{kx} \\ e^{-kx} \end{Bmatrix} \begin{Bmatrix} \sin ky \\ \cos ky \end{Bmatrix}. \tag{2.18}$$

若假定 k 是实数，式（2.18）中的虚数 k 会再次给出式（2.7）解的组合，见习题 13.2 第 5 题. 式（2.18）的解对于半无限平板问题求解没有用处，因为 $y \to \infty$ 时，它们都不趋向于零，而在 $x = 0$ 和 $x = 10$ 的情况下，e^{kx} 和 e^{-kx} 的线性组合不能为零. 如果考虑一个半无限平板，它的长边与 x 轴而不是 y 轴平行，而沿着 y 轴的短边 $T = 100℃$，那么此时就需要式（2.18）的解. 或者说，对于有限平板，如果 $100℃$ 的边沿着 y 轴，则需要式（2.18）.

如何求出平板温度分布，如果两个相邻的边保持 $100℃$，另两边保持 $0℃$；或者四条边都给了值，我们可以通过已知解的组合来求解这个问题. 假设平板四边分别为 A，B，C，D（见图 13.2.2），如果 A，B 保持 $0℃$，D 保持 $100℃$、且边 D 与 x 轴平行，那么用式（2.17）的方法，就可以求出温度分布. 假设是同样的平板（见图 13.2.2），但 A，B，D 边保持 $0℃$，C 边保持 $100℃$，此时是同样的问题，但这次用解式（2.18）. 或者为了减少工作，可以通过沿 C 边设 x 轴，并在结果中交换 x 和 y，来获得式（2.17）的解. 分别获得了在边 C 为 $100℃$ 和边 D 为 $100℃$ 两种情况下的解后，让我们把这两个答案加起来，结果即为微

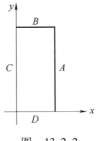

图 13.2.2

分方程式（2.1）的解（线性性：任意两个解的和是一个解）. 边界上的温度（和内部的温度）是我们加的两个解的温度之和，也就是说，0 在 A 上，0 在 B 上，0 到 100 在 C 上，在

D 上是 100 到 0，这些是我们想要满足的给定边界条件．因此，两个简单问题的解决方案的总和给出了更复杂的问题的答案（见习题 13.2 第 11 题到第 13 题）．

在解决更多的问题之前，先总结一下分离变量．分离变量对将要讨论的所有偏微分方程都是一样的．我们首先假设一个解，为独立变量的函数的乘积，如式（2.2）．然后把偏微分方程分解成几个常微分方程，如式（2.5）．解出这些常微分方程，它们解可能是指数函数、三角函数、幂（正或负）函数、贝塞尔函数、拉格朗日多项式等，这些解的任何线性组合，任何分离常数的值，都是偏微分方程的解．问题是如何确定分离常数的值，以及确定满足给定边界或初始条件的线性组合．

在给定的边界条件下，求出微分方程解的问题称为边界值问题．这些问题常常导致求特征值的问题．回想第 3 章，第 11 章，第 12 章，第 2 部分的结尾，在一个特征值问题中，有一个参数，它的值被选择，以保证问题的解能满足一些给定的需求．我们一直在使用的分离常数就是这样的参数．它们的值是通过要求解满足一些边界条件来确定的．例如，我们在式（2.8）之前找到了 $k=n/10$，要求当 $x=10$ 时，$T=0$．分离常数的结果值被称为特征值，与特征值对应的微分方程的解称为特征函数．也可能发生的是，除了分离常数之外还有一个参数在原始的偏微分方程中，例如，薛定谔方程式（1.6）中的 E．同样，这个参数的可能值（方程有满足特定要求的解）称为特征值，相应的解称为特征函数．

求出特征函数后，下一步是根据它们将给定的函数（边界或初始条件）展开．从式（2.10）和式（2.16），以及后面部分中的许多例子可以看到，正如我们所讨论的（见第 7 章第 7.8 节和第 12 章第 12.6 节），特征函数是这种扩展的一组基函数．因此，我们选择了如 $e^{-ky}\sin kx$ 的函数和分离常数（特征值）的值来适应给定的边界（或初始）条件，这决定了问题的基本函数．

习题 13.2

在得到级数解之后，用计算机对结果绘图，作为式（2.13）之后的讨论．

1. 若底边温度为 $T=f(x)=x$（单位：℃，即在 $x$cm 处是 x 度），另一边的温度是 0℃，在平板宽度是 10cm 时，求出半无限板问题的稳态温度分布．

答案
$$T = \frac{20}{\pi}\sum_{n=1}^{\infty}\frac{(-1)^{n+1}}{n}e^{-n\pi y/10}\sin(n\pi x/10).$$

2. 求半无限板问题，其底边宽度为 20cm，且温度保持在

$$T=\begin{cases}0, & 0<x<10,\\ 100, & 10<x<20.\end{cases}$$

其他边温度为 0℃．

3. 求解半无限板问题，其底边宽为 π，且保持温度 $T=\cos x$，其他边温度为 0℃．

答案
$$T=\frac{4}{\pi}\sum_{\text{偶数}n}\frac{n}{n^2-1}e^{-ny}\sin nx.$$

4. 求半无限板问题，其底边宽度为 30cm，且温度保持在

$$T=\begin{cases}x, & 0<x<15,\\ 30-x, & 15<x<30.\end{cases}$$

其他边温度为 0℃．

5. 证明：式（2.5）的解可写成

$$X = \begin{cases} e^{ikx}, \\ e^{-ikx}, \end{cases} \qquad Y = \begin{cases} \sinh ky, \\ \cosh ky. \end{cases}$$

同时也证明，若 k 为实数，这些解等价于式（2.7）；如果 k 为纯虚数，这些解则等价式（2.18）（见第 2 章第 2.12 节）. 另外证明 $X = \sin k(x-a)$，$Y = \sinh k(y-b)$ 是式（2.5）的解.

6. 证明：式（2.12）中的级数相加可得

$$T = \frac{200}{\pi} \arctan\left(\frac{\sin(\pi x/10)}{\sinh(\pi y/10)} \right).$$

其中，用弧度表示反正切. 用此公式验证当 $x = y = 5$ 时，$T = 26.1$. 级数求和提示：用公式 $\sin(n\pi x/10) =$ $\mathrm{Im}\, e^{in\pi/10}$ 把级数改写成 $\sum\limits_{n\text{为奇数}} z^n$ 的形式.（z 是什么呢？）将其与 $\ln(1+z)/(1-z)$ 的级数进行比较（见第 1 章和第 13 章 13.17 节）. 然后参考第 2 章式（13.5）.

7. 如果平板在高度为 1 处被切断，同时 $y = 1$ 处的温度保持在 $0℃$，此时求解第 3 题

答案

$$T = \frac{4}{\pi} \sum_{\text{偶数}n} \frac{n}{(n^2 - 1)\sinh n} \sinh n(1 - y)\sin nx.$$

8. 在 $30\mathrm{cm} \times 40\mathrm{cm}$ 矩形板上求稳态温度分布，两个长边和一个短端温度保持为 $0℃$；另一个短端沿着 x 轴且温度为

$$T = \begin{cases} 100, & 0 < x < 10, \\ 0, & 10 < x < 30. \end{cases}$$

9. 若问题 2 中平板在高度 10 处被切断且顶部边缘的温度是 $0℃$，请重新进行求解.

10. $10\mathrm{cm}^2$ 的金属平板一边的温度保持在 $100℃$，而其他边的温度为 $0℃$，分析该金属板的稳态温度分布，并求平板中心位置的温度.

答案

$$T = \sum_{n\text{为奇数}} \frac{400}{n\pi \sinh n\pi} \sinh \frac{n\pi}{10}(10-y)\sin \frac{n\pi x}{10},$$
$$T(5,5) \simeq 25.$$

11. 求第 10 题中平板的稳态温度分布，若两条相邻边温度为 $100℃$，另两条为 $0℃$. 提示：用第 10 题的解.

12. 有 $10\mathrm{cm} \times 30\mathrm{cm}$ 矩形板，若两条相邻边的温度保持 $100℃$，另两边为保持 $0℃$，求矩形板的温度分布.

13. 矩形板区域为 $0 < x < 10$，$0 < y < 20$，如果沿轴的两条相邻边温度为 $T = x$ 和 $T = y$，而另外两条边为 $0℃$，求矩形板的稳态温度分布.

14. 在矩形板问题中，到目前为止都是确定边界周围的温度，也可以让边界绝热. 沿边的热流与 $\partial T/\partial n$ 成正比，其中 n 为垂直于边方向的变量（法向导数见第 6 章，第 6.6 节）. 例如，沿着 x 轴热流与 $\partial T/\partial y$ 成正比. 因为穿过绝热边的热流是零，T 的偏导数在绝热边上等于零. 利用这个事实，求宽度为 $10\mathrm{cm}$ 的半无限平板的稳态温度分布，其中半无限平板的两个长边是绝热的，远端（见图 13.2.1）温度为 $0℃$，底边温度为 $T = f(x) = x - 5$.

注意，$y \to \infty$，$T \to 0$ 只消去了解 e^{+k}，只是满足了 $y \to \infty$ 时，T 不是无穷. 实际上，在这个问题中 $y \to \infty$ 处的温度（假设是有限的）是由 $y = 0$ 处给定的温度决定的. 设 $y = 0$ 处的温度 $T = f(x) = x$，重复上面的计算，求出温度分布，并求出 y 较大时的 T 值. 不要忘记级数中 $k = 0$ 项.

15. 想象有一 $10\mathrm{cm} \times 30\mathrm{cm}$ 的平板，它的两条边绝热，一边温度为 $0℃$，另一边温度 $T = f(x)$. 尝试对 $f(x) = 100℃$ 和 $f(x) = x$ 两种情况进行求解. 这个问题不能只用式（2.7）解决. 看看哪里出了问题，回到微分方程式（2.5），若 $k = 0$，则求解方程. 我们需要求解 x，y，xy 和常数（$k = 0$ 时，常数已包含在式（2.7）中，而其他三个解则没有）. 现在回顾一下前面已经解决的问题，然后思考为什么可以忽略 $k = 0$ 的解. 接下

来将 $k=0$ 的解考虑进来，完成对带绝热边有限平板的问题求解.

对于 $f(x)=x$，答案为：

$$T=\frac{1}{6}(30-y)-\frac{40}{\pi^2}\sum_{奇数n}\frac{1}{n^2\sinh3n\pi}\sinh\frac{n\pi}{10}(30-y)\cos\frac{n\pi x}{10}.$$

16. 证明：只有一个函数 u 在一个区域（封闭）边界上取给定值，并且在该区域内部满足拉普拉斯方程 $\nabla^2u=0$. 提示：假设 u_1 和 u_2 都是在相同边界条件下的解，因此在边界上有 $U=u_1-u_2=0$. 在格林第一恒等式中，令 $\varphi=\Psi=U$，则有 $\nabla U\equiv0$，于是可以证明得出该区域内处处 $\nabla U\equiv0$.

13.3 扩散或热流方程 薛定谔方程

热流方程如下

$$\nabla^2u=\frac{1}{\alpha^2}\frac{\partial u}{\partial t},\tag{3.1}$$

其中 u 为温度，α^2 是热量流经的物质的特性常数. 首先很有必要先将式（3.1）进行部分分离，得到一个空间方程和一个时间方程. 空间方程不只一维，必须进一步分离成关于 x 和 y 的常微分方程，或关于 x，y，z，再或者关于 r，θ，ϕ 的常微分方程等. 假设式（3.1）的解的形式为

$$u=F(x,y,z)T(t).\tag{3.2}$$

（注意 T 的含义的变化. 我们之前用来表示温度，现在 u 是温度，T 是 u 的时间相关因子）. 把式（3.2）代入式（3.1）得

$$T\nabla^2F=\frac{1}{\alpha^2}F\frac{\mathrm{d}T}{\mathrm{d}t}.\tag{3.3}$$

将式（3.3）除以 FT 得到

$$\frac{1}{F}\nabla^2F=\frac{1}{\alpha^2}\frac{1}{T}\frac{\mathrm{d}T}{\mathrm{d}t}.\tag{3.4}$$

这个等式的左边是只含空间变量 x，y，z 的函数，右边是只含时间变量的函数. 因此两边都是相同的常数，可以写成

$$\frac{1}{F}\nabla^2F=-k^2\quad 或\quad \nabla^2F+k^2F=0$$

$$\frac{1}{\alpha^2}\frac{1}{T}\frac{\mathrm{d}T}{\mathrm{d}t}=-k^2\quad 或\quad \frac{\mathrm{d}T}{\mathrm{d}t}=-k^2\alpha^2T.\tag{3.5}$$

对时间方程积分，可得

$$T=\mathrm{e}^{-k^2\alpha^2t}.\tag{3.6}$$

这里可以看到选择分离常数 $(-k^2)$ 为负数的一个物理原因. 当 t 增加时，依据式（3.6）物体温度可能会下降到 $0^\circ\mathrm{C}$，但它不可能像式（3.5）和式（3.6）中使用 $+k^2$ 那样增加到无穷大. 式（3.5）中的空间方程是亥姆霍兹方程式（1.5）. 你会发现波动方程的空间部分也是亥姆霍兹方程.

例1 现在考虑厚度为 l 的板的热量流动，如冰箱壁. 假设板表面足够大，大到可以忽略边缘效应，并且假设热量只在 x 方向流动（见图13.3.1）. 这个问题和长度为 l 有绝热边的棒的热流问题是一样的，因为在这两种情况下热流都是在 x 方向上的. 假设平板的初始状

态为稳定的温度分布，其中在 $x=0$ 处为 0℃，$x=l$ 处为 100℃. 从 $t=0$ 开始，$x=l$ 处（以及 $x=0$ 处）保持 0℃. 求任何时间点在平板区域范围内的任何 x 处的温度.

首先，求初始稳态温度分布，会发现它是线性的. 初始稳态温度 u_0 满足拉普拉斯方程，一维情况下是 $\dfrac{\mathrm{d}^2 u_0}{\mathrm{d}x^2}=0$. 方程的解是 $u_0 = ax+b$，其中，a 和 b 是常数，必须满足给定的条件. 由于在 $x=0$ 时，$u_0=0$，在 $x=l$ 时，$u_0=100$，因此有

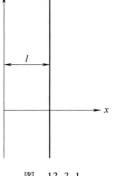

$$u_0 = \frac{100}{l}x. \qquad (3.7)$$

图　13.3.1

从 $t=0$ 开始，u 满足热流方程式（3.1）. 我们已经把它分开了，解为式（3.2），其中 $T(t)$ 由式（3.6）给出，$F(x)$ 则满足式（3.5）的第一项，即

$$\nabla^2 F + k^2 F = 0 \quad \text{或} \quad \frac{\mathrm{d}^2 F}{\mathrm{d}x^2} + k^2 F = 0. \qquad (3.8)$$

（对这个一维问题，F 是一个只与 x 有关的函数）式（3.8）的解为

$$F(x) = \begin{cases} \sin kx, \\ \cos kx, \end{cases} \qquad (3.9)$$

式（3.2）的解为

$$u = \begin{cases} \mathrm{e}^{-k^2\alpha^2 t}\sin kx, \\ \mathrm{e}^{-k^2\alpha^2 t}\cos kx. \end{cases} \qquad (3.10)$$

因为给定 $x=0$ 处 $u=0$，所以舍去 $\cos kx$ 的解. 我们还要求在 $x=l$ 处 $u=0$，此时需要有 $\sin kl=0$，也就是需要 $kl=n\pi$ 或 $k=n\pi/l$（特征值），因此基函数（特征函数）可以变为

$$u = \mathrm{e}^{-(n\pi\alpha/l)^2 t}\sin\frac{n\pi x}{l}. \qquad (3.11)$$

这个问题的解为级数

$$u = \sum_{n=1}^{\infty} b_n \mathrm{e}^{-(n\pi\alpha/l)^2 t}\sin\frac{n\pi x}{l}. \qquad (3.12)$$

在 $t=0$ 处要使 $u=u_0$（即式（3.7）中的 u_0），也就是

$$u = \sum_{n=1}^{\infty} b_n \sin\frac{n\pi x}{l} = u_0 = \frac{100}{l}x. \qquad (3.13)$$

这意味着在 $(0,l)$ 上找到 $(100/l)x$ 的傅里叶级数. 系数为

$$b_n = \frac{100}{l}\frac{2l}{\pi}\frac{1}{n}(-1)^{n-1} = \frac{200}{\pi}\frac{(-1)^{n-1}}{n}. \qquad (3.14)$$

将式（3.14）代入式（3.12），可以得到最终解

$$u = \frac{200}{\pi}\sum_{n=1}^{\infty}\frac{(-1)^{n-1}}{n}\mathrm{e}^{-(n\pi\alpha/l)^2 t}\sin\frac{n\pi x}{l}. \qquad (3.15)$$

例 2　现在对例 1 做一些改变. 假设表面最终温度为给定的两个不为零的常数. 对于初始稳态，最终稳态是距离的线性函数. 级数（3.12）趋向于最终的稳定状态零，为了得到一

个趋向于其他最终稳定状态的解，给式（3.12）增加表示最终稳态的线性函数 u_f. 此时式（3.12）可以替换为

$$u = \sum_{n=1}^{\infty} b_n e^{-(n\pi\alpha/l)^2 t} \sin\frac{n\pi x}{l} + u_f. \tag{3.16}$$

当 $t=0$，对应于式（3.13）的方程为

$$u_0 = \sum_{n=1}^{\infty} b_n \sin\frac{n\pi x}{l} + u_f, \tag{3.17}$$

或

$$u_0 - u_f = \sum_{n=1}^{\infty} b_n \sin\frac{n\pi x}{l}. \tag{3.18}$$

因此，当 $u_f \neq 0$ 时，需要把 $u_0 - u_f$ 而不是 u_0 进行傅里叶级数展开.

绝热边界

到目前为止，都是给定边界温度. 我们可以把表面隔离起来，这样就没有热量流入或流出. 如果温度的法向导数 $\partial u/\partial n$ 在边界处是零，那么这是正确的（见习题 13.2 第 14 题）.（当 u 的边界值给定时，问题被称为狄利克雷问题. 当法向导数 $\partial u/\partial n$ 的边界值给定时，问题就叫作诺伊曼问题.）对于我们已经考虑过的一维情况，若表面是绝热的，我们把在 $x=0$ 处和 $x=l$ 处 $u=0$ 的条件替换为条件 $\partial u/\partial n=0$. 这意味着现在式（3.10）中的有用解是包含 $\cos kx$ 的解；注意，我们必须包括常数项（对应于 $k=0$）. 见习题 13.3 第 7 题.

薛定谔方程

比较方程式（1.3）和式（1.6），如果式（1.6）中 $V=0$，则这两个方程有相同的形式（∇^2 项和对 t 的一阶偏导数）. 为方便后面可做参考（见第 13.7 节），我们首先对一般方程（1.6）进行变量分离. 我们假设 [比较式（3.2）]

$$\Psi = \psi(x,y,z)T(t). \tag{3.19}$$

式（3.19）代入式（1.6），再除以 Ψ 可得

$$-\frac{\hbar^2}{2m}\frac{1}{\psi}\nabla^2\psi + V = i\hbar\frac{1}{T}\frac{dT}{dt} = E, \tag{3.20}$$

其中 E 为分离常量 [比较式（3.5）].（在量子力学中，E 表示粒子能量.）然后对时间方程积分可以得到 [（比较式 3.6）]

$$T = e^{-iEt/\hbar} \tag{3.21}$$

而空间方程（称为定态薛定谔方程）为

$$-\frac{\hbar^2}{2m}\nabla^2\psi + V\psi = E\psi. \quad \text{定态薛定谔方程} \tag{3.22}$$

对这一节中的一维问题，当 $V=0$，有

$$-\frac{\hbar^2}{2m}\frac{d^2\psi}{dx^2} = E\psi \quad \text{或} \quad \frac{d^2\psi}{dx^2} + \frac{2mE}{\hbar^2}\psi = 0 \tag{3.23}$$

也就是式（3.8）中令 $k^2 = \frac{2mE}{\hbar^2}$. 因此式（3.23）解与式（3.9）相同，相应的 Ψ 解为

$$\Psi = \psi(x)T(t) = \begin{Bmatrix} \sin kx \\ \cos kx \end{Bmatrix} e^{-iEt/\hbar}. \tag{3.24}$$

在量子力学中"盒子里的粒子问题"需要解薛定谔方程，其中在 $(0, l)$ 区域，$V = 0$，并且对于任意时间 t 在端点 $x = 0$ 和 $x = l$ 处有 $\Psi = 0$.（然后波函数 Ψ 描述了限制在 $(0, l)$ 区域的粒子）与热流问题类似，在 $x = 0$ 处要有 $\Psi = 0$ 需要式（3.24）中的正弦解，同时在 $x = l$ 处要有 $\Psi = 0$，需要令 $k = n\pi/l$. 由于 $k^2 = 2mE/\hbar^2$，可以得到 $E = \dfrac{\hbar^2}{2m} \dfrac{n^2 \pi^2}{l^2}$，我们称之为 E_n（在量子力学中，这个方程的意义在于，困在 $(0, l)$ 之间的粒子的能量只能有一个成为特征值的离散值. 我们说能量是量子化的）. 这个问题的基本函数是特征函数

$$\Psi_n = \sin \frac{n\pi x}{l} e^{-iE_n t/\hbar}, \tag{3.25}$$

把 $\Psi(x, t)$ 写成线性组合

$$\Psi(x, t) = \sum_{n=1}^{\infty} b_n \sin \frac{n\pi x}{l} e^{-iE_n t/\hbar}, \tag{3.26}$$

（比较式（3.12）热流量问题）. 如果初始状态 $\Psi(x, 0)$ 与式（3.7）中的函数相同，系数 b_n 与式（3.14）相同，则有

$$\Psi(x, t) = \frac{200}{\pi} \sum_{n=1}^{\infty} \frac{(-1)^{n-1}}{n} \sin \frac{n\pi x}{l} e^{-iE_n t/\hbar} \tag{3.27}$$

见习题 13.3 第 11 题和第 12 题.

习题 13.3

与第 13.2 节问题一样，用计算机绘制结果图

1. 验证方程式（3.14）中的系数.

2. 一根 10cm 长、绝热边初始温度为 100℃ 的棒. 从 $t = 0$ 开始，两端保持在 0℃ 求 t 时刻棒的温度分布.

答案
$$u = \frac{400}{\pi} \sum_{\text{奇数} n} \frac{1}{n} e^{-(n\pi/10)^2 t} \sin \frac{n\pi x}{10}.$$

3. 在一个厚度为 l、且处于初始稳定状态的无限长板中，面 $x = 0$ 和面 $x = l$ 处的温度分别为 0℃ 和 100℃. 从 $t = 0$ 时刻开始，将面 $x = 0$ 保持在 100℃，同时面 $x = l$ 保持在 0℃. 求 t 时刻温度分布.

答案
$$u = 100 - \frac{100x}{l} - \frac{400}{\pi} \sum_{\text{奇数} n} \frac{1}{n} e^{-(n\pi/l)^2 t} \sin \frac{n\pi x}{l}.$$

4. 在 $t = 0$ 时，两块 5cm 厚平板（其中一块温度为 0℃，另一块温度为 20℃）堆在一起，表面保持 0℃. 求温度关于 x 和 t 的函数，其中 $t > 0$.

5. 两块板，均为一英寸厚，都有一面温度为 0℃，且另一面温度为 100℃. 在 $t = 0$ 时，温度为 100℃ 的面叠加在一起，然后外表面温度保持 100℃. 求 $t > 0$ 时的 $u(x, t)$.

6. 证明下列问题容易用式（3.15）来解决：棒的两端初始温度分别是 20℃ 和 150℃；在 $t = 0$ 时，150℃ 一端的温度变为 50℃. 求与时间相关的温度分布.

7. 一根长度为 l 带绝热边的棒，末端自 $t = 0$ 时刻起也绝热. 初始温度 $u = x$，其中 x 是距一端的距离. 求 t 时刻棒的温度分布. 提示：见上面的讨论和习题 13.2 第 14 题. 证明 $k = 0$ 的解是 x 和常数（与时间无关）. 注意，这里与习题 13.2 第 15 题不同，并不需要 $k = 0$ 的额外解，因为最终的稳定状态是一个常量，这包含在式（3.10）的解中. 还要注意的是，我们确实需要在式（3.15）中讨论 $k = 0$ 的解，但通过观察这些线性解简单地给出最终的稳态可以简化工作.

答案
$$u = \frac{l}{2} - \frac{4l}{\pi^2} \sum_{\text{奇数} n} \frac{1}{n^2} \cos \frac{n\pi x}{l} e^{-(n\pi/l)^2 t}.$$

8. 长度为 2 的棒初始温度为 0°. 从 $t=0$ 开始，$x=0$ 的一端保持 $0℃$，$x=2$ 一端保持 $100℃$. 求与时间相关的温度分布.

9. 第 8 题中，如果 $t>0$ 时，$x=0$ 端绝热，$x=2$ 端保持在 $100℃$. 求与时间相关的温度分布（见上面的第 7 题，第 7 章第 7.11 节末尾）.

10. 与我们处理热流体方程一样，把波动方程式（1.4）分解成一个空间方程和一个时间方程，同时证明空间方程也是亥姆霍兹方程.

11. 解"盒子中的粒子"问题，求 $\Psi(x,t)$ 如果在 $(0,\pi)$ 上 $\Psi(x,0)=1$. En 是什么？这里有趣并且需要你绘图的函数是 $|\Psi(x,t)|^2$.

12. 第 11 题中，若 x 在 $(0,1)$ 时，$\Psi(x,0)=\sin^2\pi x$，重新求解该问题.

13.4 波动方程 弦振动

将一根弦（如钢琴或小提琴弦）拉紧，弦两端固定在 $x=0$ 及 $x=l$ 处. 当弦振动时，离 x 轴平衡位置的垂直位移大小为 y，由 x 和时间 t 决定. 假设 y 很小，并且弦的斜率 $\partial y/\partial x$ 在任何位置、任何时候都很小，也就是假设弦不远离拉伸平衡位置. 我们认为弦长度和支撑点距离也一样，尽管很明显，当弦振动脱离平衡位置时，它必须拉伸一点. 在这些假设下，位移 $y(x,t)$ 满足一维波动方程

$$\frac{\partial^2 y}{\partial x^2}=\frac{1}{v^2}\frac{\partial^2 y}{\partial t^2}. \tag{4.1}$$

常数 v 取决于弦的张力和线密度，称为波速，因为它是弦上一点沿弦方向扰动的速度. 为了分离变量，将

$$y=X(x)T(t) \tag{4.2}$$

代入式（4.1）可以得到（习题 13.3 第 10 题）

$$\frac{1}{X}\frac{\mathrm{d}^2 X}{\mathrm{d}x^2}=\frac{1}{v^2}\frac{1}{T}\frac{\mathrm{d}^2 T}{\mathrm{d}t^2}=-k^2,$$

或

$$X''+k^2 X=0, \tag{4.3}$$
$$\ddot{T}+k^2 v^2 T=0.$$

这里使用一个负的分离常数. 解用 $\sin$ 和 $\cos$ 表示振动，而不是使用实指数. 若使用实数 k 的 $+k^2$，则不能满足边界条件.

回想在讨论波现象时使用到的下列符号（见第 7 章，习题 7.2 第 17 题）

$$\nu=频率(\sec^{-1}) \quad \omega=2\pi\nu=角频率(弧度)$$
$$\lambda=波长 \quad k=\frac{2\pi}{\lambda}=\frac{2\pi\nu}{v}=\frac{\omega}{v}=波数$$
$$v=\lambda\nu$$

式（4.3）中两个方程的解为

$$X=\begin{cases}\sin kx, \\ \cos kx,\end{cases} \qquad T=\begin{cases}\sin kvt=\sin\omega t, \\ \cos kvt=\cos\omega t,\end{cases} \tag{4.4}$$

因此，式（4.2）中 y 的解为

58

$$y = \begin{cases} \sin kx \\ \cos kx \end{cases} \begin{cases} \sin \omega t \\ \cos \omega t \end{cases} \quad \text{其中}, \ \omega = kv. \tag{4.5}$$

因为弦系在 $x = 0$ 和 $x = l$ 两端，对于这两点，在所有时刻 t，必须有 $y = 0$. 这意味着我们只需要保留式（4.5）中的 $\sin kx$ 因子，因此选择 k 使 $\sin kl = 0$ 或 $k = n\pi/l$，得解

$$y = \begin{cases} \sin \dfrac{n\pi x}{l} \sin \dfrac{n\pi vt}{l}, \\[2mm] \sin \dfrac{n\pi x}{l} \cos \dfrac{n\pi vt}{l}. \end{cases} \tag{4.6}$$

式（4.6）的解的线性组合可用于解决给定问题，它取决于初始条件. 例如，假设弦通过拨动开始振动（即把弦从中心位置拉开一小段距离 h，然后放手）. 可以得到 $t = 0$ 时弦的形状为 $y_0 = f(x)$，如图 13.4.1 所示. 此时，弦上点的速度 $\partial y/\partial t$ 在 $t = 0$ 时为零. $\partial y/\partial t$ 与波速 v 没有关系，不要混淆.

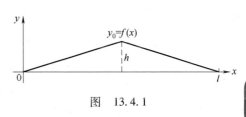

图　13.4.1

式（4.6）中包含 $\sin \dfrac{n\pi vt}{l}$ 的项必须舍去，因为它关于时间的导数在 $t = 0$ 时不为 0. 因此，该问题的基函数为 $\sin \dfrac{n\pi x}{l} \cos \dfrac{n\pi vt}{l}$，解的形式为

$$y = \sum_{n=1}^{\infty} b_n \sin \frac{n\pi x}{l} \cos \frac{n\pi vt}{l}. \tag{4.7}$$

系数 b_n 待确定，可由 $t = 0$ 时，$y_0 = f(x)$ 得到，即

$$y_0 = \sum_{n=1}^{\infty} b_n \sin \frac{n\pi x}{l} = f(x). \tag{4.8}$$

如前所述，可求出给定 $f(x)$ 的傅里叶级数的系数，并将它们代入式（4.7）. 结果为

$$y = \frac{8h}{\pi^2} \left(\sin \frac{\pi x}{l} \cos \frac{\pi vt}{l} - \frac{1}{9} \sin \frac{3\pi x}{l} \cos \frac{3\pi vt}{l} + \cdots \right) \tag{4.9}$$

另一种让弦开始振动的方法是敲击它，如钢琴弦. 在这种情况下，初始条件为 $t = 0$ 时 $y = 0$；同时在 $t = 0$ 时 $\partial y/\partial t$ 为关于 x 的函数. 也就是说，$t = 0$ 时刻，弦上每点的速度给定. 这时需舍去式（4.6）中包含 $\cos(n\pi vt/l)$ 项，因为在 $t = 0$ 时其不为 0. 因此，此时该问题的基函数为 $\sin \dfrac{n\pi x}{l} \sin \dfrac{n\pi vt}{l}$，解形式为

$$y = \sum_{n=1}^{\infty} B_n \sin \frac{n\pi x}{l} \sin \frac{n\pi vt}{l}. \tag{4.10}$$

系数必须确定，因此

$$\left(\frac{\partial y}{\partial t} \right)_{t=0} = \sum_{n=1}^{\infty} B_n \frac{n\pi v}{l} \sin \frac{n\pi x}{l} = \sum_{n=1}^{\infty} b_n \sin \frac{n\pi x}{l} = V(x), \tag{4.11}$$

也就是说给定的初始速度 $V(x)$，必须以傅里叶级数中展开（见习题 13.4 第 5 题到第 8 题）.

假如弦以这样的方式振动，则式（4.6）对于某一个 n 值只有一个解，而不是 y 的无穷级数，即

$$y = \sin\frac{n\pi x}{l}\sin\frac{n\pi vt}{l}. \tag{4.12}$$

对任一时刻 t，$\sin\dfrac{n\pi vt}{l}$ 的最大值是 1，此时弦的形状为

$$y = \sin\frac{n\pi x}{l}. \tag{4.13}$$

图 13.4.2 给出了式（4.13）分别在 $n = 1,2,3,4$ 时的形状. 注意位移实际上是非常小的，图像具有放大效果.

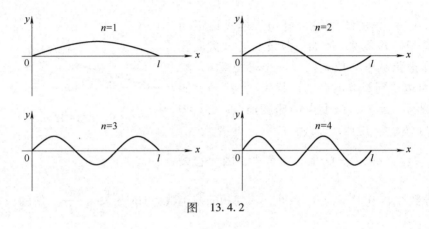

图 13.4.2

考虑弦上的一点 x，对于该点，$\sin\dfrac{n\pi x}{l}$ 是某个数 A. 因此，这个点在 t 时刻的位移是（可以由式（4.12）导出）

$$y = A\sin\frac{n\pi vt}{l}. \tag{4.14}$$

弦上此点以频率 v_n($v_n = n\pi v/l = 2\pi vn$ 或 $v_n = nv/(2l)$）随时间振动；振幅为 $A = \sin(n\pi x/l)$（见图 13.4.2）. 弦上的其他点以不同的振幅振动，但频率相同. 这是弦发出音符的频率（见第 7 章第 7.10 节）. 如果 $n = 1$（见图 13.4.2），此时频率为 $v/(2l)$，在音乐中，这种音调被称为基频或第一和声. 如果 $n = 2$，则频率是基频的两倍，这种音调称为第一泛音或二次谐波，以此类推. 弦产生的所有频率都是基频的整数倍. 这些频率称为弦的特征频率，它们正比于特征值 $k = n\pi/l$. 弦振动产生只有一个频率的纯音的相应方式称为简正振动模式（也就是式（4.2）的 y 只有一个 n 值). 图 13.4.2 中显示了前 4 个简正振动模式. 任何振动都是简正振动模式的组合，例如式（4.9）或式（4.10）. 式（4.12）对于单个 n 的解描述了一个简正模式，称为特征函数.

图 13.4.2 中的波形称为驻波. 波方程的达朗贝尔解表示行波. 假如将两个向相反方向运动的行波用三角函数公式进行如下合并：

$$\cos k(x - vt) - \cos k(x + vt) = 2\sin kx\sin kvt \tag{4.15}$$

这是式（4.5）的一个解，因此可以发现，两个行波的组合产生了一个驻波. 假设这两个行波沿着两端固定在 $x = 0$ 和 $x = l$ 处的弦运动. 首先考虑沿 x 负方向向 $x = 0$ 移动的波 $\cos k(x + vt)$，当它到达 $x = 0$ 处时反射. 对于所有 t，入射波和反射波在 $x = 0$ 处的组合必等于 0. 从

式（4.15）我们可以知道这是正确的，因此波 $\cos k(x-vt)$ 是 $-\cos k(x+vt)$ 的反射. 现在考虑波 $\cos k(x-vt)$ 往 $x=l$ 方向移动（到达 $x=l$ 处时反射）的情况. 可以验证，若 $k=n\pi/l$，则在 $x=l$ 处的反射波为 $-\cos\dfrac{n\pi}{l}(x+v)$. 想象一个波在 $x=0$ 和 $x=l$ 之间来回传播，到达端点处即进行反射. 从式（4.15）可以看出，这种情况下最终的结果是形成一个驻波.

到目前为止，都是考虑两端固定的弦的问题. 现在考虑有一端"自由"的情况，也就是说有一端可以沿着 $x=0$ 或 $x=l$ 自由地上下移动，比如让末端沿着无摩擦的轨道滑动. 自由端的数学条件是 $\partial y/\partial x=0$（比较第 13.3 节中绝热面的情况）. 如果 $x=0$ 端是自由的，我们选择包含 $\cos kx$ 的解，因为在 $x=0$ 处，有 $\dfrac{\partial}{\partial x}\cos kx=-k\sin kx=0$. 如果弦固定在 $x=l$，要使 $\cos kl=0$，则 $kl=\pi\left(n+\dfrac{1}{2}\right)\pi$. 若 $x=0$ 端自由，$x=l$ 端固定，且初始弦速度为 0，则基函数是

$$y=\cos\frac{\left(n+\dfrac{1}{2}\right)\pi x}{l}\cos\frac{\left(n+\dfrac{1}{2}\right)\pi vt}{l}. \tag{4.16}$$

关于这些函数的讨论，见第 7 章第 7.11 节.

习题 13.4

与第 13.2 节和第 13.3 节一样，用计算机绘制答案的图形.

1. 完成拨弦问题得到式（4.9）.

2. 一长度 l 的弦初始速度为 0，位移 $y_0(x)$ 如下图所示.（这个最初的位移可能是由停止在中心的绳子被从中间位置处拨动引起的.）求位移关于 x 和 t 的函数.

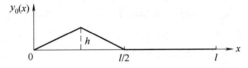

3. 解第 2 题，如果初始位移是

4. 解第 2 题，如果初始位移是

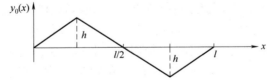

5. 长度为 l 的弦最初被拉直，其两端始终固定. 当 $t=0$ 时，弦上点给定速度 $V(x)=\left(\dfrac{\partial y}{\partial t}\right)_{t=0}$，如右图所示（例如，通过击打弦）. 确定弦在 t 时刻的形状，即求位移 y 关于 x 和 t 的函数，以类似于式（4.9）级数的形式. 提示：在这里需要什么样的基函数？

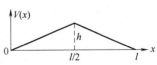

答案
$$y = \frac{8hl}{\pi^3 v}\left(\sin\frac{\pi x}{l}\sin\frac{\pi vt}{l} - \frac{1}{3^3}\sin\frac{3\pi x}{l}\sin\frac{3\pi vt}{l} + \frac{1}{5^3}\sin\frac{5\pi x}{l}\sin\frac{5\pi vt}{l} - \cdots\right).$$

6. 若初始速度 $V(x) = \left(\dfrac{\partial y}{\partial t}\right)_{t=0}$ 如下图所示，解第 5 题.

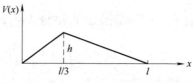

答案
$$y = \frac{4hl}{\pi^2 v}\left(\sin\frac{\pi w}{l}\sin\frac{\pi x}{l}\sin\frac{\pi vt}{l} - \frac{1}{9}\sin\frac{3\pi w}{l}\sin\frac{3\pi x}{l}\sin\frac{3\pi vt}{l} + \cdots\right).$$

7. 如果初始速度如下图所示，解第 5 题.

8. 如果初始速度满足下式，解第 5 题.

$$V(x) = \begin{cases} \sin 2\pi x/l, & 0 < x < l/2, \\ 0, & l/2 < x < l. \end{cases}$$

9. 在第 1 题~第 8 题中，找出最重要的谐波频率.

10. 验证如果 $k = n\pi/l$，那么式（4.15）中的两个行波在 $x=l$ 处的和是 0，且对于 t 恒成立.

11. 验证式（4.16）. 并为 $x=0$ 处固定，$x=l$ 处自由的弦找到一个类似的公式. 对于弦的自由端分别为 $x=0$ 端和 $x=l$ 端两种情况，求解第 2 题~第 4 题.

12. 在第 13.2、第 13.3、第 13.4 节中，我们解决了一些物理问题，这些问题都涉及使用傅里叶级数展开给定的 $f(x)$. 回看式（2.9）和式（2.25）的平板温度；式（3.12）的热流；式（3.26）的盒子中粒子的波函数，以及式（4.7）和式（4.10）的敲击弦的振动位移. 如果在区间 $(0,l)$ 上用傅里叶正弦级数展开给定的 $f(x)$，我们可以立即写出这 6 个不同物理问题在同一区间上的对应解. 若 $f(x) = x - x^2$ 其中 $x \in (0,1)$，也就是 $l=1$，进行上述求解过程并用计算机绘出结果图.

13. 若 $f(x) = 1 - \cos 2x$，$x \in (0,\pi)$，解第 12 题.

14. 若 $f(x) = x - x^3$，$x \in (0,\pi)$，解第 12 题.

13.5 圆柱体稳态温度

考虑以下问题. 在一个半径为 a 的半无限实心圆柱（见图 13.5.1）中，底面温度保持为 100℃，曲面温度保持为 0℃，求该圆柱体稳态温度分布. 这很像半无限平板的温度分布问题. 但由于边界条件是 $r=a$，$u=0$，而不是 x 或 y 的值，因此这里不适合使用直角坐标系求解. 这个问题的变量是圆柱坐标 r, θ, z. 由于没有热源，因此圆柱体内部温度满足拉普拉斯方程.

柱坐标下的拉普拉斯方程为（见第 10 章，第 10.9 节）

$$\nabla^2 u = \frac{1}{r}\frac{\partial}{\partial r}\left(r\frac{\partial u}{\partial r}\right) + \frac{1}{r^2}\frac{\partial^2 u}{\partial \theta^2} + \frac{\partial^2 u}{\partial z^2} = 0. \tag{5.1}$$

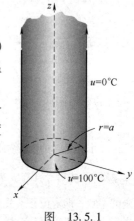

图 13.5.1

为分离变量，假设解的形式为

$$u = R(r)\Theta(\theta)Z(z). \tag{5.2}$$

将式（5.2）代入到式（5.1）并除以 $R\Theta Z$ 可以得到

$$\frac{1}{R}\frac{1}{r}\frac{\mathrm{d}}{\mathrm{d}r}\left(r\frac{\mathrm{d}R}{\mathrm{d}r}\right) + \frac{1}{\Theta}\frac{1}{r^2}\frac{\mathrm{d}^2\Theta}{\mathrm{d}\theta^2} + \frac{1}{Z}\frac{\mathrm{d}^2Z}{\mathrm{d}z^2} = 0. \tag{5.3}$$

最后一项是只关于 z 的函数，而另外两项则不包含 z，因此最后一项是常数，前两项的和是该常数的相反数. 注意，前两项都不是常数，因为都包含 r.

> 为了使一项是常数，需确保如下两点：
> （a）它是只有一个变量的函数；
> （b）这个变量没有出现在方程的其他地方.

于是有

$$\frac{1}{Z}\frac{\mathrm{d}^2Z}{\mathrm{d}z^2} = K^2, \qquad Z = \begin{cases} \mathrm{e}^{Kz}, \\ \mathrm{e}^{-Kz}. \end{cases} \tag{5.4}$$

由于我们需要让温度 u 在 z 趋向于无穷时趋于 0，设分离常数为 $+K^2$（$K>0$），然后只使用解 e^{-Kz}. 将式（5.3）最后一项用 K^2 取代变为式（5.4）

$$\frac{1}{R}\frac{1}{r}\frac{\mathrm{d}}{\mathrm{d}r}\left(r\frac{\mathrm{d}R}{\mathrm{d}r}\right) + \frac{1}{\Theta}\frac{1}{r^2}\frac{\mathrm{d}^2\Theta}{\mathrm{d}\theta^2} + K^2 = 0.$$

可以通过乘以 r^2 来分离变量，得到式（5.5）.

$$\frac{r}{R}\frac{\mathrm{d}}{\mathrm{d}r}\left(r\frac{\mathrm{d}R}{\mathrm{d}r}\right) + \frac{1}{\Theta}\frac{\mathrm{d}^2\Theta}{\mathrm{d}\theta^2} + K^2r^2 = 0. \tag{5.5}$$

在式（5.5）中，第二项是只关于 θ 的函数，而其他项与 θ 无关. 因此有

$$\frac{1}{\Theta}\frac{\mathrm{d}^2\Theta}{\mathrm{d}\theta^2} = -n^2, \qquad \Theta = \begin{cases} \sin n\theta, \\ \cos n\theta. \end{cases} \tag{5.6}$$

此处需用 $-n^2$ 作为分离常数，同时要求 n 为整数，原因如下：当用极坐标来定位一个点时，可以选择角度 θ，或者 $\theta+2m\pi$，其中 m 为任意整数. 但是无论 m 的值为多少，始终都只存在一个物理点和一个温度值. 这个点的温度的数学公式必须在角度为 θ 和 $\theta+2m\pi$ 时的值相同，也就是说温度必须是周期为 2π 的周期函数. 这些条件成立必须满足两点要求，首先 Θ 解需要是正弦和余弦函数，而不是指数函数，因此分离常数为负；此外，常数 n 需为整数（为了保证周期为 2π）. 当 $n=0$ 时，式（5.6）的解是 θ 且为常数. 由于 θ 不是周期函数，我们只能使用当 $n=0$ 时，已经包含在解 $\cos n\theta$ 中的常数解.

$$\frac{r}{R}\frac{\mathrm{d}}{\mathrm{d}r}\left(r\frac{\mathrm{d}R}{\mathrm{d}r}\right) - n^2 + K^2r^2 = 0$$

或

$$r\frac{\mathrm{d}}{\mathrm{d}r}\left(r\frac{\mathrm{d}R}{\mathrm{d}r}\right) + (K^2r^2 - n^2)R = 0. \tag{5.7}$$

这是一个贝塞尔方程，含有解 $J_n(Kr)$ 和 $N_n(Kr)$，见第 12 章式（16.5）. 由于圆柱体的底部包含原点，所以只能使用解 J_n，而不是 N_n，因为 N_n 在原点处趋于无限大. 因此有

$$R(r) = J_n(Kr). \tag{5.8}$$

圆柱体曲面温度为 0，可利用此条件求 K 的可能值. 因为当 $r = a$，θ 和 Z 为任意值时，$u = 0$，或者说当 $r = a$ 时，$R(r) = 0$. 所以从式（5.8）可知 $J_n(Ka) = 0$，也就是说，K_a 的可能值是 J_n 的零点. 如果定义 $k = Ka$，或者 $K = k/a$，那么

$$R(r) = J_n(kr/a) \quad \text{和} \quad Z(z) = e^{-kz/a}. \tag{5.9}$$

因此 u 的解为

$$u = \begin{cases} J_n(kr/a)\sin n\theta e^{-kz/a}, \\ J_n(kr/a)\cos n\theta e^{-kz/a}, \end{cases} \tag{5.10}$$

其中，k 为 J_n 的一个零点.

在这个问题中，圆柱体底部保持恒定温度 100℃. 如果我们把圆柱旋转任何角度，边界条件并不会改变. 因此，解不依赖于角度 θ. 这意味着在式（5.10）中我们使用 $\cos n\theta$ 时使 $n = 0$. k 的可能值是 J_0 的零点，称这些零点为 $k_m (m = 1, 2, 3, \cdots)$. 因此可得到问题的基函数，并以基函数表示解如下：

$$u = \sum_{m=1}^{\infty} c_m J_0(k_m r/a) e^{-k_m z/a}. \tag{5.11}$$

当 $z = 0$ 时，需要 $u = 100$，即

$$u_{z=0} = \sum_{m=1}^{\infty} c_m J_0(k_m r/a) = 100. \tag{5.12}$$

这里需要将 100 展开为贝塞尔函数级数，而不是正弦级数或余弦级数. 我们已经证明了函数 $J_0(k_m r/a)$ 相对于权函数 r 在 $(0, a)$ 上是正交的［见第 12 章式（19.11）］，我们可以使用傅里叶级数中求出系数的方法求解式（5.12）中的系数 c_m（事实上，像式（5.12）的级数通常称为傅里叶-贝塞尔级数）. 将式（5.12）乘以 $rJ_0(k_\mu r/a)$，$\mu = 1, 2, 3$，然后从 $r = 0$ 到 $r = a$ 逐项积分. 由于正交性［见第 12 章，式（19.11）］，除了 $m = \mu$ 项，级数所有项都可以消去，因此可以得到

$$c_\mu \int_0^a r \left[J_0(k_\mu r/a) \right]^2 dr = \int_0^a 100 r J_0(k_\mu r/a) dr. \tag{5.13}$$

对于 $\mu = 1, 2, 3, \cdots$ 的每一个值，式（5.13）给出了式（5.11）和式（5.12）其中一个系数. 因此，式（5.11）中的所有 c_m 都可以通过在式（5.13）中用 m 代替 μ 而得到. 我们需要计算式（5.13）的积分，第 12 章式（19.11）给出 $(p = 0, \alpha = \beta = k_m)$.

$$\int_0^a r \left[J_0(k_m r/a) \right]^2 dr = \frac{a^2}{2} J_1^2(k_m). \tag{5.14}$$

由第 12 章的式（15.1）有

$$\frac{d}{dx}\left[x J_1(x) \right] = x J_0(x).$$

将 $x = k_m r/a$ 代入上式可得

$$\frac{a}{k_m} \frac{d}{dr}\left[(k_m r/a) J_1(k_m r/a) \right] = (k_m r/a) J_0(k_m r/a).$$

消去一个 k_m/a 因子并从 0 到 a 进行积分，有

$$\int_0^a r J_0(k_m r/a) dr = \frac{a}{k_m} r J_1(k_m r/a) \Big|_0^a = \frac{a^2}{k_m} J_1(k_m). \tag{5.15}$$

用式（5.13）表示 c_m，同时将式（5.14）和式（5.15）的积分值代入，因此可解出 c_m 为

$$c_m = \frac{100a^2 J_1(k_m)}{k_m} \cdot \frac{2}{a^2 J_1^2(k_m)} = \frac{200}{k_m J_1(k_m)}. \tag{5.16}$$

现在问题的解是式（5.11），其中 c_m 的值由式（5.16）给出. 通过计算级数的几项，可以计算任何点的温度值（如第 1 题）. 贝塞尔函数的值和零点值可通过计算机或查表得到. 需要注意的是 k_m 为 J_0 的零点，而不是 J_1 的零点.

假设圆柱体底部给定温度不是常数，而是更复杂的函数，比如 r，θ 的函数 $f(r,\theta)$. 对于式（5.10）也是一样，但级数解要比式（5.11）复杂，因为我们必须包含所有的 J_n，而不仅是 J_0. 贝塞尔函数零点 k 需要双下标，k_{mn} 代表 J_n 的第 m 个正零点，其中 $n=0,1,2,\cdots$，$m=1,2,3,\cdots$. 温度 u 是双无穷级数，是 J_n 的所有零点之和.

$$u = \sum_{m=1}^{\infty} \sum_{n=0}^{\infty} J_n(k_{mn}r/a)(A_{mn}\cos n\theta + B_{mn}\sin n\theta)e^{-k_{mn}z/a}. \tag{5.17}$$

要使 $z=0$ 时，$u=f(r,\theta)$，

$$u_{z=0} = \sum_{m=1}^{\infty} \sum_{n=0}^{\infty} J_n(k_{mn}r/a)(A_{mn}\cos n\theta + B_{mn}\sin n\theta) = f(r,\theta). \tag{5.18}$$

为确定系数 A_{mn}，将方程乘以 $J_\nu(k_{\mu\nu}r/a)\cos\theta$，同时对圆柱整个底面进行积分（$\theta$ 从 0 到 2π，r 从 0 到 a）. 由于函数 $\sin n\theta$ 和 $\cos n\theta$ 在（0，2π）上具有正交性，所有含 B_{mn} 的项都舍去，仅保留 $n=\nu$ 时，含有 A_{mn} 的项. 由于函数 $J_n(k_{mn}r/a)$（对 n 的所有 m）的正交性，只有包含 $A_{\mu\nu}$ 的一项保留，因此有

$$\int_0^a \int_0^{2\pi} f(r,\theta)J_\nu(k_{\mu\nu}r/a)\cos\nu\theta r\mathrm{d}r\mathrm{d}\theta$$
$$= A_{\mu\nu}\int_0^a \int_0^{2\pi} J_\nu^2(k_{\mu\nu}r/a)\cos^2\nu\theta r\mathrm{d}r\mathrm{d}\theta = A_{\mu\nu} \cdot \frac{a^2}{2}J_{\nu+1}^2(k_{\mu\nu}) \cdot \pi. \tag{5.19}$$

其中积分 r 由第 12 章的式（12.11）给出，积分 θ 由第 7 章第 7.4 节求出. 注意在贝塞尔函数积分中的权重函数 r 是如何作为极坐标一部分面积元出现在这里的，同样可得

$$B_{\mu\nu} = \frac{2}{\pi a^2 J_{\nu+1}^2(k_{\mu\nu})} \int_0^a \int_0^{2\pi} f(r,\theta)J_\nu(k_{\mu\nu}r/a)\sin\nu\theta r\mathrm{d}r\mathrm{d}\theta. \tag{5.20}$$

将式（5.19）和式（5.20）得到的系数 A 和 B 的值代入式（5.17），问题得解.

习题 13.5

1.（a）对于一个温度为稳态的固体半无限圆柱体，计算在 $u=0(r=1)$ 且 $u=100(z=0)$ 的条件下，级数式（5.11）前三项的系数式（5.16）. 另外求解 $r=\frac{1}{2}$，$z=1$ 处的温度 u.

（b）在（a）中，如果在 $r=10$ 处 $u=0$，且在 $z=0$ 处 $u=100$，求 $r=5$，$z=10$ 处的温度 u.（a）和（b）之间有何联系呢？提示：假设（a）中 r 和 z 的长度单位是厘米. 考虑相同的物理问题，但是以毫米为单位来测量距离，并（b）进行比较. 注意在式（5.10）中，r/a 和 z/a 仅是半径为 a 的倍数.

2.（a）求固体半无限圆柱的稳态温度分布，其中该圆柱体的边界温度为 $r=1$ 处 $u=0$，在 $z=0$ 处为 $u=y=r$. 提示：在式（5.10）中我们需要解包含 $\sin\theta$，因此需要函数 J_1，然后需要对 $r^2 J_1$ 进行积分，依照前面式（5.15）中对 rJ_0 进行积分的方法.

（b）若圆柱体的半径为 $r=a$，重新解决问题 a.

答案
$$u = \sum_{m=1}^{\infty} \frac{2a}{k_m J_2(k_m)} J_1(k_m r/a) e^{-k_m z/a} \sin\theta,$$

（c）若 $a=2$，且 $r=1$，$z=1$，$\theta=\pi/2$，求温度 u.

3. （a）高度为 10、半径为 1 的实心圆柱体，其顶部和曲面的温度分别为 0℃和 100℃，求该圆柱体的稳态温度分布.

（b）将问题（a）推广到高为 H、半径为 a 的圆柱体.

4. 一个半径为 a 的扁平圆板，初始的温度是 100℃. 若从时间 $t=0$ 开始，平板的曲面温度保持为 0℃，求与时间有关的温度分布 $u(r,\theta,t)$. 提示：在极坐标下分离式（3.1）中的变量.

5. 若初始温度分布为 $u(r,t=0)=100r\sin\theta$，重新求解第 4 题.

6. 重新思考第 4 题，若初始温度分布是作为某个函数 $f(r,\theta)$ 给出的. 一般来说，解是一个类似于式（5.17）的双无穷级数. 求出级数系数的公式.

7. 高度为 20、半径为 3 的实心圆柱体，其平端和曲面的温度分别为 0℃和 100℃，求该圆柱体的稳态温度分布. 提示：参见第 2 部分. 提示：在式（5.4）中使用 $-K^2$. 见第 12 章第 12.17 和第 12.20 节.

8. 温度为 100℃的水以足够快的速度流过一根半径为 1 的长管，这样我们就可以认为在所有点处的水温都是 100℃. 在 $t=0$ 时，水流被关闭，同时管子的表面从该时刻起保持为 40（忽略管道的壁厚）. 求水关于 r 和 t 的温度分布函数，注意这里只需要考虑管道的横截面.

答案
$$u = 40 + \sum_{m=1}^{\infty} \frac{120}{k_m J_1(k_m)} J_0(k_m r) e^{-(\alpha k_m)^2 t}, \quad \text{其中，} J_0(k_m)=0.$$

9. 求边长为 10 的立方体的稳态温度分布，其中立方体 $Z=0$ 面的温度为 100℃，另外 5 个面的温度为 0℃. 提示：在直角坐标系中，分离三维拉普拉斯方程，并遵循第 2 部分的方法. 此时需要将 100 展开为双傅里叶级数.

$$\sum_{n=1}^{\infty} \sum_{m=1}^{\infty} a_{nm} \sin\frac{n\pi x}{l} \sin\frac{m\pi y}{l}.$$

系数 a_{nm} 是利用函数 $\sin(n\pi x/l)\sin(m\pi y/l)$ 的正交性来确定的，也就是

$$\int_0^l \int_0^l \sin\frac{n\pi x}{l} \sin\frac{m\pi y}{l} \sin\frac{p\pi x}{l} \sin\frac{q\pi y}{l} dx dy = 0, \quad \text{当} \begin{cases} n=p \\ m=q \end{cases} \text{时}.$$

10. 一个立方体最初温度是 100℃. 从 $t=0$ 时刻开始，所有面保持为 0℃. 求该立方体与时间相关的温度分布. 提示：这个问题涉及一个三重傅里叶级数. 见第 13.9 题中的双傅里叶级数，并将其推广到三维空间.

11. 以下两个 $R(r)$ 方程出现在极坐标、柱坐标或球面坐标下的各种变量分离问题中

$$r\frac{d}{dr}\left(r\frac{dR}{dr}\right) = n^2 R,$$

$$\frac{d}{dr}\left(r^2\frac{dR}{dr}\right) = l(l+1)R.$$

解决它们有很多种方法：它们是一种标准的方程（通常称为欧拉方程或柯西方程，见第 8 章第 7d 节），你可以使用幂级数方法，因为解仅仅是 r 的幂，所以可以很容易找到幂. 可以使用这两种方法中的任意一种，解出这两个方程，供以后参考. 单独思考 $n=0$ 的情况，这对 $l=0$ 有必要吗？

12. 在极坐标下，分离二维拉普拉斯方程，然后解出 r 和 θ 方程.（见第 11 题）记住，对于方程 θ，只有周期解是有意义的. 使用你的结果来解决一个圆平板的稳态温度问题，其中该圆平板的上半圆边界的温度保持在 100℃，而下半圆边界温度保持为 0℃.

注解：另一个物理问题的数学解与这个温度问题是相同的：求一个电容器内部的静电势，该电容器由两个彼此绝缘的半圆柱体组成，并且点位被保持在 0℃和 100℃.

答案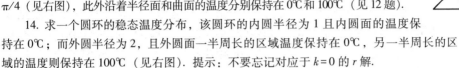

$$u = 50 + \frac{200}{\pi} \sum_{\text{奇数}n} \left(\frac{r}{a}\right)^n \frac{\sin n\theta}{n}.$$

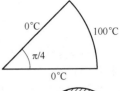

13. 求解一个扇形圆平板的的稳态温度分布，该扇形圆平板的半径为10，角度为 $\pi/4$（见右图），此外沿着半径面和曲面的温度分别保持在0℃和100℃（见12题）.

14. 求一个圆环的稳态温度分布，该圆环的内圆半径为1且内圆面的温度保持在0℃；而外圆半径为2，且外圆面一半周长的区域温度保持在0℃，另一半周长的区域的温度则保持在100℃（见右图）. 提示：不要忘记对应于 $k=0$ 的 r 解.

15. 如果两个圆的温度条件互换，重新解第14题.

13.6 圆膜振动

在圆周上有刚性支撑的圆膜，例如鼓点，求其特性振动频率，以及对应的简正振动模式.

为圆膜平面建立(x, y)平面，取圆膜中心为原点. 设$z(x, y, t)$为圆膜对应于(x, y)平面的位移. 则 z 满足波动方程

$$\nabla^2 z = \frac{1}{v^2} \frac{\partial^2 z}{\partial t^2}. \tag{6.1}$$

令

$$z = F(x, y) T(t), \tag{6.2}$$

把式（6.1）分离成一个空间方程（亥姆霍兹）和一个时间方程（见习题13.3第10题和第13.3节），可以得到这两个方程为

$$\nabla^2 F + K^2 F = 0 \qquad \ddot{T} + K^2 v^2 T = 0. \tag{6.3}$$

因为膜是圆形的，所以在极坐标下表示∇^2，可得 F 的方程为

$$\frac{1}{r} \frac{\partial}{\partial r}\left(r \frac{\partial F}{\partial r}\right) + \frac{1}{r^2} \frac{\partial^2 F}{\partial \theta^2} + K^2 F = 0. \tag{6.4}$$

若令 F 为

$$F = R(r) \Theta(\theta), \tag{6.5}$$

此时式（6.4）变成式（5.5），分离方程及其解为式（5.6），式（5.7）和式（5.8），式（6.3）的时间方程的解为$\sin Kvt$和$\cos Kvt$. 因此，z 的解是 $z = R(r)\Theta(\theta)T(t)$，其中 $R(r) = J_n(Kr)$，$\Theta(\theta) = \{\sin n\theta \cos n\theta\}$，$T(t) = \{\sin Kvt, \cos Kvt\}$. 与第13.5节相同，$n$ 必须是整数. 为求 K 的可能取值，我们可以利用薄膜在 $r = a$ 处附着在一个刚性支架上的这一事实，因此对所有 θ，t，当 $r = a$ 时，必有 $z = 0$. 因此 $J_n(Ka) = 0$，Ka 的可能值是 J_n 的零点. 参照第13.5节，设 $k = Ka$，也即 $K = k/a$. 那么对于每个 J_n，其可能的 k 值为 k_{mn}（J_n 的零点）. z 解表示如下

$$z = J_n(kr/a) \begin{Bmatrix} \sin n\theta \\ \cos n\theta \end{Bmatrix} \begin{Bmatrix} \sin kvt/a \\ \cos kvt/a \end{Bmatrix}. \tag{6.6}$$

若给定膜的初始位移或速度，可解得 z 为双级数，这类似于式（5.17）圆柱体温度问题. 不同的是，这里研究分离的简正振动模式及其频率. 回想一下第13.4节的振动弦，每个 n 给出一个不同的频率和一个相应的简正振动模式（见图13.4.2）. 弦的频率是 $v_1 = nv/(2l)$；所有频率都是基频 $v_1 = v/(2l)$ 的整数倍. 对于圆形膜，频率为［见式（6.6）］

$$\nu = \frac{\omega}{2\pi} = \frac{kv}{2\pi a}.$$

k 的可能值是贝塞尔函数的零点 k_{mn}. k_{mn} 的每个值都给出了一个频率 $\nu_{mn} = k_{mn}v/(2\pi a)$，因此得到一个双无限的特性频集和相应的简正振动模式. 所有这些频率都不同，且不是基频的整数倍，而弦振动是整数倍. 这就是鼓的音乐性不如小提琴的原因. 通过计算机或查表，可得到若干个 k_{mn} 的值（见习题 13.6 第 2 题），以及基频非整数倍的频率（对应于 k_{10}，J_0 的第一个零点）. 绘制几个与图 13.4.2 中弦振动对应的圆膜的简正振动模式图形（见图 13.6.1），并写出式（6.6）中给出的位移 z 对应的公式（特征函数）. 为简单起见，图 13.6.1 中仅使用了 $\cos n \cos kvt/a$ 的解. 由图 13.6.1 可知，在与 k_{10} 对应的基振动模式下，圆膜整体振动.

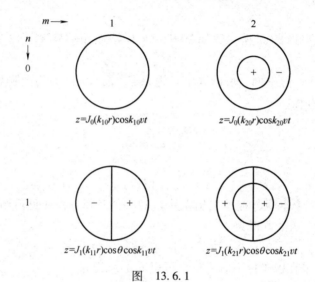

图　13.6.1

在 k_{20} 的模式下，振动分两部分，如图 13.6.1 所示，+部分向上振动，-部分则向下振动，反之亦然，它们之间的圆为静止状态. 可以证明存在这样一个圆（称为节点线）并求出其半径. 因为 $k_{20} > k_{10}$，圆 $r = ak_{10}/k_{20}$ 是半径小于 a 的圆，所以这个圆在圆膜上. 对于该 r，有 $J_0(k_{20}r/a) = J_0(k_{20}k_{10}/k_{20}) = J_0(k_{10}) = 0$，因此这个圆上的点是静止的. 对于 k_{11} 模式，$\theta = \pm\pi/2$ 时 $\cos\theta = 0$，如图所示为正或负. 以这种方式可以绘制任何简正模式的图形（见习题 13.6 第 1 题）.

在实验中很难获得物体振动的纯简正振动模式. 但复杂振动会有某种容易观察到的节点线. 洒在振动物体上的细沙会沿着节点线聚集，这样可以更清楚地看到，见 Am. J. Phys. 72, 1345-1346，（2004）. 振动圆膜实验资料请参阅 Am. J. Phys. 35, 1029-1031，（1967）或 Am. J. Phys. 40, 186-188，（1972）以及 Am. J. Phys. 59, 376-377，（1991）.

习题 13.6

1.（a）继续绘制图 13.6.1（见右图），展示一个圆膜振动的基本模式，其中 $n = 0,1,2$；$m = 1,2,3$ 写出图 13.6.1 中每个草图下位移 z 的公式.

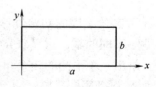

（b）使用计算机来建立圆膜的各种振动模式的动画. 这个问题在许多地方讨论过.

2. 通过计算机或表格，分别找出贝塞尔函数 J_0，J_1，J_2 和 J_3 的前三个零

点 k_{mn}. 找出振动圆膜的前六个频率，作为基本频率的（非整数）倍数.

3. 在二维直角坐标系中分离波动方程，如图有一个矩形的薄膜，刚性地附着在其侧面的支撑物上，证明它的特征频率是

$$\nu_{nm} = (v/2)\sqrt{(n/a)^2+(m/b)^2},$$

其中 n，m 是正整数，并画出与前几个频率相对应的简正振动模式. 也就是按照我们在处理图 13.6.1 的圆膜问题和第 1 题时的方法找出该矩形薄膜的节点线.

接下来假设膜是正方形的. 证明在这种情况下，可能有两种或更多的简正振动模式对应于单个频率. （提示一个例子：$7^2+1^1=1^2+7^2=5^2+5^2$）这是所谓的简并性的一个例子. 我们说，当波动方程（特征函数）的几种不同解对应于相同的频率（特征值）时，就会出现简并. 画出相同的频率下的若干简正振动模式. 注释：比较第 3 章，第 13.11 节，如果几个特征向量对应于它，那么一个矩阵的特征值被称为退化.

4. 找到声音在一个矩形的盒子（比如一个房间）中振动的特征频率，提示：在三维直角坐标中分离波动方程. 这个问题与第 3 题类似，但是是三维而非二维. 讨论简并性（见第 3 题）.

5. 边长为 l 的正方形薄膜形状被扭曲为

$$f(x,y)=xy(l-x)(l-y)$$

然后释放，用无穷级数描述其形状随时间变化的规律. 提示：使用双傅里叶级数（见习题 13.5 第 9 题）.

6. 在薛定谔方程（3.22）中令 $V=0$，并在二维直角坐标中分离变量. 在二维方盒（$0<x<l$，$0<y<l$）中解决一个粒子问题. 这意味着求薛定谔方程的解，该解在 $x=0$，$x=l$，$y=0$，$y=l$（即盒子的边界）的条件下为 0，在此同时求相应的能量特征值. 注：如果我们将"盒子中的粒子"的概念扩展到二维或三维，则二维中的盒子可能是正方形（如在此问题中）或圆形；在 3D 模式下，它可能是一个立方体或一个球体. 在所有情况下，数学上的问题都是求解薛定谔方程的解（盒子内 $V=0$、盒子边界 $\Psi=0$），并找到相应的能量特征值. 在量子力学中，Ψ 表示被困在盒子中的粒子，能量特征值是该粒子能量的可能值.

7. 在第 6 题的解中，找出一些简并性的示例. （见第 3 题. 简并性意味着多个特征函数对应于相同的能量特征值.）

8. 在极坐标中求解第 6 题，以找到圆盒 $r<a$ 中粒子的特征函数和能量特征值. 当 $r=a$ 时，需要有 $\Psi=0$.

13.7　球体稳态温度

半径为 a 的球体，上半部分球面的温度保持 100℃，下半部分球面的温度保持 0℃，求半径 a 的球体内稳态温度.

在球体内部温度 u 满足拉普拉斯方程. 在球坐标系中为（见第 10 章，第 10.9 节）

$$\nabla^2 u = \frac{1}{r^2}\frac{\partial}{\partial r}\left(r^2\frac{\partial u}{\partial r}\right)+\frac{1}{r^2\sin\theta}\frac{\partial}{\partial\theta}\left(\sin\theta\frac{\partial u}{\partial\theta}\right)+\frac{1}{r^2\sin^2\theta}\frac{\partial^2 u}{\partial\phi^2}=0. \tag{7.1}$$

按一般过程分离该方程. 设

$$u=R(r)\Theta(\theta)\Phi(\phi) \tag{7.2}$$

代入式（7.1），然后两边乘以 $r^2/R\Theta\Phi$，可以得到

$$\frac{1}{R}\frac{\mathrm{d}}{\mathrm{d}r}\left(r^2\frac{\mathrm{d}R}{\mathrm{d}r}\right)+\frac{1}{\Theta}\frac{1}{\sin\theta}\frac{\mathrm{d}}{\mathrm{d}\theta}\left(\sin\theta\frac{\mathrm{d}\Theta}{\mathrm{d}\theta}\right)+\frac{1}{\Phi}\frac{1}{\sin^2\theta}\frac{\mathrm{d}^2\Phi}{\mathrm{d}\phi^2}=0. \tag{7.3}$$

若将式（7.3）两边乘以 $\sin^2\theta$，最后一项就变了只有 ϕ 的函数，而其他项不包含 ϕ，这样可得 ϕ 的方程及其解：

$$\frac{1}{\Phi}\frac{\mathrm{d}^2\Phi}{\mathrm{d}\phi^2}=-m^2,\quad \Phi=\begin{cases}\sin m\phi,\\ \cos m\phi.\end{cases} \tag{7.4}$$

分离常数必须是负数，同时 m 必须为整数以保证 Φ 为 ϕ 的周期函数 ［见式（5.6）后面的讨论］.

式（7.3）此时可写成

$$\frac{1}{R}\frac{\mathrm{d}}{\mathrm{d}r}\left(r^2\frac{\mathrm{d}R}{\mathrm{d}r}\right)+\frac{1}{\Theta}\frac{1}{\sin\theta}\frac{\mathrm{d}}{\mathrm{d}\theta}\left(\sin\theta\frac{\mathrm{d}\Theta}{\mathrm{d}\theta}\right)-\frac{m^2}{\sin^2\theta}=0. \tag{7.5}$$

此时第一项是 r 的函数，后两项是 θ 的函数，因此可得两个方程

$$\frac{1}{R}\frac{\mathrm{d}}{\mathrm{d}r}\left(r^2\frac{\mathrm{d}R}{\mathrm{d}r}\right)=k, \tag{7.6}$$

$$\frac{1}{\sin\theta}\frac{\mathrm{d}}{\mathrm{d}\theta}\left(\sin\theta\frac{\mathrm{d}\Theta}{\mathrm{d}\theta}\right)-\frac{m^2}{\sin^2\theta}\Theta+k\Theta=0. \tag{7.7}$$

比较式（7.7）与第 12 章习题 12.10 第 2 题的方程，可发现式（7.7）是 $k=l(l+1)$ 的关联勒让德函数. l 必须是整数，以确保勒让德方程在 $x=\cos\theta=\pm1$ 也即 $\theta=0$ 或者 π 时的解有限. 这个条件对于关联勒让德函数的方程也一样. 式（7.7）的对应结果是 k 必须是两个连续整数的乘积，因此可以用 $l(l+1)$ 替换 k，其中 l 是整数. 式（7.7）的解是关联勒让德函数

$$\Theta=P_l^m(\cos\theta). \tag{7.8}$$

在式（7.6）中设 $k=l(l+1)$，可以很容易地证明式（7.6）的解是

$$R=\begin{cases} r^l, \\ r^{-l-1}. \end{cases} \tag{7.9}$$

由于只求球体内部的温度，故舍去 r^{-l-1} 的解，因为这些解在原点处变得无穷大. 如果是考虑球表面的问题（如水流量或静电势的相关问题），则需要保留 r^{-l-1} 的解，而舍去 r^l，因为在它无穷远处变得无穷大.

此时解的基函数为

$$u=r^l P_l^m(\cos\theta)\begin{cases} \sin m\phi, \\ \cos m\phi. \end{cases} \tag{7.10}$$

函数 $P_l^m(\cos\theta)\sin m\phi$ 和 $P_l^m(\cos\theta)\cos m\phi$ 称为球函数，通常表示为 $Y_l^m(\theta,\phi)$，见 16 题. 如果在表面 $r=a$ 处的温度是关于 θ 和 ϕ 的函数，可以得到对 l 和 m 的双求和级数. 这里给定的表面温度（高半球面 100℃，低半球面 0℃）独立于 ϕ，因此在式（7.10）中，必须有 $m=0$，$\cos m\phi=1$. 此时式（7.10）的解简化为 $r^l P_l(\cos\theta)$. 问题的解用基函数的级数表示如下：

$$u=\sum_{l=0}^{\infty}c_l r^l P_l(\cos\theta). \tag{7.11}$$

我们利用表面 $r=a$ 的温度已经给定的条件来确定系数 c_l，因此，必须有

$$u_{r=a}=\sum_{l=0}^{\infty}c_l a^l P_l(\cos\theta) \tag{7.12}$$

$$=\begin{cases} 100, & 0<\theta<\dfrac{\pi}{2}, \quad 从而\ 0<\cos\theta<1, \\ 0, & \dfrac{\pi}{2}<\theta<\pi, \quad 从而\ -1<\cos\theta<0. \end{cases}$$

或者令 $x=\cos\theta$，有

$$u_{r=a} = \sum_{l=0}^{\infty} c_l a^l P_l(x) = 100 f(x). \qquad (7.13)$$

其中

$$f(x) = \begin{cases} 0, & -1<x<0, \\ 1, & 0<x<1. \end{cases}$$

（注意，这里 x 代表 $\cos\theta$，而不是坐标 x）在第 12 章第 12.9 节中，我们将 $f(x)$ 展开为勒让德多项式，得：

$$f(x) = \frac{1}{2} P_0(x) + \frac{3}{4} P_1(x) - \frac{7}{16} P_3(x) + \frac{11}{32} P_5(x) + \cdots \qquad (7.14)$$

式（7.13）中的系数 c_l 就是 $f(x)$ 的这些系数乘以 $100/a^l$. 将 c 的值代入式（7.11），得最终解：

$$u = 100\left[\frac{1}{2} P_0(\cos\theta) + \frac{3}{4} \frac{r}{a} P_1(\cos\theta) - \frac{7}{16}\left(\frac{r}{a}\right)^3 P_3(\cos\theta) + \frac{11}{32}\left(\frac{r}{a}\right)^5 P_5(\cos\theta) + \cdots\right] \qquad (7.15)$$

我们可以对这个问题做不同的处理. 请注意，到目前为止我们还没有提到我们使用的温标（摄氏温度、华氏度、绝对值等）. 调整到任何温标都是比较容易做到的. 因为如果 u 是拉普拉斯方程 $\nabla^2 u = 0$ 的解，或是热流方程 $\nabla^2 u = (1/\alpha^2)(\partial u/\partial t)$ 的解，则对于任意常数 C，$u+C$ 和 Cu 也是解. 如果式（7.15）的解增大 50℃，则球体内部的温度分布为球面的上半部分 150℃，下半部分 50℃. 如果我们把式（7.15）解乘以 2，就得到球面温度 200℃ 和 0℃ 的温度分布，以此类推.

赤道面 $\theta = \pi/2$ 或 $\cos\theta = 0$，其温度由式（7.11）至式（7.15）给出，介于顶部和底部球面温度，因为勒让德级数与傅里叶级数一样收敛于展开函数的区间中点. 为了解决曲面和赤道平面温度都已知的半球的温度问题，只需要想象下半球面在适当的位置和适当的温度，即可得出赤道平面的期望平均温度. 当赤道面温度为 0℃，这相当于将式（7.13）中的函数 $f(x)$ 定义在 $(-1, 0)$ 上了，使其成为一个奇函数.

习题 13.7

求半径为 1 的球内部的稳态温度分布，其中球面的温度分别为问题 1~问题 10 的给定值.

1. $35\cos^4\theta$　　　　　　　　　2. $\cos\theta - \cos^3\theta$

3. $\cos\theta - 3\sin^2\theta$　　　　　　4. $5\cos^3\theta - 3\sin^2\theta$

5. $|\cos\theta|$　　　　　　　　　　6. $\pi/2 - \theta$

7. $\begin{cases} \cos\theta, & 0<\theta<\pi/2, \quad \text{上半球} \\ 0, & \pi/2<\theta<\pi, \quad \text{下半球} \end{cases}$

8. $\begin{cases} 100, & 0<\theta<\pi/3, \\ 0, & \text{其他} \end{cases}$

9. $3\sin\theta\cos\theta\sin\phi$

10. $\sin^2\theta\cos\theta\cos 2\phi - \cos\theta$

11. 半球的曲面温度为 100℃，赤道面温度为 0℃，求出半球内的稳态温度分布. 提示：请参照本节的最后一段.

12. 若曲面温度为 $\cos^2\theta$ 且赤道平面为零，重新求解第 11 题. 注意：答案不涉及 P_2，见本节的最后一句话.

13. 求半径为 a 的导电球放置在原均匀电场中，并保持电位为零，求球外面的静电势. 提示：让原始电场 E 沿 z 轴负方向，使得 $E=-E_0k$. 由于 $E=-\nabla\Phi$，其中 Φ 是电势，因此对于原始电势，有 $\Phi=E_0z=E_0r\cos\theta$（请验证！）. 此时需要拉普拉斯方程 $\nabla^2u=0$ 的一个解，它在 $r=a$ 处为零，且对于大 r（即远离球体）变为 $u\sim\Phi$. 在球坐标下选取具有正确的 θ 和 ϕ 相关性的拉普拉斯方程的解（只有两个这样的解），求出 $r=a$ 时可降为零的组合.

14. 内半径为 1，外半径为 2 的球壳，内球面温度保持为 0℃，外球面上半部分保持为 100℃，下半部分保持为 0℃. 求该球壳的稳态温度分布. 提示：$r=0$ 不是关心的区域，因此式（7.9）中的解 r^{-l-1} 必须包含进来. 用式（7.11）中的 c_lr^l 替换 $(c_lr^l+b_lr^{-l-1})$.

15. 一个球体初始温度为 0℃，从 $t=0$ 时刻起表面保持为 100℃（如将冰冻马铃薯丢入沸水中），求时间相关的温度分布. 提示：所有温度减去 100℃ 并进行求解，然后答案加上 100℃. 证明这个问题中所需的勒让德函数为 P_0，r 解为 $(1/\sqrt{r})J_{1/2}$ 或 j_0，（见第 12 章的式（17.4））. 由于球面贝塞尔函数可以用初等函数表示，这个问题中的级数可以被认为是一个贝塞尔级数或者傅里叶级数. 表明结果是一致的.

16. 在球坐标中分离波动方程，证明：θ，Φ 解为球函数 $Y_l^m(\theta,\phi)=P_l^m(\cos\theta)\mathrm{e}^{\pm im\phi}$，$r$ 的解为球贝塞尔函数 $j_l(kr)$ 和 $y_l(kr)$（第 12 章式（17.4））.

17. 在三维坐标系下解问题 6.6，也就是解决立方体的"盒子中的粒子"问题.

18. 在球坐标系下，若 $V=V(r)$ 与 θ 和 Φ 无关，分离时间无关的薛定谔方程式（3.22）.（若 V 仅与 r 相关，此时我们处理的为中心力，如静电力或重力.）提示：在球坐标系下，为避免与球函数式（7.10）混淆，使用 M 代替质量 m. 参照式（7.1）的分离过程，但使用 $[V(r)-E]\Psi$ 项. 可知 θ，Φ 解与式（7.10）和第 16 题一样为球函数. $k=l$ 时的 r 方程为（比较式（7.6））：

$$\frac{1}{R}\frac{\mathrm{d}}{\mathrm{d}r}\left(r^2\frac{\mathrm{d}R}{\mathrm{d}r}\right)-\frac{2Mr^2}{\hbar^2}[V(r)-E]=l(l+1).$$

19. 对于球盒（$r<a$）中的粒子，求其特征函数和能量特征值. 提示：见习题 13.6 第 6 题，写出 18 题中 $V=0$ 的 R 方程并对比第 12 章习题 12.17 第 6 题（令 $y=R$，$x=\beta r$，其中 $\beta=\sqrt{2ME/\hbar^2}$、$n=l$）.

20. 若 ψ 是关于 x 的函数，且 $V=\frac{1}{2}m\omega^2x^2$，请写出薛定谔方程式（3.22）. 求出解 $\psi_n(x)$ 和能量特征值 E_n. 提示：在第 12 章式（22.1）和式（22.11）的第一个方程中，用 αx 代替 x，其中 $\alpha=\sqrt{m\omega/\hbar}$.（不要忘记 $D=\mathrm{d}/\mathrm{d}x$ 和 $\psi''=\mathrm{d}^2\psi/\mathrm{d}x^2$ 分母中的 α 的因数）比较式（22.1）的结果和上面所写的薛定谔方程，可发现当 $E_n=\left(n+\frac{1}{2}\right)\hbar\omega$ 时它们是相等的. 利用第 12 章的式（22.11）和式（22.12）写出薛定谔方程的解 $\psi_n(x)$.

21. 假设 $V=\frac{1}{2}m\omega^2(x^2+y^2+z^2)$，请在三维坐标系下分离薛定谔方程式（3.22）. 可以看到，每一个分离方程都是第 20 题中的一维振子方程的形式. 因此写出三维问题的解 $\psi_n(x,y,z)$，其中 $n=n_x+n_y+n_z$. 求解能量特征值 E_n 和它们的简并度.

22. 求氢原子的能量特征值和特征函数. 势能为 $V(r)=-e^2/r$，单位为高斯，其中 e 是电子的电荷，r 是在球坐标系下. 因为 V 是只关于 r 的函数，从第 18 题可知，特征函数是球函数 $Y_l^m(\theta,\phi)$ 的 $R(r)$ 倍，因此只需要找到求解 $R(r)$，将 $V(r)$ 代入第 18 题的 R 方程，并进行如下化简：令 $x=2r/\alpha$，$y=rR$，然后有

$$r=\alpha x/2,\quad R(r)=\frac{2}{\alpha x}y(x),\quad \frac{\mathrm{d}}{\mathrm{d}r}=\frac{2}{\alpha}\frac{\mathrm{d}}{\mathrm{d}x},\quad \frac{\mathrm{d}}{\mathrm{d}r}\left(r^2\frac{\mathrm{d}R}{\mathrm{d}r}\right)=\frac{2}{\alpha}xy''$$

令 $\alpha^2=-2ME/\hbar^2$（注意，对于束缚态，E 为负，因此 α^2 为正）、$\lambda=Me^2\alpha/\hbar^2$，得到第 12 章习题 12.22 第 26 题的第一个方程. 求解 $y(x)$，结果 λ 为一个常数 n（注意，与式（22.26）的 n 不相同）. 因此，得到可能的 α（玻尔轨道的半径）值和能量特征值. 你应该发现 α 正比于 n，令 $\alpha=na$，当 $n=1$ 时，a 的值就是 α，也就是第一个波尔轨道的半径. 将 $y=Rr$，$x=2r/(na)$ 回代得到解 $R(r)$，并通过 α 得到 E_n.

13.8　泊松方程

现在通过一个已经知道答案的简单问题来推导泊松方程式（1.2）. 我们根据已知的解答方法，求解更复杂困难的问题.

回顾第 6 章第 6.8 节，引力场是保守场，因此旋度 $F = 0$，且存在函数 V 满足 $F = -\nabla V$. 质量为 m 的质点在距离为 r 的点 P 处产生的引力场为

$$V = -\frac{Gm}{r} \quad F = -\frac{Gm}{r^2}u. \tag{8.1}$$

其中 u 是沿着 r 指向 P 的单位向量. 可证明 $\mathrm{div} F = 0$，且 V 满足拉普拉斯方程，也就是，

$$\nabla \cdot F = -\nabla \cdot \nabla V = -\nabla^2 V = 0. \tag{8.2}$$

假设有多个质点，其质量分别为 m_i，与 P 点的距离分别是 r_i. P 点的总势能是单个 m_i 在该点产生的势能之和，即

$$V = \sum_i V_i = -\sum_i \frac{Gm_i}{r_i}.$$

P 的总引力场是场 F_i 的矢量和，即

$$F = -\sum_i \nabla V_i = -\nabla V.$$

注意，一般认为，没有质量为 m_i 的质点在 P 点上，也就是说，所有 r_i 都不为 0. 因为

$$\nabla \cdot F_i = -\nabla^2 V_i = 0,$$

所以也可以得出

$$\nabla \cdot F = -\nabla^2 V = 0.$$

相比于一批质量为 m_i 的质点，现在考虑一个体积为 τ 的均匀质量块（见图 13.8.1）. 令 ρ 为质量块的密度，因此，质量块中面积为 $\mathrm{d}\tau$ 的区域的质量为 $\rho\mathrm{d}\tau$. P 点处由于质量块 $\rho\mathrm{d}\tau$ 所产生的引力势能为$-(G\rho/r)\mathrm{d}\tau$，因此 P 点处由于整个质量块而产生的引力势能为体积 τ 上的三重积分：

$$V = -\iiint_{\substack{\text{体积}\tau}} \frac{G\rho\mathrm{d}\tau}{r}. \tag{8.3}$$

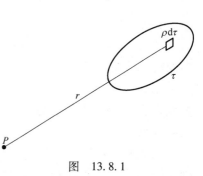

图　13.8.1

与前面一样，质量块每一点在 P 点的引力势能满足拉普拉斯方程，因此总引力势能 V 也满足拉普拉斯方程. 同样，P 点的总引力场 F 为质量块中每一点产生的引力场的向量和，即

$$\nabla \cdot F = -\nabla^2 V = 0.$$

同样要注意的是，这里也隐含着 P 不是分布质量的一部分的前提，也就是说 r 不等于 0，即 P 不是 τ 区域的一点.

如果 P 是 τ 的一个点，情况会是怎样. 能否通过式（8.3）来求 V？此时 V 是否满足拉普拉斯方程？设 S 是包含 P 的半径为 a 的小球. 设想从小球内部移去所有的质量（见图 13.8.2）. 此时小球内的点依然保持前面的结论，因为这些点不在连续分布质量内. 若 F'

和 V' 是在小球内部的物质已经移走后新的引力场和势能，那么在 S 里面的点上有 $\nabla \cdot F' = -\nabla^2 V' = 0$. 现在恢复 S 内部的质量，设 F_S 和 V_S 表示由 S 内质量引起的引力场和势能，则总引力场为 $F = F' + F_S$，且由于 S 里面的点有 $\nabla \cdot F' = 0$，因此可得

$$\nabla \cdot F = \nabla \cdot F' + \nabla \cdot F_S = \nabla \cdot F_S. \qquad (8.4)$$

由散度定理（见图 13.8.2 和第 6 章第 6.10 节）

$$\iiint\limits_{\text{体积} S} \nabla \cdot F_S \mathrm{d}\tau = \iint\limits_{\text{面积} S} F_S \cdot n \mathrm{d}o. \qquad (8.5)$$

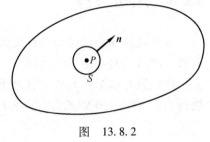

图　13.8.2

如果让球 S 的半径 a 趋向于零，那么 S 里物质的密度 ρ 就会趋向于 P 点的值. 因此，对于很小的 a，S 包含的总质量 M 近似等于 $\dfrac{4}{3}\pi a^3 \rho$，ρ 为 P 点密度. 由这个质量在 S 表面引起的引力场为

$$F_S = \frac{GM}{a^2} = G\frac{4}{3}\pi a \rho.$$

其方向为指向 P，因此在式（8.5）中，$F_S \cdot n = -\dfrac{4}{3}G\pi a\rho$，因为 F_S 和 n 是反平行的. 由于 F_S 在 S 面上是定值，所以式（8.5）的右边是 $F_S \cdot n$ 乘以球的表面积. 对于很小的 a，在 P 点，左边是 $\nabla \cdot F_S$ 值乘以 S 的体积，即

$$(\nabla \cdot F_S)\left(\frac{4}{3}\pi a^3\right) = \left(-\frac{4}{3}G\pi a\rho\right)(4\pi a^2).$$

或者

$$\nabla \cdot F_S = -4\pi G\rho \quad \text{在 } P \text{ 点.} \qquad (8.6)$$

因为

$$\nabla \cdot F_S = \nabla \cdot F = -\nabla \cdot \nabla V = -\nabla^2 V,$$

因此可以得到

$$\nabla^2 V = 4\pi G\rho. \qquad (8.7)$$

这就是泊松方程. 因此正如式（1.2）说明的一样，包含物质的区域内，引力势能满足拉普拉斯方程. 注意，若 $\rho = 0$，式（8.7）则成为式（8.2）.

接下来须考虑当 P 是质量分布的点时，V 式（8.3）是否还有效. 这个积分貌似在 $r = 0$ 处发散，但如果使用球坐标，会容易发现情况并非如此. 球坐标下式（8.3）变为

$$V = -\iiint\limits_{\text{立体} \tau} \frac{G\rho}{r} r^2 \sin\theta \mathrm{d}r \mathrm{d}\theta \mathrm{d}\phi.$$

由此我们看到当 $r = 0$ 时不存在问题. 所以式（8.3）在一般情况下是有效的，并给出了式（8.7）的解.

使用式（1.2）的符号表示泊松方程，即在式（8.7）和式（8.3）中用 f 代替 $4\pi G\rho$、用 u 代替 V，可以得到

$$u = -\frac{1}{4\pi}\iiint \frac{f\mathrm{d}\tau}{r} \quad \text{是} \nabla^2 u = f \text{ 的一个解.} \qquad (8.8)$$

在问题中用这个解时，需要更详细的符号，式（8.8）变成（见图 13.8.3）

$$u(x,y,z) = -\frac{1}{4\pi}\iiint \frac{f(x',y',z')}{\sqrt{(x-x')^2+(y-y')^2+(z-z')^2}}dx'dy'dz' \qquad (8.9)$$

是

$$\nabla^2 u(x,y,z) = f(x,y,z)$$

的一个解.

在式（8.9）和图 13.8.3 中，点 (x,y,z) 是计算势能 u 的点，点 (x',y',z') 是质量分布中我们积分的一个点；式（8.8）中的 r 是这两个点之间的距离，并在式（8.9）中完整地写出来了.

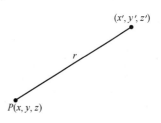

图　13.8.3

式（8.8）或式（8.9）实际上给出了泊松方程的一个非常特殊的解. 通常我们设重力势能或电势在无穷远处为 0，式（8.8）或式（8.9）给出了泊松方程在无穷处趋向于 0 的解. 但在另外的问题中，这可能不是我们想要的解. 举个例子，假设有一个接地的静电荷分布，其静电势满足泊松方程，但此时我们想要的是接地平面为零，而非无穷远处. 如果 u 是泊松方程的解，w 是拉普拉斯方程的解（$\nabla^2\omega = 0$）

$$\nabla^2(u+w) = \nabla^2 u + \nabla^2 w = \nabla^2 u = f; \qquad (8.10)$$

因此 $u+w$ 是泊松方程的一个解. 拉普拉斯方程的任意解可以加到式（8.9）中. 必须调整组合以适应给定的边界条件，就像我们在前几段的问题中所做的那样.

例 1　就下面简单问题求解，说明这个过程. 在图 13.8.4 中，$(0,0,a)$ 处的点电荷 q 在以原点为圆心，半径为 R 的接地球外面.
计算球面外点的静电势 V. 电势 V 和电荷密度 ρ 与泊松方程有关

$$\nabla^2 V = -4\pi\rho. \qquad (8.11)$$

(x,y,z) 处由给定的电荷分布 ρ 产生的的电势通过式（8.8）或式（8.9）（$f=-4\pi\rho$）确定：

$$V(x,y,z) = -\frac{1}{4\pi}\iiint \frac{-4\pi\rho(x',y',z')}{\sqrt{(x-x')^2+(y-y')^2+(z-z')^2}}dx'dy'dz'. \qquad (8.12)$$

对于一个给定的空间电荷分布，可以计算这个积分. 对于单点电荷 q，我们有 $(x',y',z')=(0,0,a)$，然后用 q 来代替总电荷 $\iiint\rho dx'dy'dz'$，可得

$$V = \frac{q}{\sqrt{x^2+y^2+(z-a)^2}}. \qquad (8.13)$$

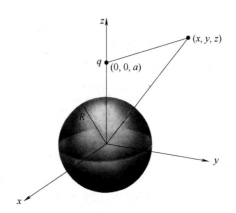

图　13.8.4

当然，我们可以不用通过式（8.8）而直接写出式（8.13）. 式（8.13）是与重力公式（8.1）相对应的静电公式.

现在我们想在式（8.13）加上一个拉普拉斯方程的解，使得它们的组合在给定的球体（见图 13.8.4）上为 0. 变换到球坐标，并在球坐标中使用拉普拉斯方程的解是方便的. 注意：r 原表示点 q 从 (x',y',z') 到 (x,y,z) 的距离，从现在开始，用它表示从 $(0,0,0)$ 到 (x,y,z) 的距离，见图 13.8.3 和图 13.8.4. 用 V_q 表示

式（8.13）的 V（我们的最终答案为 V_q 和一个拉普拉斯方程解的和，因此这里以示区别），然后转换到球坐标系可得

$$V_q = \frac{q}{\sqrt{r^2 - 2ar\cos\theta + a^2}}. \tag{8.14}$$

在球坐标中，拉普拉斯方程的解是

$$\begin{Bmatrix} r^l \\ r^{-l-1} \end{Bmatrix} P_l^m(\cos\theta) \begin{Bmatrix} \sin m\phi \\ \cos m\phi \end{Bmatrix} \tag{8.15}$$

由于我们对球面以外的区域感兴趣，我们想要的是 r 解，在无穷远处不会变成无穷大. 因此，我们使用 r^{-l-1} 并舍去 r^l 解. 因为这个物理问题是关于 z 轴对称的，所以我们求与 ϕ 无关的解，即选择 $m=0$，$\cos m\phi = 1$，此时问题的基函数是 $r^{-l-1}P_l(\cos\theta)$，尝试找出如下形式的解

$$V = V_q + \sum_l c_l r^{-l-1} P_l(\cos\theta). \tag{8.16}$$

必须满足当 $r=R$ 时，$V=0$ 的边界条件. 这需要

$$V_{r=R} = \frac{q}{\sqrt{R^2 - 2aR\cos\theta + a^2}} + \sum_l c_l R^{-l-1} P_l(\cos\theta) = 0. \tag{8.17}$$

因为要用勒让德多项式中展开 V_q. 而 V_q 实质上是勒让德多项式生成函数，因此这很简单. 比较式（8.17）和第 12 章第 12.5 节的式（5.1）、式（5.2）或者更简单的式（5.12）、式（5.17），有

$$\frac{q}{\sqrt{R^2 - 2aR\cos\theta + a^2}} = q \sum_l \frac{R^l P_l(\cos\theta)}{a^{l+1}}. \tag{8.18}$$

因此，式（8.17）系数 c_l 由如下得出

$$c_l R^{-l-1} = -\frac{qR^l}{a^{l+1}} \quad \text{或} \quad c_l = -\frac{qR^{2l+1}}{a^{l+1}}. \tag{8.19}$$

将式（8.19）代入式（8.16），我们得到 V 的最终解：

$$V = \frac{q}{\sqrt{r^2 - 2ar\cos\theta + a^2}} - q \sum_l \frac{R^{2l+1} r^{-l-1} P_l(\cos\theta)}{a^{l+1}}. \tag{8.20}$$

由于式（8.20）的第二项与式（8.18）的一般形式相同，我们可以通过对级数求和来简化式（8.20）

$$V = \frac{q}{\sqrt{r^2 - 2ar\cos\theta + a^2}} - \frac{(R/a)q}{\sqrt{r^2 + (R^2/a)^2 - 2r(R^2/a)\cos\theta}}. \tag{8.21}$$

式（8.21）有一个非常有趣的物理学解释. 第二项是电荷 $-(R/a)q$ 在点 $(0,0,R^2/a)$ 上的电势. 因此，我们可以用这个电荷代替接地的球体，而对 $r>R$ 具有相同的电势. 这个结果也可以用初等解析几何来表示，也就是所谓的"图像方法"."对于简单几何（包括平面、球体、圆形圆柱体）问题，它可能提供比我们讨论过的更简单的解决方法. 然而，我们的目的是为了说明更一般的方法.

使用格林函数

在第 8 章第 8.12 节中，我们用格林函数求解右边非零的常微分方程. 这里考虑用格林函数来解三维偏微分方程，也就是泊松方程

$$\nabla^2 u = f(\boldsymbol{r}) = f(x,y,z). \tag{8.22}$$

设有右边是三维 δ 函数的泊松方程的解（见第 8 章，第 8.11 节和第 8.12 节）

$$\nabla^2 G(\boldsymbol{r},\boldsymbol{r}') = \delta(\boldsymbol{r}-\boldsymbol{r}') = \delta(x-x')\delta(y-y')\delta(z-z'). \tag{8.23}$$

该三维 δ 函数具有如下性质

$$\iiint f(x',y',z')\delta(\boldsymbol{r}-\boldsymbol{r}')\,\mathrm{d}\tau' = f(x,y,z) \tag{8.24}$$

如果体积积分包括点 (x,y,z)（否则积分是零）. 回想一下，泊松方程的右边与质量块的密度或电荷密度成正比. 密度的体积积分为总质量或总电荷. 由于 $\iiint \delta(\boldsymbol{r}-\boldsymbol{r}')\,\mathrm{d}\tau' = 1$，式（8.23）的右边对应点质量或点电荷. 也就是说，式（8.23）格林函数是点源产生的势能. 正如我们在第 8 章第 8.12 节中所证明的，式（12.4）是式（12.1）的解，可发现式（8.22）的解由以下给出

$$u(\boldsymbol{r}) = \iiint G(\boldsymbol{r},\boldsymbol{r}')f(\boldsymbol{r}')\,\mathrm{d}\tau'. \tag{8.25}$$

从式（8.9），可得式（8.22）解

$$u(\boldsymbol{r}) = -\frac{1}{4\pi}\iiint \frac{f(\boldsymbol{r}')}{|\boldsymbol{r}-\boldsymbol{r}'|}\,\mathrm{d}\tau'. \tag{8.26}$$

比较式（8.25）和式（8.26），可得式（8.23）的解是

$$G(\boldsymbol{r},\boldsymbol{r}') = -\frac{1}{4\pi|\boldsymbol{r}-\boldsymbol{r}'|}. \tag{8.27}$$

现在式（8.26）、式（8.27）给出了无穷远处为 0 的解，通常我们需要的是在某些表面上为 0 的解，例如，接地球体或平面上的零电势. 为了得到这样的解，我们把选定的拉普拉斯方程解 $F(\boldsymbol{r},\boldsymbol{r}')$ 加到式（8.27）中，由此得到满足 0 边界条件的新格林函数

$$G(\boldsymbol{r},\boldsymbol{r}') = -\frac{1}{4\pi|\boldsymbol{r}-\boldsymbol{r}'|} + F(\boldsymbol{r},\boldsymbol{r}') \tag{8.28}$$

此时含有 $G(\boldsymbol{r},\boldsymbol{r}')$ 的式（8.25）与式（8.28）类似，给出了式（8.22）边界为 0 的解. 例如，在式（8.21）中，V 是 $r=a>R$ 处的点电荷在球体 $r=R$ 的表面产生的电动势，用现在的符号重新表示结果即得到满足式（8.23）的格林函数式（8.28），并且在在球面 $r=R$ 为 0，记作：

$$G(r,r') = -\frac{1}{4\pi|\boldsymbol{r}-\boldsymbol{r}'|} + \frac{R/r'}{4\pi|\boldsymbol{r}-R^2\boldsymbol{r}'/r'^2|}. \tag{8.29}$$

习题 13.8

1. 证明引力势能 $V=-Gm/r$ 满足拉普拉斯方程，也即证明当 $r^2=x^2+y^2+z^2$，$r\neq0$ 时，有 $\nabla^2(1/r)=0$.

2. 使用第 12 章第 12.5 节的公式对式（8.20）的级数进行累加以得到式（8.21）.

3. 例 1 中若点电荷在接地求内部，求球体内部的电势 V，对级数解进行求和，并给出求解该问题的图像方法.

4. 对例 1 进行二维模拟，平面中的"点电荷"在物理上是指沿垂直于该平面的无限直线上的均匀电荷；"圆"是指垂直于该平面的无限长圆柱体. 而由于所有的平行线和圆柱的截面都是一样的，故这个问题是二维的. 提示：电荷自由区域的电势需满足拉普拉斯方程. 二维空间的拉普拉斯方程的解是什么？

5. 找到求解问题的图像方法.

6. 将式（8.25）代入式（8.22），然后使用式（8.23）和式（8.24）来证明式（8.25）是式（8.22）的一个解.

7. 证明：当 $r = R$ 时，格林函数式（8.29）为 0.

8. 证明：在平面 $z = 0$ 上为 0 的格林函数式（8.28）为

$$G(\boldsymbol{r}, \boldsymbol{r}') = -\frac{1}{4\pi}[(x-x')^2 + (y-y')^2 + (z-z')^2]^{-1/2} + \frac{1}{4\pi}[(x-x')^2 + (y-y')^2 + (z+z')^2]^{-1/2}$$

然后写出式（8.22）在 $z > 0$ 时的解的三重积分，当 $z = 0$ 时，这个三重积分为 0.

9. 证明我们的结果可以推广到求满足给定非零边界条件的式（8.22）的解，该非零边界条件为：

$$u(r) = \iiint G(\boldsymbol{r}, \boldsymbol{r}') f(\boldsymbol{r}') \mathrm{d}\tau' + \iint u(\boldsymbol{r}') \frac{\partial G(\boldsymbol{r}, \boldsymbol{r}')}{\partial n'} \mathrm{d}\sigma'$$

其中，$G(\boldsymbol{r}, \boldsymbol{r}')$ 是格林公式（8.28），且在表面 σ 的值为 0；$\partial G/\partial n' = \nabla G \cdot \boldsymbol{n}'$ 为 G 的导数（见第 6 章第 6.6 节）. 提示：在格林公式的第二种表达式中（见第 6 章习题 6.10 第 16 题），令 $\phi = u(\boldsymbol{r})$，$\psi = G(\boldsymbol{r}, \boldsymbol{r}')$，然后使用式（8.22）和式（8.23）来求解 $\nabla^2 \phi$ 和 $\nabla^2 \psi$.

13.9 偏微分方程的积分变换解

拉普拉斯变换解法. 在第 8 章第 8.9 节中，我们通过拉普拉斯变换将常微分方程转换成代数方程. 对偏微分方程的拉普拉斯变换，将自变量的数目减少 1，从而将双变量偏微分方程转化为常微分方程. 通过求解以下问题来说明这一点.

例 1 从 $x = 0$ 延伸至 $x = \infty$ 的半无限棒，其边缘绝热且初始温度为 $u = 0\,℃$. $t = 0$ 时，$x = 0$ 端的温度升到 $u = 100\,℃$ 并保持. 求棒关于 x，t 的温度分布函数.

解 u 满足的微分方程是

$$\frac{\partial^2 u}{\partial x^2} = \frac{1}{\alpha^2}\frac{\partial u}{\partial t}. \tag{9.1}$$

式（9.1）对 t 进行拉普拉斯变换，变量 x 只是这个过程中的一个参数. 设 U 为 u 的拉普拉斯变换，即

$$U(x, p) = \int_0^\infty u(x, t) \mathrm{e}^{-pt} \mathrm{d}t. \tag{9.2}$$

由第 8 章，式（9.1）

$$L\left(\frac{\partial u}{\partial t}\right) = pU - u_{t=0} = pU.$$

因 $t = 0$ 时，$u = 0$，因此又可以写为

$$L\left(\frac{\partial^2 u}{\partial x^2}\right) = \frac{\partial^2}{\partial x^2} L(u) = \frac{\partial^2 U}{\partial x^2}.$$

（记住，我们要对 t 进行拉普拉斯变换，x 只是参数指数）. 然后式（9.1）的变换变为

$$\frac{\partial^2 U}{\partial x^2} = \frac{1}{\alpha^2} pU. \tag{9.3}$$

如果 p 作为常数，x 作为变量，这是 U 作为 x 的函数的常微分方程，那么它的解是

$$U = \begin{cases} \mathrm{e}^{(\sqrt{p}/\alpha)x}, \\ \mathrm{e}^{-(\sqrt{p}/\alpha)x}. \end{cases} \tag{9.4}$$

为找到这些解的正确组合以满足问题，需要对 u 的边界条件进行拉普拉斯变换，因为这些条件给出了 U 的条件. 使用 $L1$（见拉普拉斯变换表）求变换，有

$$u=100 \quad 当\ x=0\ 时, \quad U=L(100)=\frac{100}{p} \quad 当\ x=0\ 时; \tag{9.5}$$

$$u \to 0 \quad 当\ x \to \infty\ 时, \quad U \to L(0)=0 \quad 当\ x \to \infty\ 时.$$

因 $x \to \infty$ 时，$U \to 0$，我们必须使用式（9.4）中的解 $e^{-(\sqrt{p/\alpha})x}$，舍去正指数解. 根据 $x=0$ 时，$U=100/p$ 的条件，可以确定符合问题的解的常数倍. 从而求出满足给定边界条件的 U 解

$$U=\frac{100}{p}e^{-(\sqrt{p/\alpha})x}. \tag{9.6}$$

我们通过对式（9.6）进行反变换求出 u

$$u=100\left[1-\operatorname{erf}\frac{x}{2\alpha\sqrt{t}}\right] \tag{9.7}$$

这就是问题的解.

傅里叶变换解法　第 13.2-13.4 节的例子中，我们用傅里叶级数展开给定的函数. 这是可能的，因为函数是由一个有限区间内的级数表示的. 我们可以把这个区间作为傅里叶级数的周期. 对于无限区间内非周期函数，则不用傅里叶级数，而用傅里叶积分来表示（见第 7 章，第 7.12 节）. 下面通过一个具体的问题来说明这种情况.

例 2　第一象限无限的金属板（见图 13.9.1），y 轴边缘温度保持为 0℃，沿 x 轴边缘温度保持

$$u(x,0)=\begin{cases}100℃, & 0<x<1, \\ 0℃, & x>1.\end{cases} \tag{9.8}$$

求以 x，y 为自变量的稳态温度分布函数，该微分方程及其解，与在第 13.2 节式（2.1）式（2.6）和式（2.7）讨论的半无限板问题一样. 与那个问题一样，我们假设 $y \to \infty$ 时，$u \to 0$，且只使用 e^{-ky} 项. 因为当 $x=0$ 时，$u=0$，所以只使用正弦解. 于是我们想要的基函数是 $u=e^{-ky}\sin kx$. 与第 13.2 节一样，我们在这里没有任何条件来决定 k，必须尝试求出包含 k 的积分解的形式. 相对

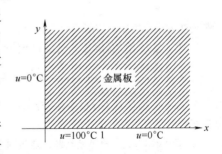

于级数里面的 b_n，我们必须确定函数 $B(k)$. 记住，$k>0$ 时，若 $y \to \infty$，$e^{-ky} \to 0$，因此尝试寻找如下形式的解

$$u(x,y)=\int_0^\infty B(k)e^{-ky}\sin kx\,dk. \tag{9.9}$$

当 $y=0$，有

$$u(x,0)=\int_0^\infty B(k)\sin kx\,dk. \tag{9.10}$$

这是第 7 章式（12.14）的第一个，如果我们用 α 表示 k，用 $f_s(x)$ 表示 $u(x,0)$，用 $\sqrt{2/\pi}g_s(\alpha)$ 表示 $B(k)$. 因此，x 轴上的给定温度是期望系数函数的傅里叶正弦变换，所以 $B(k)$ 可以用逆变换求得. 由第 7 章中式（12.14）的第二个，我们得到

$$B(k) = \sqrt{\frac{2}{\pi}} g_s(k) = \frac{2}{\pi} \int_0^\infty f_s(x) \sin kx \mathrm{d}x = \frac{2}{\pi} \int_0^\infty u(x,0) \sin kx \mathrm{d}x. \tag{9.11}$$

对于式（9.8）中给定的 $u(x,0)$，我们发现

$$B(k) = \frac{2}{\pi} \int_0^1 100 \sin kx \mathrm{d}x = -\frac{200}{\pi} \frac{\cos kx}{k} \bigg|_0^1 = \frac{200}{\pi k}(1-\cos k) \tag{9.12}$$

求 $B(k)$ 以得到相对应的傅里叶级数中的系数，式（9.12）代入式（9.9），得积分形式解（而不是级数解）：

$$u(x,y) = \frac{200}{\pi} \int_0^\infty \frac{1-\cos k}{k} \mathrm{e}^{-ky} \sin kx \mathrm{d}k. \tag{9.13}$$

当然积分可以用数值近似来计算，就如收敛级数可以通过计算几个项近似一样。而式（9.13）可积，一种简便方法为，认为它是 $f(k) = [(1-\cos k) \sin kx]/k$ 的拉普拉斯变换，其中 x 是参数，y 对应于 p，k 对应于 t，通过 $L19$ 和 $L20$ 有

$$u(x,y) = \frac{200}{\pi} \left[\arctan \frac{x}{y} - \frac{1}{2} \arctan \frac{x+1}{y} - \frac{1}{2} \arctan \frac{x-1}{y} \right] \tag{9.14}$$

这也可以用极坐标表示

$$u = \frac{100}{\pi} \left(\frac{\pi}{2} - \arctan \frac{r^2 - \cos 2\theta}{\sin 2\theta} \right). \tag{9.15}$$

习题 13.9

1. 验证式（9.5）是通过式（9.14）导出的，提示：利用 $\tan(\alpha \pm \beta)$，$\tan 2\alpha$ 等公式对式（9.14）进行化简，然后转换到极坐标，可以得到

$$u = \frac{100}{\pi} \arctan \frac{\sin 2\theta}{r^2 - \cos 2\theta}.$$

说明如果使用反正切函数的主值，这个公式不能给出 x 轴上的正确边界条件，而式（9.15）可以。

2. 第一象限中的金属板，y 轴边缘绝热，沿 x 轴边缘的温度保持

$$u(x,0) = \begin{cases} 100(2-x), & \text{当 } 0 < x < 2 \text{ 时}, \\ 0, & \text{当 } x > 2 \text{ 时}. \end{cases}$$

求关于 x，y 的稳态温度分布函数。提示：参考例 2 的步骤，但使用余弦变换，将答案写成式（9.13）的积分形式。

3. 思考第 13.3 节的热流问题，通过对 t 的拉普拉斯变换来解决这个问题，如例 1 所示。可以得到

$$\frac{\partial^2 U}{\partial x^2} - \frac{p}{\alpha^2} U = -\frac{100}{\alpha^2 l} x \quad \text{且 } U(0,p) = U(l,p) = 0.$$

解这个微分方程可得：

$$U(x,p) = -\frac{100 \sinh(p^{1/2}/\alpha) x}{p \sinh(p^{1/2}/\alpha) l} + \frac{100}{pl} x.$$

若进行如下展开，通过查找 U 各项的拉普拉斯逆变换可以得到 u：

$$\frac{\sinh(p^{1/2}/\alpha) x}{p \sinh(p^{1/2}/\alpha) l} = \frac{x}{pl} - \frac{2}{\pi} \left[\frac{\sin(\pi x/l)}{p + (\pi^2 \alpha^2/l^2)} - \frac{\sin(2\pi x/l)}{2[p + (4\pi^2 \alpha^2/l^2)]} + \frac{\sin(3\pi x/l)}{3[p + (9\pi^2 \alpha^2/l^2)]} \cdots \right]$$

答案应该是式（3.15）。

4. 半无限棒在 $0 < x < 1$，$x > 1$ 处的温度分别为 100℃ 和 0℃。在 $t = 0$ 时，$x = 0$ 端的温度保持为 0℃，并且边缘绝热。按下面的方法求棒关于时间变化的温度。分离热流方程的变量，然后得到基本解 $\mathrm{e}^{-\alpha^2 k^2 t} \sin kx$ 和

$e^{-\alpha^2 k^2 t}\cos kx$. 由于当 $x=0$ 时，$u=0$，因此舍弃余弦项. 求解

$$u(x,t)=\int_0^\infty B(k)e^{-\alpha^2 k^2 t}\sin kx\,\mathrm{d}k.$$

并按照例 2 的过程进行处理，将答案写成积分的形式.

5. x 轴上初始静止的长绳，$x=0$ 的末端上下振动，因此

$$y(0,t)=2\sin 3t,\quad t>0.$$

求距离 $y(x,t)$. 其中初始和边界条件为 $y(0,t)=2\sin 3t$，$y(x,0)=0$，$\partial y/\partial t\big|_{t=0}=0$. 参照例 1 的方法对这些条件和波动方程做关于 t 拉普拉斯变换. 求解得到的微分方程可得

$$Y(x,p)=\frac{6e^{-(p/v)x}}{p^2+9}.$$

用 $L3$ 和 $L28$ 求解

$$y(x,t)=\begin{cases}2\sin 3\left(t-\dfrac{x}{v}\right),&x<vt,\\[2mm]0,&x>vt.\end{cases}$$

6. 用如下方法继续求解例 2：不用从式（9.12）得到的 $B(k)$ 的显式形式，相反，把它保留为一个积分，并将式（9.13）写成如下形式

$$u(x,y)=\frac{200}{\pi}\int_0^\infty e^{-ky}\sin kx\,\mathrm{d}k\int_0^1\sin kt\,\mathrm{d}t.$$

改变积分的顺序先对 k 求积分值.（提示：把 $\sin$ 的乘积写成 $\cos$ 的差）然后对 t 进行积分并得到式（9.14）.

7. 按照第 6 题的方法继续求解问题 4.

13.10　综合习题

1. 有一矩形板，其覆盖的区域为 $0<x<1$，$0<y<2$，若当 $x=0$，$x=1$，$y=2$ 时，$T=0$ 同时当 $y=0$ 时，$T=1-x$，求此矩形板的稳态温度分布.

2. 若 $x=0$，$x=1$，$y=0$ 时，$T=0$ 且 $y=2$ 时，$T=1-x$，求解第 1 题. 提示：用 $\sinh ky$ 作为 y 的解，则当 $y=0$ 时，有 $T=0$.

3. 若边 $x=0$ 和 $x=1$ 绝热，且 $y=2$ 时，$T=0$；$y=0$ 时，$T=1-x$，此时求解第 1 题.

4. 有一矩形板，其边界温度条件为，当 $x=0$，$y=3$ 时，$T=30℃$，当 $x=5$，$y=0$ 时，$T=20℃$，求此矩形板的稳态温度分布. 提示：将所有温度减去 $20℃$ 进行求解，然后再增加 $20℃$.

5. 长度为 l 的棒最初为 $0℃$，当 $t=0$ 时，两端保持在 $20℃$. 当 $t>0$ 时，求 $u(x,t)$.

6. $t>0$ 时，$x=0$ 端绝热，且 $x=l$ 端温度为 $20℃$，此时求解第 5 题.

7. 若边 $x=0$，$x=1$ 绝热，求解第 2 题.

8. 一块厚度为 10cm 平板的两个面的温度分别为 $10℃$ 和 $20℃$. $t=0$ 时，两面温度互换. 求解 $t>0$ 时的 $u(x,t)$.

9. 长度为 l 的串的初始位移为 $y_0=x(l-x)$. 求出与 x 和 t 有关的位移函数.

10. 若圆柱体的曲面的一半温度为 $100℃$，另一半为 $-100℃$，且底面温度为 $0℃$，求解问题 5.7.

11. 习题 13.5 第 12 题中的级数可以求和. 证明

$$u=50+\frac{100}{\pi}\arctan\frac{2ar\sin\theta}{a^2-r^2}.$$

12. 如右图所示为四分之一圆形板有边界温度图. 求其内部稳态温度 $u(r,\theta)$.（请参照习题 13.5 第 12 题.）

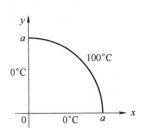

13. 对第 12 题中的级数求和得到

$$u=\frac{200}{\pi}\arctan\frac{2a^2r^2\sin2\theta}{a^4-r^4}.$$

14. 将一个长圆柱体切成相互绝热且均等的四份圆柱体. 任意一个圆柱体保持在电势+100 和-100. 求圆柱体内的静电势. 提示：是否发现与上面第 12 题的关系？

15. 有角为 30°，半径为 10 的圆扇形板，其边界温度为在直边上为 0℃，在圆弧上为 100℃，重复第 12 题和第 13 题. 请列举与第 14 题类似的问题并解决它.

16. 思考边为 π 的方形薄膜的简正振动模式，绘制 2,1 和 1,2 模式. 证明 $y=x$ 是这两种模式的组合 $\sin x\sin2y-\sin2x\sin y$ 的节点线. 求 45° 直角三角形膜的振动频率.

17. 画出一个半圆形鼓面的简正振动模式，并找出特征振动频率作为相应圆鼓的基频的倍数.

18. 对于角度为 60° 的扇形薄膜，重复第 17 题.

19. 在一个原均匀电场中，在 x 轴负方向上放置一个与 z 轴平行的长圆柱形导体，圆柱体保持在零电位，求圆柱体外部区域的电势. 提示：参照习题 13.7 第 13 题，你需要极坐标中的拉普拉斯方程的解.

20. 参照习题 13.7 第 16 题，求出球形腔体中声音的特征振动频率.

21. 半径为 1 的球，表面温度保持在 $u=\sin^2\theta+\cos^3\theta$，求出内部温度 $u(r,\theta,\phi)$.

22. 半球的曲面温度保持在 $u=\cos\theta$，且赤道平面温度保持在 $u=1$，求出半球的内部温度.

23. 有 $r=1$ 和 $r=2$ 的两个球，外球面的上半部分温度保持在 100℃，下半部分温度保持为-100℃，内球面温度分布与外球面相反. 求两个球体之间区域的稳态温度. 提示：参照习题 13.7 第 14 题. 这里需要求两个勒让德级数（$r=1$ 和 $r=2$ 两种情况）并求解 a_l 和 b_l.

24. 若图 13.2.2 中矩形覆盖区域为 $0<x<a$, $0<y<b$，且边界温度在四个边上都是常数 $T=A$, $T=B$ 等，此时求稳态温度的一般解. 提示：从四个温度中减去 A 后进行求解，然后再加上 A. 因此，在一边 $T=0$ 而另一边在给定温度条件下的解解决了一般问题. 前面已经求解了给定温度 C 和 D 的问题（见第 13.2 节）. 对于 B，请参照第 2 题.

25. 克莱因-戈登方程为 $\nabla^2u=(1/v^2)\partial^2u/\partial t^2+\lambda^2u$.这个方程在量子力学中很有趣，此外，它还有一个更简单的应用. 例如，它描述了嵌入在弹性介质中，且被拉伸的弦的振动.

分离一维克莱因-戈登方程，并找到这种弦的特征频率.

答案 $$\nu_n=\frac{v}{2}\sqrt{(n/l)^2+(\lambda/\pi)^2}.$$

26. 求出满足克莱因-戈登方程（见第 25 题）的圆形薄膜的特征频率. 提示：在极坐标下分离二维方程.

27. 对于矩形薄膜求解第 26 题.

28. 半无限板的覆盖区域为 $x>0$, $0\le y\le1$，其沿 x 轴和 y 轴的边绝热（请参照习题 2.14），且顶部边的温度保持在 $u(x,1)=\begin{cases}100℃, & 0<x<1,\\0℃, & x>1.\end{cases}$ 求该半无限板的稳态温度分布. 提示：寻找傅里叶积分的解. 把答案写成积分形式（就像我们通常给出一系列答案一样）.

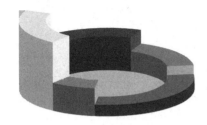

第 *14* 章

复变函数

14.1 简介

第 2 章讨论了复数 $z = x + iy$ 在复平面的图形（见右图），计算复数 z 的初等函数值，如根、三角函数、对数等. 现在讨论复数 z 的函数的微分、积分、级数等. 微分方程，傅里叶级数、傅里叶积分、力学、电学等，用复数表示往往比较方便. 我们利用复变函数的基本方法和定理不仅简化了计算，而且往往有助于更好地理解问题，从而产生更有效的解决方法. 这里讲述基本概念和定理及相关的一些应用，省略较长的证明.

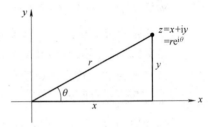

与第 2 章一样，z 及 z 的函数都是复数.

例 z 的函数 $f(z) = z^2$，实部和虚部为

$$f(z) = z^2 = (x+iy)^2 = x^2 - y^2 + 2ixy = u(x,y) + iv(x,y)$$

其中，$u(x,y) = x^2 - y^2$，$v(x,y) = 2xy$

从第 2 章中可知，复数 $z = x + iy$ 等价于实数对 (x,y). 复数 z 的函数等价于实变量 x，y 的一对实值函数 $u(x,y)$ 和 $v(x,y)$. 一般来说

$$f(z) = f(x+iy) = u(x,y) + iv(x,y), \tag{1.1}$$

其中 u 和 v 是实变量 x 和 y 的实值函数.

函数通常是单值的，即 $f(z)$ 对于每个 z 只有一个复数值. 能否用 $\ln z$ 或 $\arctan z$ 定义函数？第 2 章给出了

$$\ln z = \ln|z| + i(\theta + 2n\pi)$$

其中 $\tan\theta = y/x$. 对于每个 z，$\ln z$ 有无限个值. 但如果 θ 只取 2π 范围，则对每个 z 值，$\ln z$ 只有一个值对应，这是单值函数，称为 $\ln z$ 的分支函数. 因此对 $\sqrt{z}$，$\ln z$，$\arctan z$，这些函数要讨论分支函数，才可以得到单值函数. 分支函数的集合，称多值函数.

习题 14.1

求下列函数的实部和虚部 $u(x,y)$ 和 $v(x,y)$

1. z^3　　　　　　　　　　　　2. z　　　　　　　　　　　　3. $\bar{z}$

4. $|z|$ 5. $\mathrm{Re}z$ 6. e^z

7. $\cosh z$ 8. $\sin z$ 9. $\dfrac{1}{z}$

10. $\dfrac{2z+3}{z+2}$ 11. $\dfrac{2z-\mathrm{i}}{\mathrm{i}z+2}$ 12. $\dfrac{z}{z^2+1}$

13. $|z|$ 14. $z^2\bar{z}$ 15. $\overline{\mathrm{e}^z}$

16. $z^2-\bar{z}^2$ 17. $\cos\bar{z}$ 18. $\sqrt{z}$

19. $\ln z(0<\theta<2\pi)$ 20. $(1+2\mathrm{i})z^2+(\mathrm{i}-1)z+3$

21. $\mathrm{e}^{\mathrm{i}z}$（注意：$\cos z$ 和 $\sin z$ 不是 u 和 v）

14.2 解析函数

定义 函数 $f(z)$ 的导数定义如下

$$f'(z)=\frac{\mathrm{d}f}{\mathrm{d}z}=\lim_{\Delta\to 0}\frac{\Delta f}{\Delta z} \tag{2.1}$$

其中 $\Delta f=f(z+\Delta z)-f(z)$ 及 $\Delta z=\Delta x+\mathrm{i}\Delta y$.

复变函数导数的定义与实变量函数相似.

定义 如果函数 $f(z)$ 在复平面区域的每个点都有唯一的导数，那么称函数 $f(z)$ 解析. 函数 $f(z)$ 解析，也称正则，或称全纯，或称单演.

$f(z)$ 在 $z=a$ 点解析，就是 $f(z)$ 在 $z=a$ 的邻域的每一点上都有导数.

我们说明 $f(z)$ 有导数意味着什么. 首先看实变量 x 的函数 $f(x)$. $\Delta f/\Delta x$ 在 x_0 的极限可能存在两个值，如图 14.2.1 所示，从左边趋向 x_0 和从右边趋向 x_0，两个值可能不相等. 如果 $f(x)$ 在 $x=x_0$ 有导数，那么这两个值相等. 但对复变量 z 的函数 $f(z)$，有无数条路径可以接近 z_0 点，如图 14.2.2 显示了几条路径. 当我们说 $f(z)$ 在 $z=z_0$ 有导数时，指以任何路径都趋向于 z_0，$f'(z)$ 都有相同的值. 对是否存在解析函数，这是一个很严格的条件. 在微积分里求导数是很重要的内容.

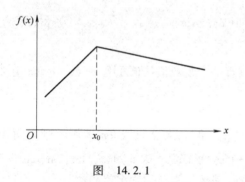

图 14.2.1   图 14.2.2

以式（2.1）的定义，求几个简单函数的导数，并确定解析函数是否存在.

例1 证明：$\left(\dfrac{\mathrm{d}}{\mathrm{d}z}\right)(z^2)=2z$.

由式（2.1）

$$\frac{\mathrm{d}}{\mathrm{d}z}(z^2) = \lim_{\Delta z \to 0} \frac{(z+\Delta z)^2 - z^2}{\Delta z} = \lim_{\Delta z \to 0} \frac{z^2 + 2z\Delta z + (\Delta z)^2 - z^2}{\Delta z}$$
$$= \lim_{\Delta z \to 0} (2z + \Delta z) = 2z.$$

无论 Δz 怎样趋于 0，结果是独立的. z^2 是解析函数. 同样可证，如果 n 是正整数，$\dfrac{\mathrm{d}}{\mathrm{d}z}(z^n) = nz^{n-1}$.

式 (2.1) 的导数定义与实变量函数的定义在形式上完全相同. 由于这种相似性，许多公式可以用与实值函数相类似的方法证明，如 z^2 的导数一样. 容易证明，复数和、积、商的导数法则与实数一样，链式法则也同样成立. 链式法则为如果 $f=f(g)$ 及 $g=g(z)$，那么 $\dfrac{\mathrm{d}f}{\mathrm{d}z} = \left(\dfrac{\mathrm{d}f}{\mathrm{d}g}\right)\left(\dfrac{\mathrm{d}g}{\mathrm{d}z}\right)$ 对 z 的有理函数求导，也可用实变量函数公式. 由第 1 章和第 2 章的定义和定理，其他初等函数的导数也遵循同样的公式，例如 $\dfrac{\mathrm{d}}{\mathrm{d}z}(\sin z) = \cos z$，等.

这些都与实变量函数相似，那么复变函数是否没有自己的特点？其实上述讨论的只是有导数的函数 $f(z)$. 比较图 14.2.1 和图 14.2.2 可知，求 $(\mathrm{d}/\mathrm{d}x)f(x)$ 与求 $(\mathrm{d}/\mathrm{d}z)f(z)$ 有本质区别，在图 14.2.2 中可以有无数条路径接近 z_0.

例 2 求 $\left(\dfrac{\mathrm{d}}{\mathrm{d}z}\right)(|z|^2)$.

注意 $|x|^2 = x^2$，导数是 $2x$. 如果 $|z|^2$ 可导，由式 (2.1)

$$\lim_{\Delta z \to 0} |z|^2 = \lim_{\Delta \to 0} \frac{|z+\Delta z|^2 - |z|^2}{\Delta z}.$$

分子是实数，因为复数的模是实数，$|z| = \sqrt{x^2+y^2} = r$. 分母 $\Delta z = \Delta x + \mathrm{i}\Delta y$. 当 z_0 以图 14.2.2 接近 z_0，即 $\Delta z \to 0$ 时，Δz 取决于接近的路径，可能有不同的值. 例如，沿着水平线，$\Delta y = 0$，则 $\Delta z = \Delta x$，沿着铅垂线 $\Delta x = 0$，则 $\Delta z = \mathrm{i}\Delta y$，沿着其他方向，$\Delta z$ 可能既不是实数，也不是纯虚数的复数. $\Delta f/\Delta z$ 的分子是实数，分母一般来说是复数，可能是实数也可能是虚数. 以不同的方向趋近 z_0 时，$\lim\limits_{\Delta z \to 0} \dfrac{\Delta f}{\Delta z}$ 有不同的值，$|z|^2$ 不是解析函数.

上面是解析函数和非解析函数的例子. 但除了求助于式 (2.1)，仍不知道如何判断一个函数是否有导数. 下面的定理回答了这个问题.

定理 1 如果 $f(z) = u(x,y) + \mathrm{i}v(x,y)$ 区域内解析，那么在区域内

$$\frac{\partial u}{\partial x} = \frac{\partial v}{\partial y}, \quad \frac{\partial v}{\partial x} = -\frac{\partial u}{\partial y}. \tag{2.2}$$

方程称为柯西—黎曼条件

证明 $f=f(z)$，$z=x+\mathrm{i}y$，由偏微分法则有

$$\frac{\partial f}{\partial x} = \frac{\mathrm{d}f}{\mathrm{d}z}\frac{\partial z}{\partial x} = \frac{\mathrm{d}f}{\mathrm{d}z} \cdot 1,$$
$$\frac{\partial f}{\partial y} = \frac{\mathrm{d}f}{\mathrm{d}z}\frac{\partial z}{\partial y} = \frac{\mathrm{d}f}{\mathrm{d}z} \cdot \mathrm{i}. \tag{2.3}$$

因为 $f=u(x,y)+\mathrm{i}v(x,y)$，有

$$\frac{\partial f}{\partial x}=\frac{\partial u}{\partial x}+\mathrm{i}\,\frac{\partial v}{\partial x}\quad \text{和}\quad \frac{\partial f}{\partial y}=\frac{\partial u}{\partial y}+\mathrm{i}\,\frac{\partial v}{\partial y}. \tag{2.4}$$

注意，如果 f 对 z 求导，那么它对 x 和 y 的偏导数也是式（2.3），由于复函数对实变量有导数，当且仅当其实部和虚部有导数，见式（1.1），则由式（2.4）知 u 和 v 对 x 和 y 也有偏导数. 结合式（2.3）和式（2.4）有

$$\frac{\mathrm{d}f}{\mathrm{d}z}=\frac{\partial f}{\partial x}=\frac{\partial u}{\partial x}+\mathrm{i}\,\frac{\partial v}{\partial x}\quad \text{和}\quad \frac{\mathrm{d}f}{\mathrm{d}z}=\frac{1}{\mathrm{i}}\frac{\partial f}{\partial y}=\frac{1}{\mathrm{i}}\left(\frac{\partial u}{\partial y}+\mathrm{i}\,\frac{\partial v}{\partial y}\right)=\frac{\partial v}{\partial y}-\mathrm{i}\,\frac{\partial u}{\partial y}.$$

因为假设 $\mathrm{d}f/\mathrm{d}z$ 存在且唯一，$\mathrm{d}f/\mathrm{d}z$ 的这两个表达式必须相等. $\mathrm{d}f/\mathrm{d}z$ 存在且唯一即为解析. 考虑实部和虚部分别相等，得式（2.2）柯西—黎曼方程.

定理 2　如果 $u(x,y)$，$v(x,y)$ 及其对 x 和 y 的偏导数是连续的，并且满足区域内的柯西—黎曼条件，那么 $f(z)$ 在区域内所有点都是解析的. 区域内所有点不一定在边界上.

定理 2 不加证明. 有关证明请参阅复变函数的相关文献. 可验证当沿着任何直线接近 z_0 时是对的.

例 3　设沿斜率为 m 的直线趋向 z_0，求 $\mathrm{d}f/\mathrm{d}z$. 并证明 u 和 v 满足式（2.2）时，$\mathrm{d}f/\mathrm{d}z$ 不依赖于斜率 m.

证明　直线的斜率为 m，过点 $z_0=x_0+\mathrm{i}y_0$ 的方程为

$$y-y_0=m(x-x_0).$$

沿着这条线有 $\mathrm{d}y/\mathrm{d}x=m$

$$\frac{\mathrm{d}f}{\mathrm{d}z}=\frac{\mathrm{d}u+\mathrm{i}\mathrm{d}v}{\mathrm{d}x+\mathrm{i}\mathrm{d}y}=\frac{\dfrac{\partial u}{\partial x}\mathrm{d}x+\dfrac{\partial u}{\partial y}\mathrm{d}y+\mathrm{i}\left(\dfrac{\partial v}{\partial x}\mathrm{d}x+\dfrac{\partial v}{\partial y}\mathrm{d}y\right)}{\mathrm{d}x+\mathrm{i}\mathrm{d}y}$$

$$=\frac{\dfrac{\partial u}{\partial x}+\dfrac{\partial u}{\partial y}m+\mathrm{i}\left(\dfrac{\partial v}{\partial x}+\dfrac{\partial v}{\partial y}m\right)}{1+\mathrm{i}m}.$$

利用柯西—黎曼方程（2.2），得

$$\frac{\mathrm{d}f}{\mathrm{d}z}=\frac{\dfrac{\partial u}{\partial x}-\dfrac{\partial v}{\partial x}m+\mathrm{i}\left(\dfrac{\partial v}{\partial x}+\dfrac{\partial u}{\partial x}m\right)}{1+\mathrm{i}m}$$

$$=\frac{\dfrac{\partial u}{\partial x}(1+\mathrm{i}m)+\mathrm{i}\,\dfrac{\partial v}{\partial x}(1+\mathrm{i}m)}{1+\mathrm{i}m}=\frac{\partial u}{\partial x}+\mathrm{i}\,\frac{\partial v}{\partial x}.$$

因此，$\mathrm{d}f/\mathrm{d}z$ 沿任何直线逼近都有相同的值. 此定理也表明，对于沿任何曲线的逼近也有相同的值.

定义
$f(z)$ 的正则点是 $f(z)$ 解析的点.
$f(z)$ 的奇异点或奇点是指 $f(z)$ 不解析的点.
如果 $f(z)$ 在某个奇点的圆邻域内都是解析的，那么该点称为孤立奇点.

定理 3 如果 $f(z)$ 在区域 R 内解析，则 $f(z)$ 在 R 内的点有任意阶导数，且在区域内任一点 z_0 可以展开为泰勒级数，如图 14.2.3 所示. z_0 至最近奇异点的圆内，幂级数收敛，如 14.2.3 图中的 C 圆.

定理 3 只陈述不证明.

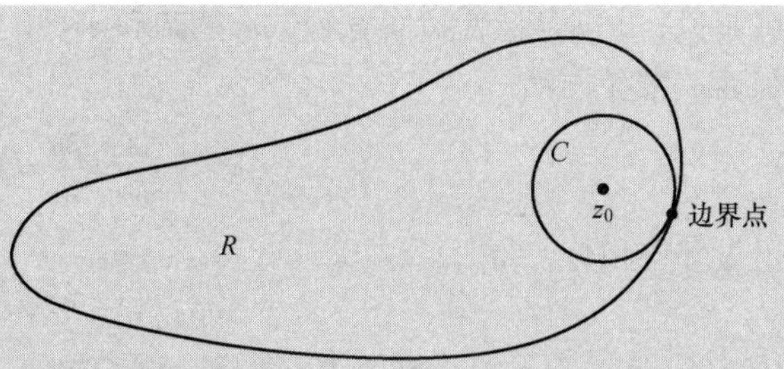

图 14.2.3

对 $f(z)$ 有导数是一个强条件. 实变量 $f(x)$ 函数有可能存在一阶导数但没有高阶导数. 但若 $f(z)$ 对 z 有一阶导数，那么它就有所有阶的导数，且这些导数都是解析函数.

定理 3 还解释了一个让人困惑的幂级数问题. 函数 $f(x) = 1/(1+x^2)$ 在 $x = \pm 1$ 处没有什么特殊的性质. 如果把它展开成幂级数

$$\frac{1}{1+x^2} = 1 - x^2 + x^4 - x^6 + \cdots \tag{2.5}$$

级数只收敛于 $|x| < 1$. 如果把 x 替换为 z，就会明白为什么这样.

$$f(z) = \frac{1}{1+z^2} = 1 - z^2 + z^4 - z^6 + \cdots \tag{2.6}$$

当 $z = \pm i$ 时，$f(z)$ 及其导数为无穷大，即 $f(z)$ 在包含 $z = \pm i$ 的区域内不是解析的，公式中的 z_0 是原点，包围级数收敛圆盘的圆 C 经过最近的奇点 $\pm i$，如图 14.2.4 所示. 由于 z 幂级数在圆盘内收敛，在圆盘外发散，见第 2 章习题 2.6 第 14 题，我们看到式 (2.5)，即式 (2.6) 中 $y = 0$，对于 $|x| < 1$ 收敛，对于 $|x| > 1$ 发散. 这个例子说明 $f(z)$ 的研究可对相应的 $f(x)$ 有更深刻的认识. 公式不仅涉及初等函数，也涉及 Γ 函数，贝塞尔函数，和其他易于推导和理解的 z 函数.

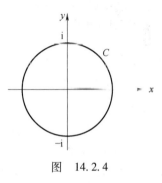

图 14.2.4

函数 $\phi(x,y)$ 在二维空间满足拉普拉斯方程，即 $\nabla^2\phi = \dfrac{\partial^2\phi}{\partial x^2} + \dfrac{\partial^2\phi}{\partial y^2}$，称为调和函数. 许多物理问题都与拉普拉斯方程有关，故我们对它的求解感兴趣. 见第 14.10 节和第 13 章. 下面的定理揭示了复变函数理论在应用中有着重要作用.

定理 4 （1）如果 $f(z) = u + iv$ 在某一区域解析，则 u 和 v 在该区域满足拉普拉斯方程. u 和 v 满足拉普拉斯方程，也称为调和函数. 定理证明见习题 14.2 第 44 题.

（2）在单连通区域中满足拉普拉斯方程的任何函数 u 或 v 都是某一解析函数 $f(z)$ 的实部或虚部.

因此可以通过 z 的解析函数的实部或虚部，求解拉普拉斯方程. 从满足拉普拉斯方程的函数，求解函数 $f(z)$，或者 $f(z)$ 的实数部分.

例 4 考虑函数 $u(x,y) = x^2 - y^2$，有

$$\nabla^2 u = \frac{\partial^2 u}{\partial x^2} + \frac{\partial^2 u}{\partial y^2} = 2 - 2 = 0,$$

也就是说，u 满足拉普拉斯方程，u 是调和函数. 求函数 $v(x,y)$ 使得 $u+iv$ 是 z 的解析函数，由柯西—黎曼方程

$$\frac{\partial v}{\partial y} = \frac{\partial u}{\partial x} = 2x.$$

对 y 做部分积分，得

$$v(x,y) = 2xy + g(x),$$

其中 $g(x)$ 是关于 x 的函数. 对 x 微分，再一次使用柯西—黎曼方程得到

$$\frac{\partial v}{\partial x} = 2y + g'(x) = -\frac{\partial u}{\partial y} = 2y.$$

$$g'(x) = 0 \text{ 或 } g = 常数.$$

$$f(z) = u+iv = x^2 - y^2 + 2ixy + 常数 = z^2 + 常数.$$

函数 u 和 v 称为共轭调和函数.（见习题 14.2 第 64 题.）

习题 14.2

1-21. 利用柯西—黎曼条件，判断习题 14.1 第 1~21 题中的函数是否为解析函数. 同样，判断下列函数是否为解析函数

22. $y+ix$
23. $\dfrac{x-iy}{x^2+y^2}$
24. $\dfrac{y-ix}{x^2+y^2}$

利用 $(d/dz)f(z)$ 定义式（2.1）证明下面的公式成立. 提示：使用与实变量函数相同的方法.

25. $\dfrac{d}{dz}\big[Af(z)+Bg(z)\big] = A\dfrac{df}{dz} + B\dfrac{dg}{dz}.$
26. $\dfrac{d}{dz}\big[f(z)g(z)\big] = f(z)\dfrac{dg}{dz} + g(z)\dfrac{df}{dz}.$

27. $\dfrac{d}{dz}\left(\dfrac{f(z)}{g(z)}\right) = \dfrac{gf'-fg'}{g^2}, \quad g(z)\neq 0.$
28. $\dfrac{d}{dz}f\big[g(z)\big] = \dfrac{df}{dg}\dfrac{dg}{dz}.$ 见下面的提示

第 28 题是关于函数导数的链式法则，提示：假设 df/dg 和 dg/dz 存在，以第 4 章式（3.5）形式写出 Δf 和 Δg 方程，把 Δg 代入 Δf，除以 Δz，取极限

29. $\dfrac{d}{dz}(z^3) = 3z^2.$
30. $\dfrac{d}{dz}(z^n) = nz^{n-1}.$

31. $\dfrac{d}{dz}\ln z = \dfrac{1}{z}, z\neq 0.$ 提示：将 $\ln\left(1+\dfrac{\Delta z}{z}\right)$ 展开成级数.

32. 利用第 2 章对幂级数 e^z 的定义，以及第 1、2 章幂级数可以在收敛圆内逐项微分的定理，利用第 30 题的结果，证明：$(d/dz)(e^z) = e^z.$

33. 利用第 2 章式（11.4）对 $\sin z$ 和 $\cos z$ 的定义，求出它们的导数. 用第 27 题的方法求 $\left(\dfrac{d}{dz}\right)(\cot z)$，$z\neq n\pi.$

根据第 1 章中介绍的级数，写出下列函数关于原点的幂级数. 利用定理 3 求各个级数的收敛圆. 在复平面上找到离原点最近、没有导数的点. 收敛圆的圆心在原点，延伸到此点. 级数在圆内收敛.

34. $\ln(1-z)$
35. $\cos z$
36. $\sqrt{1+z^2}$

37. $\tanh z$
38. $\dfrac{1}{2i+z}$
39. $\dfrac{z}{z^2+9}$

40. $(1-z)^{-1}$
41. e^{iz}
42. $\sinh z$

43. 第 12 章式（5.1）和式（5.2），用 h 级数扩展了函数 $\phi(x,h)$. 据定理 3 及上面第 34~42 题说明，证明该 $\phi(x,h)$ 级数收敛 $|h|<1$ 和 $-1\leq x\leq 1$，h 是变量，x 是参数. 求 h 的复数值使 Φ 无限，并证明这个复

数是 1 的绝对值，当 $x^2 \leqslant 1$ 独立于 x. 这证明对实数 h 数列收敛 $|h| < 1$.

44. 证明：定理 4，第 1 部分. 提示：第 4 章，第 4.1 节第二交叉偏导数等式.

45. 设 $f(z) = u + iv$ 为解析函数，F 为向量 $f = vi + uj$. 证明：$\operatorname{div} F = 0$ 和 $\operatorname{curl} F = 0$ 方程等价于柯西—黎曼方程.

46. 求极坐标下的柯西—黎曼方程. 提示：$z = re^{i\theta}$ 和 $f(z) = u(r, \theta) + iv(r, \theta)$，按式（2.3）和式（2.4）的方法.

47. 利用第 46 题的结果和第 44 题的方法，证明：如果 $f(z) = u + iv$ 是解析的，u 和 v 在极坐标下满足拉普拉斯方程，见第 10 章第 10.9 节.

利用极坐标，见第 46 题，判断下列函数是否满足柯西—黎曼方程.

48. $\sqrt{z}$ 49. $|z|$ 50. $\ln z$

51. z^n 52. $|z|^2$ 53. $|z|^{1/2} e^{i\theta/2}$

证明下列函数是调和函数，即满足拉普拉斯方程，并求出每个函数 $f(z)$ 的实部. 证明函数 $v(x, y)$ 也满足拉普拉斯方程.

54. y 55. $3x^2 y - y^3$ 56. xy 57. $x + y$

58. $\cosh y \cos x$ 59. $e^x \cos y$ 60. $\ln(x^2 + y^2)$

61. $\dfrac{x}{x^2 + y^2}$ 62. $e^{-y} \sin x$ 63. $\dfrac{y}{(1-x)^2 + y^2}$

64. 证明：如果 $u(x, y)$ 是在 $z_0 = x_0 + iy_0$ 定义的调和函数，则下式为以 $u(x, y)$ 为实部的解析函数

$$f(z) = 2u\left(\frac{z + \bar{z}_0}{2}, \frac{z - \bar{z}_0}{2i} \right) + 常数.$$

用这个公式求第 54 题～第 63 题中的 $f(z)$. 提示：如果定义了 $u(0, 0)$，取 $z_0 = 0$.

14.3　围线积分

定理 5（柯西定理）　假设 C 是简单封闭曲线，除有限点外具有连续的切线，即除有限点外曲线是光滑的，如果 $f(z)$ 在 C 上和 C 内解析，那么

$$\oint_C f(z) \, dz = 0 \tag{3.1}$$

这是矢量分析中的线积分，在复变函数中称为围线积分.

证明　假设 $f'(z)$ 是连续的

$$
\begin{aligned}
\oint_C f(z) \, dz &= \oint_C (u + iv)(dx + idy) \\
&= \oint_C (u \, dx - v \, dy) + i \oint_C (v \, dx + u \, dy).
\end{aligned}
\tag{3.2}
$$

由平面格林定理可知，如果 $P(x, y)$，$Q(x, y)$ 及其偏导数在单连通区域 R 是连续的（见第 6 章第 6.9 节），则

$$\oint_C P \, dx + Q \, dy = \iint_{C内的区域} \left(\frac{\partial Q}{\partial x} - \frac{\partial P}{\partial y} \right) dx \, dy. \tag{3.3}$$

其中 C 是简单封闭曲线，位于 R 内，曲线 C 方向为封闭的面积总在左边的方向，面积分是除以 C 内的面积. 对式（3.2）中的第一个积分，应用式（3.3）可得

$$\oint_C (u\,\mathrm{d}x - v\,\mathrm{d}y) = \iint_{C内的区域} \left(-\frac{\partial v}{\partial x} - \frac{\partial u}{\partial y} \right) \mathrm{d}x\mathrm{d}y. \tag{3.4}$$

因为假设 $f'(z)$ 是连续的，u 和 v 及其导数连续. 根据柯西—黎曼方程，式（3.4）右边被积函数在积分区域的每一点都是 0，因此积分等于 0. 同样，式（3.2）中的第二个积分也是 0. 式（3.1）得证.

> **定理 6**　柯西积分公式：如果 $f(z)$ 是简单闭合曲线 C 上的解析函数，那么 $f(z)$ 在 C 内的点 $z = a$ 处的值由沿 C 的曲线积分给出：
>
> $$f(a) = \frac{1}{2\pi \mathrm{i}} \oint \frac{f(z)}{z - a} \mathrm{d}z.$$

证明　设 a 为简单闭合曲线 C 内一固定点，考虑函数

$$\phi(z) = \frac{f(z)}{z - a}, \tag{3.5}$$

$f(z)$ 是 C 上及 C 内的解析函数. 设 C' 是 C 内一个小圆，圆心为 a 点，半径为 ρ. 沿着 AB 在 C 和 C' 之间切割，如图 14.3.1，两切割部分稍后将重合. 沿着图 14.3.1 所示的路径积分，即箭头所示方向，从 A 经过 C 到 B，再经 C'，回到 A. 曲线 C 和曲线 C' 之间的区域总是在积分路径左边，且被积分路径包围. C 和 C' 之间区域，函数 $\phi(z)$ 解析，在 $\phi(z)$ 不解析的 $z = a$ 点切割一小圆. 柯西定理适用于沿 C 逆时针，C' 顺时针，和两个切割组成的组合路径积分. 沿着切割相反方向的两个积分，当切割重合时，就会抵消掉. 因此有

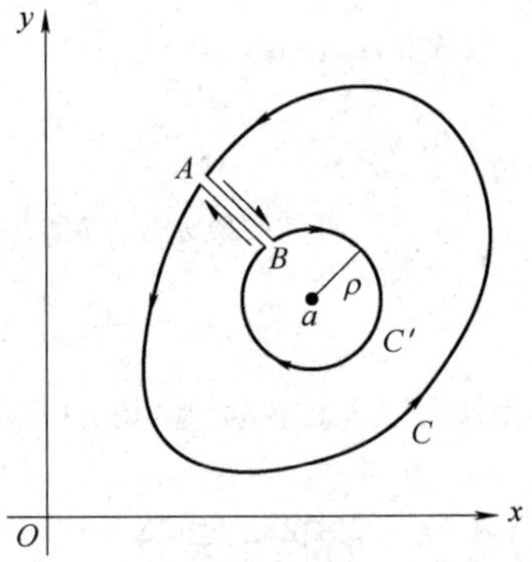

图　14.3.1

$$\oint_{C逆时针} \phi(z)\,\mathrm{d}z + \oint_{C'顺时针} \phi(z)\,\mathrm{d}z = 0$$

或

$$\oint_C \phi(z)\,\mathrm{d}z = \oint_{C'} \phi(z)\,\mathrm{d}z \quad \text{都是逆时针方向} \tag{3.6}$$

沿着圆 C'，$z = a + \rho\mathrm{e}^{\mathrm{i}\theta}$，$\mathrm{d}z = \rho\mathrm{i}\mathrm{e}^{\mathrm{i}\theta}$，式（3.6）为

$$\begin{aligned}
\oint_C \phi(z)\,\mathrm{d}z &= \oint_{C'} \phi(z)\,\mathrm{d}z = \oint_{C'} \frac{f(z)}{z - a}\mathrm{d}z \\
&= \int_0^{2\pi} \frac{f(z)}{\rho\mathrm{e}^{\mathrm{i}\theta}} \rho\mathrm{i}\mathrm{e}^{\mathrm{i}\theta}\,\mathrm{d}\theta = \int_0^{2\pi} f(z)\mathrm{i}\,\mathrm{d}\theta.
\end{aligned} \tag{3.7}$$

对任意足够小的 ρ 值则计算是有效的，设 $\rho \to 0$，即 $z \to a$ 简化公式. 因 $f(z)$ 在 $z = a$ 连续，即在 C 内解析，$\lim\limits_{z \to a} f(z) = f(a)$，式（3.7）为

$$\oint_C \phi(z)\,\mathrm{d}z = \oint_c \frac{f(z)}{z - a}\mathrm{d}z = \int_0^{2\pi} f(z)\mathrm{i}\,\mathrm{d}\theta = \int_0^{2\pi} f(a)\mathrm{i}\,\mathrm{d}\theta = 2\pi\mathrm{i}f(a) \tag{3.8}$$

或

$$f(a) = \frac{1}{2\pi\mathrm{i}} \oint_C \frac{f(z)}{z - a}\mathrm{d}z, \quad C \text{ 内的一点 } a. \tag{3.9}$$

这是柯西积分公式. 点 a 在 C 内. 如果 a 在 C 外,$\phi(z)$ 在 C 内处处解析,由柯西积分定理知积分为 0. 式（3.9）可这样理解：如果 $f(z)$ 的值由曲线 C 区域边界给出,则式（3.9）给出了 $f(z)$ 在 C 内任一点 a 的值. 由此解释,柯西积分公式可由 z 代替 a,z 由另一个积分变量替换,如 ω

$$f(z)=\frac{1}{2\pi i}\oint_C \frac{f(w)}{w-z}\mathrm{d}w, \tag{3.10}$$

关于这个定理的一些重要用法,请参阅习题 14.11 第 3 题和习题 14.11 第 36 题到第 38 题.

习题 14.3

不用本章的定理,而用直接积分的方法求复平面上的线积分,即第 6 章第 6.8 节的方法

1. $\int_i^{i+1} z\mathrm{d}z$ 沿平行于 x 轴的直线

2. $\int_0^{1+i}(x^2-z)\mathrm{d}z$

（a）沿直线 $y=x$

（b）沿指示的折线

3. $\oint_C z^2\mathrm{d}z$ 沿指示路径

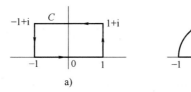 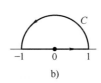

a)　　　　　b)

4. $\int \mathrm{d}z/(1-z^2)$,沿虚轴正半轴,也可写成 $\int_0^{i\infty}\mathrm{d}z/(1-z^2)$

5. $\int e^{-z}$,沿直线 $y=\pi$ 正部分,也可写成 $\int_{i\pi}^{\infty+i\pi}e^{-z}\mathrm{d}z$

6. $\int_1^i z\mathrm{d}z$ 沿指示路径

a)　　　　　b)

7. $\int \dfrac{\mathrm{d}z}{8i+z^2}$ 沿直线 $y=x$,从 0 到 ∞

8. $\int_{2\pi}^{2\pi+i\infty}e^{2iz}\mathrm{d}z$ 　　9. $\int_{1+2i}^{\infty+2i}\dfrac{\mathrm{d}z}{(x-2i)^2}$ 　　10. $\int_2^{2+i\infty}ze^{iz}\mathrm{d}z$

11. 计算 $\oint_C(\bar{z}-3)$,其中 C 为圆 $|z|=2$ 在第一象限部分,以及 x 轴和 y 轴标示的封闭曲线. 提示：不用柯西定理,请参阅习题 14.2 第 3 题.

12. $\int_0^{1+2i}|z|^2\mathrm{d}z$ 沿标示的路径.

13. 第 6 章 6.11 节证明 $\int_a^b F'\mathrm{d}r$ 积分与路径无关的必要条件是 $\oint_C F'\mathrm{d}r$ 在简单闭合曲线 C 为 0,$\mathrm{curl}F=0$,

或二维 $\dfrac{\partial F_y}{\partial x} = \dfrac{\partial F_x}{\partial y}$. 由式（3.2）证明 $\oint_C f(z)\,\mathrm{d}z$ 为 0 的条件是满足柯西—黎曼条件.

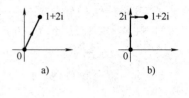

14. 第 7 章求复傅里叶级数时，证明了

$$\int_0^{2\pi} \mathrm{e}^{inx}\mathrm{e}^{-imx}\,\mathrm{d}x = 0, \quad n \neq m.$$

由柯西定理证明

$$\oint_C z^{n-m-1}\,\mathrm{d}z, \quad n > m,$$

其中 C 是圆 $|z|=1$. 注意，取 $n>m$ 使 z^{n-m-1} 在 $z=0$ 解析，用 $n<m$，z^{m-n-1} 相同的证明可证明除 $n\neq m$ 外均解析.

15. 如果 $f(z)$ 在圆 $|z|=1$ 上及圆内解析，证明：$\displaystyle\int_0^{2\pi} \mathrm{e}^{i\theta} f(\mathrm{e}^{i\theta})\,\mathrm{d}\theta = 0$.

16. 如果 $f(z)$ 在圆盘 $|z| \leqslant 2$ 中解析，计算 $\displaystyle\int_0^{2\pi} \mathrm{e}^{2i\theta} f(\mathrm{e}^{i\theta})\,\mathrm{d}\theta$.

用柯西定理或积分公式来计算第 17 题~第 20 题中的积分.

17. $\displaystyle\oint_C \dfrac{\sin z\,\mathrm{d}z}{2z-\pi}$，$C$ 为圆，（a）$|z|=1$，（b）$|z|=2$.

18. $\displaystyle\oint_C \dfrac{\sin 2z\,\mathrm{d}z}{6z-\pi}$，$C$ 为圆 $|z|=3$.

19. $\displaystyle\oint_C \dfrac{\mathrm{e}^{3z}\,\mathrm{d}z}{z-\ln 2}$，$C$ 为正方形，顶点为 $\pm 1 \pm i$.

20. $\displaystyle\oint_C \dfrac{\cosh z\,\mathrm{d}z}{2\ln 2 - z}$，$C$ 为圆，（a）$|z|=1$，（b）$|z|=2$.

21. 由柯西公式（3.9）或式（3.10）求导，得

$$f'(z) = \frac{1}{2\pi i}\oint_C \frac{f(w)\,\mathrm{d}w}{(w-z)^2} \quad \text{或} \quad f'(a) = \frac{1}{2\pi i}\oint_C \frac{f(z)\,\mathrm{d}z}{(z-a)^2}.$$

n 次微分，得

$$f^{(n)}(z) = \frac{n!}{2\pi i}\oint_C \frac{f(w)\,\mathrm{d}w}{(w-z)^{n+1}} \quad \text{或} \quad f^{(n)}(a) = \frac{n!}{2\pi i}\oint_C \frac{f(z)\,\mathrm{d}z}{(z-a)^{n+1}}.$$

根据第 21 题求下列积分

22. $\displaystyle\oint_C \dfrac{\sin 2z\,\mathrm{d}z}{(6z-\pi)^3}$，$C$ 为圆，$|z|=3$.

23. $\displaystyle\oint_C \dfrac{\mathrm{e}^{3z}\,\mathrm{d}z}{(z-\ln 2)^4}$，$C$ 为第 19 题中的正方形.

24. $\displaystyle\oint_C \dfrac{\cosh z\,\mathrm{d}z}{(2\ln 2 - z)^5}$，$C$ 为圆 $|z|=2$.

14.4　洛朗级数

定理 7（洛朗定理）　设 C_1 和 C_2 是两个以 z_0 为圆心的圆，$f(z)$ 在两圆之间的圆环 R 区域内解析，则 $f(z)$ 可以展开成级数形式.

$$f(z) = a_0 + a_1(z-z_0) + a_2(z-z_0)^2 + \cdots + \frac{b_1}{z-z_0} + \frac{b_2}{(z-z_0)^2} + \cdots \tag{4.1}$$

在 R 中收敛, 级数称为洛朗级数. 式 (4.1) 中的 b 级数称为洛朗级数的主要部分. 式 (4.1) 不加证明.

例 1 讨论以下洛朗级数的收敛情况

$$f(z) = 1 + \frac{z}{2} + \frac{z^2}{4} + \frac{z^3}{8} + \cdots + \left(\frac{z}{2}\right)^n + \cdots + \frac{2}{z} + 4\left(\frac{1}{z^2} - \frac{1}{z^3} + \cdots + \frac{(-1)^n}{z^n} + \cdots\right). \tag{4.2}$$

首先考虑正幂项级数, 通过比值判别法, 级数收敛于 $|z/2| < 1$, 即 $|z| < 2$. 比值判别法参见第 1 章和第 2 章. 同样, $|1/z| < 1$, 即 $|z| > 1$ 的负幂项级数收敛. 可知洛朗级数收敛. 两个级数收敛于 $|z|$ 的 1 和 2 之间, 即两个圆半径 1 和 2 之间的圆环.

将结果推广至一般情况. "a" 级数是收敛于圆内的幂级数, 如图 14.4.1 中的 C_2. "b" 级数是 z 的负幂级数, 对 $|1/z| <$ 某一常数收敛, 因此, "b" 级数收敛于某个圆之外, 如图 14.4.1 中的 C_1. 洛朗级数如果完全收敛, 则在两个圆之间收敛. 注意, 内圆可能是一个点, 外圆半径可能无限大.

式 (4.1) 中系数公式为

$$a_n = \frac{1}{2\pi i} \oint_C \frac{f(z)\,dz}{(z-z_0)^{n+1}}, \quad b_n = \frac{1}{2\pi i} \oint_C \frac{f(z)\,dz}{(z-z_0)^{-n+1}}. \tag{4.3}$$

C 是围绕 z_0 在 R 中的任意简单闭合曲线, 但一般来说不是求洛朗级数的最简单方法. 与关于点的幂级数一样, 在给定的关于 z_0 的圆环中, 洛朗级数是关于 z_0 解析的也是唯一的, 可以选用适当方法求解它. 参见下面例子. 注意: 如果 $f(z)$ 有多个孤立奇点, 如图 14.4.2, 则有多个圆环 $R_1, R_2, \cdots, f(z)$ 在其中解析, 即 $f(z)$ 有多个不同的洛朗级数, 每个级数一个圆环. 通常, 要求解的洛朗级数是在围绕 z_0 收敛的. 对洛朗级数的收敛环, 可分别判敛 "a" 级数和 "b" 级数.

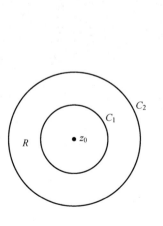

图 14.4.1

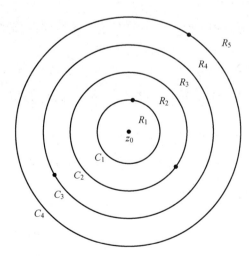

图 14.4.2

例 2 从式（4.2）可得函数

$$f(z) = \frac{12}{z(2-z)(1+z)}. \tag{4.4}$$

此函数有三个奇点，分别在 $z=0$，$z=2$ 和 $z=-1$ 处．因此关于 $z_0=0$ 有两圆 C_1 和 C_2，如图 14.4.2 所示，有三个关于 $z_0=0$ 的洛朗级数．三个区域为 $R_1(0<|z|<1)$，$R_2(1<|z|<2)$，$R_3(|z|>2)$ 各有一个洛朗级数．求解这些级数，先用部分分式表示 $f(z)$，参见习题 14.2 第 2 题．

$$f(z) = \frac{4}{z}\left(\frac{1}{1+z} + \frac{1}{2-z}\right) \tag{4.5}$$

对 $0<|z|<1$，用 z 的幂级数展开式（4.5）括号中的每个分数

$$f(z) = -3 + 9z/2 - 15z^2/4 + 33z^3/8 + \cdots + 6/z. \tag{4.6}$$

这是 $f(z)$ 的洛朗级数，在 $0<|z|<1$ 区域有效．为得到区域 $|z|>2$ 的级数，将式（4.5）中的分数写成

$$\frac{1}{1+z} = \frac{1}{z}\frac{1}{1+1/z}, \quad \frac{1}{2-z} = -\frac{1}{z}\frac{1}{1-2/z}. \tag{4.7}$$

把每个分数展开成 $1/z$ 的幂次，使得洛朗级数对 $|z|>2$ 有效见习题 14.2 第 2 题

$$f(z) = -(12/z^3)(1 + 1/z + 3/z^2 + 5/z^3 + 11/z^4 + \cdots). \tag{4.8}$$

最后，为了得到式（4.2），将分数 $1/(2-z)$ 展开为 z 的幂，将分数 $1/(1+z)$ 展开为 $1/z$ 的幂，就得到一个收敛于 $1<|z|<2$ 的洛朗级数．因此，洛朗级数式（4.6）、式（4.2）和式（4.8）都表示式（4.4）中的 $f(z)$，但在三个不同的区域．

设图 14.4.2 中的 z_0 为正则点或孤立奇点，并假设 C_1 中没有其他奇异点．$f(z)$ 关于 z_0 洛朗级数展开，该级数除了在 z_0 于 C_1 内收敛，这时，可用洛朗级数展开 $f(z)$，洛朗级数收敛于 z_0 附近．有以下定义：

> **定义**
>
> 如果所有 b 级数的系数为 0，$f(z)$ 在 $z=z_0$ 处解析，称 z_0 为正则点．参见习题 14.4 第 1 题．
>
> 如果 $b_n \neq 0$，但 b_n 之后的所有 b 级数的系数都为 0，那么称 $f(z)$ 在 $z=z_0$ 有一个 n 阶极点．如果 $n=1$，称 $f(z)$ 有一个单极．
>
> 如果存在无穷多个不同于 0 的系数，$f(z)$ 在 $z=z_0$ 处有一个本质奇点．
>
> $1/(z-z_0)$ 的系数 b_1 称为 $f(z)$ 在 $z=z_0$ 处的留数．

例 3 （a）$e^z = 1 + z + \dfrac{z^2}{2!} + \dfrac{z^3}{3!} + \cdots$

为 $z=0$ 处的解析函数，e^z 在 $z=0$ 的留数是 0．

（b）$\dfrac{e^z}{z^3} = \dfrac{1}{z^3} + \dfrac{1}{z^2} + \dfrac{1}{2!z} + \dfrac{1}{3!} + \cdots$

在 $z=0$ 处有一个 3 阶极点，$\dfrac{e^z}{z^3}$ 在 $z=0$ 处的留数是 $\dfrac{1}{2!}$．

（c）$e^{\frac{1}{z}} = 1 + \dfrac{1}{z} + \dfrac{1}{2!z^2} + \cdots$

在 $z=0$ 处有一个本质奇点，$e^{\frac{1}{z}}$ 在 $z=0$ 处的留数是 1.

大多数函数除了极点都是解析的，这些函数称为亚纯函数. 如果 $f(z)$ 在 $z=z_0$ 处有一个极点，$z \to z_0$ 时，$|f(z)| \to \infty$. $|f(z)|$ 在复平面上垂直绘制三维图，看起来就像 $z=z_0$ 附近的一个锥形管. 我们可以在不求出洛朗级数的情况下，看清函数是否有极点，求出极点的阶数.

例 4　（a）$\dfrac{z+3}{z^2(z-1)^3(z+1)}$ 在 $z=0$ 处有一个 2 阶的极点，在 $z=1$ 处有一个 3 阶的极点，在 $z=-1$ 处有一个单极点；

（b）$\dfrac{\sin^2 z}{z^3}$ 在 $z=0$ 处有一个单极点.

为证明结果是正确的，求 $f(z)=g(z)/(z-z_0)^n$ 的洛朗级数. $g(z)=a_0+a_1(z-z_0)+\cdots+f(z)$ 的洛朗级数从 $(z-z_0)^{-n}$ 项开始，除 $a_0=0$ 外，即除 $g(z_0)=0$ 外. 在一些因子消去后，$f(z)$ 的极点阶数是 n. 在例 4（b）中，$\sin z$ 级数从 z 开始，$\sin^2 z$ 有因子 z^2，$(\sin^2 z)/z^3$ 在 $z=0$ 处有单极点.

习题 14.4

1. 证明：在圆 C 内收敛的幂级数和是 C 内的解析函数. 提示：参见第 2 章第 2.7 节，第 1 章第 1.11 节，以及解析函数的定义.

2. 证明式（4.4）可以写成式（4.5）. 将式（4.5）括号中的分数展开为 z 的幂次和 $1/z$ 的幂次. 参见式（4.7），将级数组合可得式（4.6）、式（4.8）和式（4.2）.

对以下函数，求关于原点的洛朗级数的前几项. 即对奇点之间的每一个环，求级数. 求每个函数在原点的留数. 提示：要计算留数，需用收敛于原点附近的洛朗级数. 用式（4.5）和式（4.7）中的部分分式. 将项 $1/(z-a)$ 以 z 幂次展开，得到 $|z|<a$ 的收敛级数，以 $1/z$ 幂次展开，得到 $|z|>a$ 的收敛级数.

3. $\dfrac{1}{z(z-1)(z-2)}$　　　　4. $\dfrac{1}{z(z-1)(z-2)^2}$　　　　5. $\dfrac{z-1}{z^3(z-2)}$

6. $\dfrac{1}{z^2(1+z)^2}$　　　　　7. $\dfrac{2-z}{1-z^2}$　　　　　　8. $\dfrac{30}{(1+z)(z-2)(3+z)}$

对于下列每一个函数，说明所示的点是正则的、本质奇点、还是极点以及极点的阶数.

9. (a) $\dfrac{\sin z}{z}$,　$z=0$　　　　　　(b) $\dfrac{\cos z}{z^3}$,　$z=0$

　(c) $\dfrac{z^3-1}{(z-1)^3}$,　$z=1$　　　　(d) $\dfrac{e^z}{z-1}$,　$z=1$

10. (a) $\dfrac{e^z-1}{z^2+4}$,　$z=2i$　　　　(b) $\tan^2 z$,　$z=\pi/2$

　(c) $\dfrac{1-\cos z}{z^4}$,　$z=0$　　　　(d) $\cos\left(\dfrac{\pi}{z-\pi}\right)$,　$z=\pi$

11. (a) $\dfrac{e^z-1-z}{z^2}$,　$z=0$　　　　(b) $\dfrac{\sin z}{z^3}$,　$z=0$

　(c) $\dfrac{z^2-1}{(z-1)^2}$,　$z=1$　　　　(d) $\dfrac{\cos z}{(z-\pi/2)^4}$,　$z=\pi/2$

12. (a) $\dfrac{\sin z - z}{z^6}$, $\quad z = 0$ $\qquad$ (b) $\dfrac{z^2 - 1}{(z^2 + 1)^2}$, $\quad z = i$

$\quad$ (c) $z e^{1/z}$, $\quad z = 0$ $\qquad$ (d) $\Gamma(z)$, $\quad z = 0$

14.5 留数定理

设 z_0 是 $f(z)$ 的孤立奇点. 求 $\oint_C f(z)$ 在包含 z_0 的简单封闭曲线 C 的值, 不封闭其他奇点. $f(z)$ 关于 $z = z_0$ 洛朗级数式（4.1）展开, 在 $z = z_0$ 附近收敛. 根据柯西定理 5, "a" 序列积分是 0, 因这部分是解析的. 为计算式（4.1）"b" 序列数积分, 用 z_0 中心和半径为 ρ 的圆 C' 的积分代替 C 积分, 如同式（3.6）, 式（3.7）和图 14.3.1 所示, 沿着 C', $z = z_0 + \rho e^{i\theta}$, 计算式（4.1）中 b_1 项的积分, 有

$$\oint_C \frac{b_1 \mathrm{d}z}{(z - z_0)} = b_1 \int_0^{2\pi} \frac{\rho i e^{i\theta} \mathrm{d}\theta}{\rho e^{i\theta}} = 2\pi i b_1. \tag{5.1}$$

容易证明其他 b_n 项的积分都是 0, 参见习题 14.5 第 1 题. $\oint_C f(z) \mathrm{d}z = 2\pi i b_1$, b_1 称为 $z = f(z)$ 在 $z = z_0$ 的留数, 即

$$\oint_C f(z) \mathrm{d}z = 2\pi i \cdot f(z) \text{ 在 } C \text{ 内奇点的留数}$$

洛朗级数在积分过程中继续使用的唯一项是 b_1 项, 这就是称 "留数" 的原因. 如果 C 内部有几个孤立的奇点, 比如 $z_0, z_1, z_2, \cdots$, 在每个点上画一个小圆, 如图 14.5.1 所示, 这样 $f(z)$ 在 C 与圆之间的区域是解析的. 引入如图 15.3.1 所示的切割, C 逆时针方向积分与顺时针方向积分之和等于零, 因为沿切割方向的积分互相抵消. 或者沿 C 方向的积分等于沿圆周方向的积分之和, 都是逆时针方向的. 由式（5.1）可知, 每个圆周的积分是 $f(z)$ 在奇点留数的 $2\pi i$ 倍. 因此有留数定理:

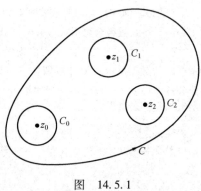

图 14.5.1

$$\oint_C f(z) \mathrm{d}z = 2\pi i \cdot f(z) \text{ 在 } C \text{ 中的留数之和}. \tag{5.2}$$

绕 C 的积分是逆时针方向的.

留数定理适用于许多定积分的计算. 第 14.7 节对此进行讨论. 在第 14.6 节中, 介绍求留数的方法.

习题 14.5

1. 如果 C 是关于 z_0 半径 ρ 的圆, 证明:

$$\oint_C \frac{\mathrm{d}z}{(z - z_0)^n} = 2\pi i \quad \text{当 } n = 1 \text{ 时}$$

但对 n 的其他积分值, 无论正的还是负的, 积分都是零. 提示: 在 C, $z=z_0+\rho e^{i\theta}$.

2. 验证洛朗级数系数式 (4.3). 提示: 要得到 a_n, 将式 (4.1) 除以 $(z-z_0)^{n+1}$, 用第 1 题的结果计算级数项的积分. 用类似的方法求 b_n.

3. 由留数定理式 (5.2) 求得柯西积分式 (3.9).

14.6 留数的计算方法

A 洛朗级数

写出 $f(z)$ 关于 $z=z_0$ 在 z_0 附近的洛朗级数, 留数就是 $1/(z-z_0)$ 项的系数 b_1. 注意: 先求关于 $z=z_0$ 的展开式. e^z, $\sin z$ 等级数关于 $z=0$ 的展开式, 只能用于求原点的留数, 参见第 14.4 节例 3.

例 设 $f(z)=e^z/(z-1)$, 求 $f(z)$ 在 $z=1$ 处的留数 $R(1)$.

把 e^z 以 $z-1$ 幂展开, 有

$$\frac{e^z}{z-1}=\frac{e\cdot e^{z-1}}{z-1}=\frac{e}{z-1}\left[1+(z-1)+\frac{(z-1)^2}{2!}+\cdots\right]=\frac{e}{z-1}+e+\cdots.$$

留数是 $1/(z-1)$ 的系数, 即 $R(1)=e$.

B 单极点

如果 $f(z)$ 在 $z=z_0$ 处有单极, 用 $f(z)$ 乘以 $(z-z_0)$ 求留数, 并计算 $z=z_0$ 处结果, 参见习题 14.6 第 10 题.

例 1 求 $R\left(-\dfrac{1}{2}\right)$ 和 $R(5)$, 其中

$$f(z)=\frac{z}{(2z+1)(5-z)}$$

将 $f(z)$ 乘以 $\left(z+\dfrac{1}{2}\right)$, 注意: 不要乘以 $(2z+1)$, 计算 $z=-\dfrac{1}{2}$ 处的结果, 有

$$\left(z+\frac{1}{2}\right)f(z)=\left(z+\frac{1}{2}\right)\frac{z}{(2z+1)(5-z)}=\frac{z}{2(5-z)},$$

$$R\left(-\frac{1}{2}\right)=\frac{-\dfrac{1}{2}}{2\left(5+\dfrac{1}{2}\right)}=-\frac{1}{22}.$$

同样

$$(z-5)f(z)=(z-5)\frac{z}{(2z+1)(5-z)}=-\frac{z}{2z+1},$$

$$R(5)=-\frac{5}{11}.$$

例 2 求 $f(z)=(\cos z)/z$ 的 $R(0)$.

因 $zf(z)=\cos z$, 有

$$R(0)=(\cos z)_{z=0}=\cos 0=1$$

用这种方法时, 在某些问题中需要计算不定式, 通常为

$$R(z_0) = \lim_{z \to z_0}(z - z_0)f(z) \qquad (6.1)$$

z_0 是单极

例3 求 $\cot z$ 在 $z=0$ 的留数. 由式（6.1）

$$R(0) = \lim_{z \to 0}\frac{z\cos z}{\sin z} = \cos 0 \cdot \lim_{z \to 0}\frac{z}{\sin z} = 1 \cdot 1 = 1.$$

如果 $f(z)$ 可以写成 $g(z)/h(z)$，其中 $g(z)$ 解析，且在 z_0 和 $h(z_0) = 0$ 处不为零，则式（6.1）为

$$R(z_0) = \lim_{z \to z_0}\frac{(z-z_0)g(z)}{h(z)} = g(z_0)\lim_{z \to z_0}\frac{z-z_0}{h(z)} = g(z_0)\lim_{z \to z_0}\frac{1}{h'(z)} = \frac{g(z_0)}{h'(z_0)}.$$

由洛必达法则或 $h'(z)$ 的定义，参见习题 14.6 第 11 题，有

$$R(z_0) = \frac{g(z_0)}{h'(z_0)} \quad 若 \begin{cases} f(z) = g(z)/h(z), \\ g(z_0) = 有限值 \neq 0, \\ h(z_0) = 0,\ h'(z_0) \neq 0. \end{cases} \qquad (6.2)$$

式（6.2）给出了在单极点求留数的简便方法

例4 求 $(\sin z)/(1-x^4)$ 在 $z=\mathrm{i}$ 的留数. 据式（6.2），有

$$R(\mathrm{i}) = \frac{\sin z}{-4z^3}\bigg|_{z=\mathrm{i}} = \frac{\sin \mathrm{i}}{-4\mathrm{i}^3} = \frac{\mathrm{e}^{-1}-\mathrm{e}}{(2\mathrm{i})(4\mathrm{i})} = \frac{1}{8}(\mathrm{e}-\mathrm{e}^{-1}) = \frac{1}{4}\sinh 1.$$

不求洛朗级数，如何知道函数有单极点. 如果依据式（6.1）所得极限是常数，不是 0 或 ∞，那么 $f(z)$ 有一个单极点，此常数就是留数. 极限值为 0 时，函数为解析函数，留数为 0. 如果极限是无限的，极点的阶数更高. 也可预先知道极点的阶数. $(z-z_0)^n$ 是分母因子的情况下请参阅第 14.4 节末. 假设 $f(z)$ 写成 $g(z)/h(z)$ 的形式，其中 $g(z)$ 和 $h(z)$ 是解析函数. 可以把 $g(z)$ 和 $h(z)$ 看成 $(z-z_0)$ 的幂级数. 如果分母的因子 $(z-z_0)$ 比分子高 1 次，那么 $f(z)$ 在 z_0 有一个单极点. 例如

$$z\cot^2 z = \frac{z\cos^2 z}{\sin^2 z} = \frac{z(1-z^2/2+\cdots)^2}{(z-z^3/3!+\cdots)^2} = \frac{z(1+\cdots)}{z^2(1+\cdots)}$$

在 $z=0$ 有一个单极点. 用同样的方法可以看出一个函数是否有任意阶的极点.

C 多阶极点

当 $f(z)$ 有一个 n 阶的极点时，可以用下面的方法求留数.

将 $f(z)$ 乘以 $(z-z_0)^m$，其中 m 是一个大于或等于极点 n 阶数的整数，对结果求导 $m-1$ 次，并除以 $(m-1)!$，求出在 $z=z_0$ 的结果.

利用 $f(z)$ 的洛朗级数式（4.1）容易证明此规则，参见习题 14.6 第 12 题，并证明所述过程的结果是 b_1.

例5 在 $z=\pi$ 时，求 $f(z) = (z\sin z)/(z-\pi)^3$ 的留数.

在求导之前，取 $m=3$，消去分母. m 可选择，由于 $z\sin z$ 在 π 为有限值，$f(z)$ 在 π 的极点阶数不大于 3.（极点实际上是 2 阶的，但不需要考虑）. 按规定规则，得

$$R(\pi)=\frac{1}{2!}\frac{\mathrm{d}^2}{\mathrm{d}z^2}(z\sin z)\Big|_{z=\pi}=\frac{1}{2}\big[-z\sin z+2\cos z\big]_{z=\pi}=-1.$$

为快速计算导数，可按莱布尼茨法则对乘积求导，参见第 12 章第 12.3 节.

这些工作大部分可以用计算机完成. 解决这些问题的关键是掌握使用复变函数理论的思想和技巧. 好的学习方法是先自己动手求解问题，再用计算机检查结果.

习题 14.6

求以下关于所示点的函数的洛朗级数，求出函数在此点的留数. 确保存在收敛于此点附近的洛朗级数.

1. $\dfrac{1}{z(z+1)}$, $z=0$ 2. $\dfrac{1}{z(z-1)}$, $z=1$ 3. $\dfrac{\sin z}{z^4}$, $z=0$

4. $\dfrac{\cosh z}{z^2}$, $z=0$ 5. $\dfrac{\mathrm{e}^z}{z^2-1}$, $z=1$ 6. $\sin\dfrac{1}{z}$, $z=0$

7. $\dfrac{\sin\pi z}{4z^2-1}$, $z-\dfrac{1}{2}$ 8. $\dfrac{1+\cos z}{(z-\pi)^2}$, $z=\pi$ 9. $\dfrac{1}{z^2-5z+6}$, $z=2$

10. 将 B 规则应用于式（4.1），证明：B 规则是正确的.

11. 利用导数 $h'(z_0)$ 极限的定义而不是利用洛必达法则推导式（6.2）. 提示 $h(z_0)=0$，因假设 $f(z)$ 在 z_0 有一个简单极点.

12. 应用式（4.1），证明：求多极留数的规则 C. 注意，这个规则对于 $n=1$ 简单极点是有效的，尽管很少在这种情况下使用它.

13. 使用式（3.9）证明规则 C. 提示：如果 $f(z)$ 在 $z=a$ 有 n 阶的极点，那么 $f(z)=g(z)/(z-a)^n$，$g(z)$ 在 $z=a$ 解析，由式（3.9）

$$\int_C \frac{g(z)}{(z-a)}\mathrm{d}z=2\pi i g(a)$$

围线 C 包围了 a，没有其他奇点. 此方程对 a 求导 $(n-1)$ 次.

求下列函数在指定点的留数. 选择使用上面列出的最简单方法，并用计算机检查计算结果.

14. $\dfrac{1}{(3z+2)(2-z)}$ 在 $z=-\dfrac{2}{3}$；在 $z=2$ 15. $\dfrac{1}{(1-2z)(5z-4)}$ 在 $z=\dfrac{1}{2}$；在 $z=\dfrac{4}{5}$

16. $\dfrac{z-2}{z(1-z)}$ 在 $z=0$；在 $z=1$ 17. $\dfrac{z+2}{4z^2-1}$ 在 $z=\dfrac{1}{2}$；在 $z=-\dfrac{1}{2}$

18. $\dfrac{z+2}{z^2+9}$ 在 $z=3i$ 19. $\dfrac{\sin^2 z}{2z-\pi}$ 在 $z=\pi/2$

20. $\dfrac{z}{1-z^4}$ 在 $z=i$ 21. $\dfrac{z^2}{z^4+16}$ 在 $z=\sqrt{2}(1+i)$

22. $\dfrac{\mathrm{e}^{2z}}{1+\mathrm{e}^z}$ 在 $z=i\pi$ 23. $\dfrac{\mathrm{e}^{iz}}{9z^2+4}$ 在 $z=\dfrac{2i}{3}$

24. $\dfrac{1-\cos 2z}{z^3}$ 在 $z=0$ 25. $\dfrac{\mathrm{e}^{2z}-1}{z^2}$ 在 $z=0$

26. $\dfrac{\mathrm{e}^{2\pi iz}}{1-z^3}$ 在 $z=\mathrm{e}^{2\pi i/3}$ 27. $\dfrac{\cos z}{1-2\sin z}$ 在 $z=\pi/6$

28. $\dfrac{z+2}{(z^2+9)(z^2+1)}$ 在 $z=3i$ 29. $\dfrac{\mathrm{e}^{2z}}{4\cosh z-5}$ 在 $z=\ln 2$

30. $\dfrac{\cosh z-1}{z^7}$ 在 $z=0$ 31. $\dfrac{\mathrm{e}^{3z}-3z-1}{z^4}$ 在 $z=0$

32. $\dfrac{e^{iz}}{(z^2+4)^2}$ 在 $z=2i$

33. $\dfrac{1+\cos z}{(\pi-z)^3}$ 在 $z=\pi$

34. $\dfrac{z-2}{z^2(1-2z)^2}$ 在 $z=0$ 和在 $z=\dfrac{1}{2}$

35. $\dfrac{z}{(z^2+1)^2}$ 在 $z=i$

14 题到 35 题. 用留数定理计算第 14 题到第 35 题中每个函数的围线积分, 每个函数均绕在半径为 $\dfrac{3}{2}$, 圆心为原点的圆上. 检查圆内的奇点. 可以利用前面问题中的结果, 但可能需要计算更多的留数.

36. 复数 z, $J_p(z)$ 可由第 12 章 12.9 节级数的定义. 用此定义求 $z^{-3}J_0(z)$ 关于 $z=0$ 的洛朗级数. 求函数在 $z=0$ 的留数.

37. 函数 $\Gamma(z)$, 除了 $z=x=0,-1,-2,-3\cdots$（所有负整数）极点解析. 求这些极点的留数. 提示：参见例 1 和第 11 章式 (4.1).

14.7 利用留数定理求定积分

将用式（5.2）和第 14.6 节的技巧求几种不同类型的定积分. 通过实例说明这些方法.

例 1 求 $I=\displaystyle\int_0^{2\pi}\dfrac{\mathrm{d}\theta}{5+4\cos\theta}$.

当 θ 从 0 到 2π, 变量 $z=e^{i\theta}$ 逆时针方向遍历单位圆 $|z|=1$, 计算围线积分, 如图 14.7.1 所示. 可用留数定理计算此积分. 如果 $z=e^{i\theta}$, 有

$$\mathrm{d}z=ie^{i\theta}\mathrm{d}\theta=iz\mathrm{d}\theta \quad 或 \quad \mathrm{d}\theta=\dfrac{1}{iz}\mathrm{d}z,$$

$$\cos\theta=\dfrac{e^{i\theta}+e^{-i\theta}}{2}=\dfrac{z+\dfrac{1}{z}}{2}.$$

对 I 替换, 可得

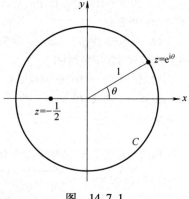

图　14.7.1

$$I=\oint_C\dfrac{\dfrac{1}{iz}\mathrm{d}z}{5+2(z+1/z)}=\dfrac{1}{i}\oint_C\dfrac{\mathrm{d}z}{5z+2z^2+2}=\dfrac{1}{i}\oint_C\dfrac{\mathrm{d}z}{(2z+1)(z+2)},$$

其中 C 是单位圆. 被积函数在 $z=\dfrac{1}{2}$ 和 $z=-2$ 有极点, 只有 $z=-\dfrac{1}{2}$ 在 C 的轮廓内.

$\dfrac{1}{(2z+1)(z+2)}$ 在 $z=-\dfrac{1}{2}$ 的留数为

$$R\left(-\dfrac{1}{2}\right)=\lim_{z\to-1/2}\left(z+\dfrac{1}{2}\right)\cdot\dfrac{1}{(2z+1)(z+2)}=\dfrac{1}{2(z+2)}\bigg|_{z=-1/2}=\dfrac{1}{3}.$$

由留数定理

$$I=\dfrac{1}{i}2\pi iR\left(-\dfrac{1}{2}\right)=2\pi\cdot\dfrac{1}{3}=\dfrac{2\pi}{3}.$$

这个方法可用于计算 $\sin\theta$, $\cos\theta$ 有理函数在 0 和 2π 之间的积分, 对 θ 取任何值分母不为零. 如果被积函数是偶数, 也可以计算从 0 到 π 的积分, 因为周期偶函数从 0 到 2π 的积分是从 0 到 π 积分的两倍, 参见第 7 章第 7.9 节对偶函数和奇函数的讨论.

例2 计算 $I = \int_{-\infty}^{\infty} \dfrac{dx}{1+x^2}$.

可以求出不定积分,从而能用初等方法求出 I 的值. 我们将通过围线积分的方法求解这个简单问题,此方法对求解更复杂问题很有用.

不改变 I 变量,从一个不同的积分开始,求出 I. 考虑

$$\oint_C \frac{dz}{1+z^2}.$$

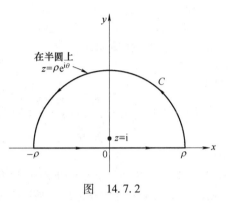

图 14.7.2

其中 C 为图 14.7.2 所示半圆的封闭边界. 对 $\rho > 1$,半圆包含奇异点 $z = i$,且没有其他奇异点,被积函数在 $z = i$ 的留数是

$$R(i) = \lim_{z \to i} (z-i) \frac{1}{(z-i)(z+i)} = \frac{1}{2i}.$$

线积分的值是 $2\pi i(1/2i) = \pi$. 积分写成两部分:(1) 沿 x 轴从 $-\rho$ 到 ρ 积分,$z = x$,(2) 沿半圆积分,$z = \rho e^{i\theta}$,可得

$$\int_C \frac{dz}{1+z^2} = \int_{-\rho}^{\rho} \frac{dx}{1+x^2} + \int_0^{\pi} \frac{\rho i e^{i\theta} d\theta}{1+\rho^2 e^{2i\theta}}. \qquad (7.1)$$

ρ 无论有多大,围线积分的值是 π,因为除 $z = i$ 外在上半平面没有其他奇异点. 式 (7.1) 右边第二个积分的分子包含 ρ,分母包含 ρ^2,$\rho \to \infty$ 时趋于 0. 右边第一项 $\rho \to \infty$ 时趋向于 π,计算围线积分的值有

$$I = \int_{-\infty}^{\infty} \frac{dx}{1+x^2} = \pi.$$

这种方法可用于求下列形式的积分

$$\int_{-\infty}^{\infty} \frac{P(x)}{Q(x)} dx.$$

如果 $P(x)$ 和 $Q(x)$ 是多项式,Q 的阶数至少比 P 的阶数大 2,以及 $Q(z)$ 没有实数零,即 x 轴上的 0 点. 如果被积函数 $P(x)/Q(x)$ 是偶函数,也可求从 0 到 ∞ 的积分.

例3 计算 $I = \int_0^{\infty} \dfrac{\cos x dx}{1+x^2}$.

考虑围线积分

$$\oint_C \frac{e^{iz} dz}{1+z^2}.$$

其中 C 与例2中的半圆围线相同. 封闭的奇异点是 $z = i$,留数是

$$\lim_{z \to i} (z-i) \frac{e^{iz}}{(z-i)(z+i)} = \frac{e^{-1}}{2i} = \frac{1}{2ie}.$$

围线积分的值是 $2\pi i(1/2ie) = \pi/e$. 与例2一样,将围线积分写成两个积分的和

$$\oint_C \frac{e^{iz} dz}{1+z^2} = \int_{-\rho}^{\rho} \frac{e^{ix} dx}{1+x^2} + \int_{z=\rho e^{i\theta} \text{的上半部分}} \frac{e^{iz} dz}{1+z^2}. \qquad (7.2)$$

和之前一样，要证明式（7.2）右边第二个积分在 $\rho\to\infty$ 时趋向于 0. 除了 e^{iz} 因子之外，此积分与式（7.1）相应的积分相同.

$$|e^{iz}|=|e^{ix-y}|=|e^{ix}||e^{-y}|=e^{-y}\leqslant 1$$

因为只考虑轮廓 $y\geqslant 0$ 的部分. $|e^{iz}|\leqslant 1$ 不改变例2给出的证明，即沿半圆积分当半径 $\rho\to\infty$ 时趋于 0，有

$$\int_{-\infty}^{\infty}\frac{e^{ix}}{1+x^2}\mathrm{d}x=\frac{\pi}{e},$$

或者对方程两边取实部，

$$\int_{-\infty}^{\infty}\frac{\cos x\mathrm{d}x}{1+x^2}=\frac{\pi}{e}$$

由于被积函数 $(\cos x)/(1+x^2)$ 是偶函数，从 0 到 ∞ 的积分等于 $-\infty$ 到 ∞ 积分的一半. 因此有

$$I=\int_0^{\infty}\frac{\cos x\mathrm{d}x}{1+x^2}=\frac{\pi}{2e}$$

对于 $m<0$，可以在下半平面（$y<0$）使用半圆，于是对 $y<0$，有 $e^{my}\leqslant 1$. 然而，在计算包含 $\sin mx$ 或 $\cos mx$ 的积分时，这是一个不必要的复杂问题，因为可以选择 m 为正数. 虽然这里假设 $Q(x)$ 至少比 $P(x)$ 的阶数高 2，如例 2，由更详细的证明表明，至少高 1 阶就足以进行积分，参见复变函数有关的资料.

$\rho\to\infty$ 时半圆趋向 0，于是

$$\int_{-\infty}^{\infty}\frac{P(x)}{Q(x)}e^{imx}\mathrm{d}x=2\pi i, \frac{P(z)}{Q(z)}e^{imz}\text{留数之和}$$

在上半平面，如果满足以下要求

1. $P(x)$、$Q(x)$ 是多项式；
2. $Q(x)$ 没有实数零；
3. $Q(x)$ 阶数至少比 $P(x)$ 阶数高 1，且 $m>0$.

取实部和虚部，求积分

$$\int_{-\infty}^{\infty}\frac{P(x)}{Q(x)}\cos mx\mathrm{d}x, \int_{-\infty}^{\infty}\frac{P(x)}{Q(x)}\sin mx\mathrm{d}x$$

例 4 计算 $\int_{-\infty}^{\infty}\frac{\sin x}{x}\mathrm{d}x$.

这里消除了例 2 和例 3 中 $Q(x)$ 没有实数零的限制. 如例 3 所示，考虑

$$\int\frac{e^{iz}}{z}\mathrm{d}z$$

为了避免 $z=0$ 处的奇点，我们对如图 14.7.3 所示的围线进行积分. 然后半径 r 减小到零，实际上我们是通过原点的单极点直接积分.

绕着一条直线穿过一个或多个单极点的封闭围线，沿逆时针方向积分的最终结果是 $2\pi i$（内点上的留数之和加上边界上单极点上的留数之和的 $1/2$），这个规则不适用于边界上的多个极点. 如果极点在围线内，对积分增加 $2\pi i\cdot$ 留数，如果在围线外，积分不增加，如果它在直线边界上，对积分增加在 0 和 $2\pi i\cdot$ 留数之间. 利用这个结论，在例 3 中，当 R 趋于无穷时，沿着大半圆的积分趋于 0

$$\int_{-\infty}^{\infty} \frac{e^{ix}}{x}dx = 2\pi i \cdot \frac{1}{2}\left(e^{iz}/z \text{ 在 } z=0 \text{ 的留数}\right) = 2\pi i \cdot \frac{1}{2}\cdot 1 = i\pi.$$

两边同时取虚部，得到

$$\int_{-\infty}^{\infty} \frac{\sin x}{x}dx = \pi.$$

为了更仔细地观察结果的正确性，让我们回到图 14.7.3 的围线. 因为 e^{iz}/z 在围线内是解析的，绕整个围线的积分是 0. 根据例 3 后的说明，沿着 C 的积分在 $R\to\infty$ 时趋于 0. 沿着小半圆 C'，有

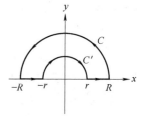

图 14.7.3

$$z = re^{i\theta}, \quad dz = re^{i\theta}id\theta, \quad \frac{dz}{z} = id\theta,$$

$$\int_{C'} \frac{e^{iz}dz}{z} = \int_{C'} e^{iz}id\theta.$$

因 $r\to 0$，$z\to 0$，$e^{iz}\to 1$，沿着如图 14.7.3 所示 C' 方向的积分

$$\int_{-\infty}^{\infty} \frac{e^{ix}}{x}dx - i\pi = 0$$

或

$$\int_{-\infty}^{\infty} \frac{e^{ix}}{x}dx = i\pi$$

取方程的实部和虚部，并按照欧拉公式 $e^{ix} = \cos x + i\sin x$，可得

$$\int_{-\infty}^{\infty} \frac{\cos x}{x}dx = 0, \qquad \int_{-\infty}^{\infty} \frac{\sin x}{x}dx = \pi.$$

因 $(\sin x)/x$ 是偶函数，有

$$\int_{0}^{\infty} \frac{\sin x}{x}dx = \frac{1}{2}\int_{-\infty}^{\infty} \frac{\sin x}{x}dx = \frac{\pi}{2}.$$

此积分的另一种求法，见第 7 章式 (12.19).

主值

余弦积分

$$\int_{0}^{\infty} \frac{\cos x}{x}dx$$

是发散的积分，因为被积函数 $(\cos x)/x$ 在 $x=0$ 附近近似于 $1/x$. 从 $I = \int_{-\infty}^{\infty} \frac{\cos x}{x}dx$ 求得的 0 值称为 I 的主值，或柯西主值.

例如更简单的积分 $\int_{0}^{5} \frac{dx}{x-3}$，被积函数在 $x=3$ 处为无穷大，$\int_{0}^{3} \frac{dx}{x-3}$，$\int_{3}^{5} \frac{dx}{x-3}$ 都发散. 假设我们基于 $x=3$ 构造一个小对称区间，从 0 到 $3-r$，$3+r$ 到 5 进行积分，可得

$$\int_{0}^{3-r} \frac{dx}{x-3} = \ln|x-3| \Big|_{0}^{3-r} = \ln r - \ln 3,$$

$$\int_{3+r}^{5} \frac{dx}{x-3} = \ln 2 - \ln r.$$

两个积分的和等于

$$\ln 2 - \ln 3 = \ln \frac{2}{3}.$$

积分和与 r 无关，因此，如果 $r \to 0$，得 $\ln \frac{2}{3}$，称为 $\int_0^5 \frac{dx}{x-3}$ 的主值，通常写成

$$\text{PV} \int_0^5 \frac{dx}{x-3} = \ln \frac{2}{3}$$

$\ln r$ 和 $-\ln r$ 两项可以相互消去，从图形上看，x 轴上方的无限大面积和 x 轴下方相应的无限大面积都被相互抵消了. 求主值的过程是：沿 x 轴从 $-\infty$ 到 $-r$ 积分，从 $+r$ 到 ∞ 积分，另 $r \to 0$，计算围线积分. 同样可以求出反常积分 $\int_{-\infty}^{\infty} \frac{\cos x}{x} dx$ 为 0，这就是积分的主值.

例 5 计算

$$\int_0^{\infty} \frac{r^{p-1}}{1+r} dr, \quad 0 < p < 1,$$

并利用结果证明第 11 章式 (5.4).

首先求：

$$\oint \frac{z^{p-1}}{1+z} dz, \quad 0 < p < 1, \quad \text{绕图 14.7.4 的 } C \tag{7.3}$$

在计算这个积分之前，先了解一下 z^{p-1} 的意义，因为对于每个 z 可能有多个 z^{p-1} 的值，参见第 14.1 节末对分支的讨论. 例如，设 $p = \frac{1}{2}$，则 $z^{p-1} = z^{-\frac{1}{2}}$. 从第 2 章第 2.10 节知，任何复数都有两个平方根. 在 $\theta = \frac{\pi}{4}$ 上的一点，有

$$z = re^{i\pi/4}, \qquad z^{-1/2} = r^{-1/2} e^{-i\pi/8}.$$

如果 θ 增加 2π，绕原点圆转一圈又回到起点，有

$$z = re^{i(\pi/4+2\pi)}, \qquad z^{-1/2} = r^{-1/2} e^{-i(\pi/8+\pi)} = -r^{-1/2} e^{-i\pi/8}.$$

类似地，当 θ 增加 2π 回到起点，对于任何起点 $r \neq 0$，可求 $z^{-\frac{1}{2}}$ 或 z^{p-1} 不同分支对应的不同值.

如果要用 z^{p-1} 定义一个单值函数，需选定 θ 的一个 2π 区间，也就是说，要选择 z^{p-1} 的一个分支. 计算围绕积分式 (7.3) 时，将其值限制在 0 到 2π 的范围内. 我们可以想象一个沿着 x 轴正方向的人为界线或切割，但不越过，这叫作分支切割，参见第 14.9 节例 3. 不能穿过任意小圆上的分支切口，如穿过则变成另一个分支，此点称为分支点. 原点是一个分支.

在图 14.7.4 中，正 x 轴的上侧沿 AB，$\theta = 0$，从 C 绕到 DE，θ 增加 2π，所以 x 轴正方向低边 $\theta = 2\pi$. 注意，图 14.7.4 中的围线没有超出 0 到 2π 的范围，因此式 (7.3) 中的因子 z^{p-1} 是单值函数. 式 (7.3) 中的被积函数，即 $\frac{z^{p-1}}{1+z}$，除了 $z = -1 = e^{i\pi}$ 的极点之外是图 14.7.4 中闭合曲线 C 内的解析函数，其留数为 $(e^{i\pi})^{p-1} = -e^{i\pi p}$. 有

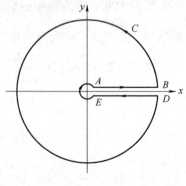

图 14.7.4

$$\oint_C \frac{z^{p-1}}{1+z}\mathrm{d}z = -2\pi\mathrm{i}e^{\mathrm{i}\pi p}, \quad 0<p<1. \tag{7.4}$$

沿着图 14.7.4 中两个圆的任意一个，我们得到 $z = re^{\mathrm{i}\theta}$，积分是

$$\int \frac{r^{p-1}e^{\mathrm{i}(p-1)\theta}}{1+re^{\mathrm{i}\theta}}r\mathrm{i}e^{\mathrm{i}\theta}\mathrm{d}\theta = \mathrm{i}\int \frac{r^p e^{\mathrm{i}p\theta}}{1+re^{\mathrm{i}\theta}}\mathrm{d}\theta.$$

这个积分在 $r\to 0$ 或 $r\to\infty$ 时趋向于 0，因对较小的 r，分母约为 1，r 很大时，分母约为 $re^{\mathrm{i}\theta}$. 因此，当小圆缩小到一点，而大圆无限扩展时，沿围线部分的积分趋向于零. 沿正 x 轴的两个积分 AB 从 0 到 ∞，DE 从 ∞ 到 0. 沿 AB，约定 $\theta=0$，所以 $z = re^{\mathrm{i}\cdot 0}=r$，积分为

$$\int_{r=0}^{\infty} \frac{r^{p-1}}{1+r}\mathrm{d}r.$$

沿 DE，得 $\theta=2\pi$，$z = re^{2\pi\mathrm{i}}$，积分为

$$\int_{r=\infty}^{0} \frac{(re^{2\pi\mathrm{i}})^{p-1}}{1+re^{2\pi\mathrm{i}}}e^{2\pi\mathrm{i}}\mathrm{d}r = -\int_0^{\infty} \frac{r^{p-1}e^{2\pi\mathrm{i}p}}{1+r}\mathrm{d}r.$$

AB 和 DE 积分相加得

$$(1-e^{2\pi\mathrm{i}p})\int_0^{\infty} \frac{r^{p-1}}{1+r}\mathrm{d}r = -2\pi\mathrm{i}e^{\mathrm{i}\pi p}.$$

由式（7.4），所求积分是

$$\int_0^{\infty} \frac{r^{p-1}}{1+r}\mathrm{d}r = \frac{-2\pi\mathrm{i}e^{\mathrm{i}\pi p}}{1-e^{2\pi\mathrm{i}p}} = \frac{\pi\cdot 2\mathrm{i}}{e^{\mathrm{i}\pi p}-e^{-\mathrm{i}\pi p}} = \frac{\pi}{\sin\pi p}. \tag{7.5}$$

从式（7.5）得到第 11 章的式（5.4）. 将 $q = 1-p$ 代入第 11 章的式（6.5）和式（7.1）中，得

$$B(p,1-p) = \int_0^{\infty} \frac{y^{p-1}}{1+y}\mathrm{d}y, \tag{7.6}$$

$$B(p,1-p) = \Gamma(p)\Gamma(1-p) \quad \Gamma(1) = 1.$$

结合第 11 章式（7.5）和式（7.6）可得式（5.4），即

$$\Gamma(p)\Gamma(1-p) = B(p,1-p) = \int_0^{\infty} \frac{y^{p-1}}{1+y}\mathrm{d}y = \frac{\pi}{\sin\pi p}.$$

辐角原理　$\omega = f(z)$ 是每个 z 的复数，就如 $z = re^{\mathrm{i}\theta}$ 一样，可以写成 $\omega = Re^{\mathrm{i}\Theta}$，其中 $R = |\omega|$，Θ 是 ω 的角度，也可称为 $f(z)$ 的角度. 当 z 变化时，$\omega = f(z)$ 也变化. 在 (x,y) 复平面上，从一点到一点变化时，R 和 Θ 也变化. 我们证明这一点.

（a）如果 $f(z)$ 是简单闭合曲线 C 和 C 部的解析函数，在 C 上 $f(z)\neq 0$，那么 C 内 $f(z)$ 的零点数等于 $(1/2\pi)\times$（穿过曲线 C 时 $f(z)$ 的角度变化）.

（b）如果 $f(z)$ 在 C 内极点数有限，满足上述要求，则 $f(z)$ 在绕 C 的角度变化等于 $(2\pi)\cdot$（零点数减去极点数）（除极点外解析的函数称为亚纯函数）.

（就像二次方程的根相等是指二次方程有两个根相等，所以这里我们的意思是一个 n 阶零点数等于 n 个零点，n 阶的极点数等于 n 个极点.）

证明　（a）和（b），考虑

$$\oint_C \frac{f'(z)}{f(z)}\mathrm{d}z.$$

根据留数定理，积分等于 $2\pi i \cdot$（C 内奇点留数的和）. 很容易证明 $F(z)=f'(z)/f(z)$ 在 $f(z)$ 的 n 阶零点的留数等于 n，$F(z)$ 在 $f(z)$ 的 p 阶极点的留数是 $-p$. 如果 N 是 $f(z)$ 在 C 内的零点数和 P 是极点数，积分等于 $2\pi i(N-P)$. 直接积分有

$$\oint_C \frac{f'(z)}{f(z)}dz = \ln f(z)\big|_C = \ln Re^{i\Theta}\big|_C = \mathrm{Ln}R\big|_C + i\Theta\big|_C, \qquad (7.7)$$

其中 $R=|f(z)|$，Θ 是 $f(z)$ 的角度. 回想一下第 2 章第 2.13 节，$\mathrm{Ln}R$ 表示正数 R 以 e 为底数的实对数，是单值的，$\ln f(z)$ 是多值的，因 Θ 多值. 如果我们从 A 点到 C 点，沿着曲线回到 A 点积分，$\mathrm{Ln}R$ 在 A 点的起点和终点都是一样的，所以 $\mathrm{Ln}R\big|_C$ 是 A 点的 $\mathrm{Ln}R$ 减去 A 点的 $\mathrm{Ln}R(\ )$，等于零. 对 Θ 就不一定是同样的结果，也就是说，当我们从 A 点绕 C 转回 A 时，角度可能会发生变化. 例如，从 $z=1$ 绕单位圆转回 $z=1$ 时，z 的角度从 0 增加到 2π. 以上结论，就是

$$N-P = \frac{1}{2\pi i}\oint_C \frac{f'(z)}{f(z)}dz = \frac{1}{2\pi i}i\Theta_C$$
$$= \frac{1}{2\pi}\cdot(f(z) \text{ 绕 } C \text{ 角度变化}) \qquad (7.8)$$

其中 N 为 $f(z)$ 在 Z 内的零点数，P 为极点数，n 阶极点数为 n 个极点，n 阶零点数为 n 个零点. 式（7.8）称为辐角原理. 辐角即为角度，见第 2 章.

辐角原理通常用于计算函数在给定区域中有多少个零点或极点. 函数零点对于确定电路和伺服机构等线性系统的稳定性有重要的应用.

例 6 证明：$f(z)=z^3+4z+1$ 在图 14.7.5 的第一象限中有一个零点. 对于这个问题，式（7.8）中的闭合曲线 C 为图 14.7.5 中的轮廓 OPQ，其中 PQ 为四分之一大圆. 首先观察到在 x 轴上，对 $x>0$，$x^3+4x+1>0$，在 y 轴上，对任何 y，$(iy)^3+4iy+1\neq0$，因为其实部为 1，不等于 0. 那么在 OP 或 OQ 上，$f(z)\neq0$. 同样，如果在 PQ 上选择一个圆足够大可以包围所有零点，$f(z)\neq0$. 当绕 C 时，$f(z)=Re^{i\Theta}$ 的角度 Θ 的变化情况：沿 OP，$z=x$，$f(z)=f(x)$ 是实数，所以 $\Theta=0$. 沿 PQ，$z=re^{i\theta}$，r 为常数，且非常大. 对于非常大的 r，$f(z)$ 中的 z^3 项远超过其他项，有 $f(z)\cong z^3=r^3e^{3i\theta}$. 随着 θ 沿着 PQ 从 0 到 $\pi/2$，$\Theta=3\theta$ 从 0 到 $3\pi/2$. QO，$z=iy$，$f(z)=-iy^3+4iy+1$. 由以上可得

$$\tan\Theta = \frac{f(z)\text{ 的虚部}}{f(z)\text{ 的实部}} = \frac{4y-y^3}{1}.$$

对于非常大的 y，在 Q 处，有 $\Theta\cong3\pi/2$. 对 $y=\infty$，有 $\tan\theta=-\infty$，Θ 等于 $3\pi/2$. y 沿 QO 减少，$\tan\Theta=4y-y^3$ 的值下降，仍为负值，直到在 $y=2$ 变为 0. 这意味着 Θ 从 $3\pi/2$ 变化到 2π. 在 $y=2$ 和 $y=0$ 之间，正切值变成正的，然后又减小到零，但没有无穷大. 这意味着角 Θ 增加超出 2π 但不是 $2\pi+\pi/2$，然后再降低到 2π. 因此由式（7.8），Θ 绕 C 总的变化是 2π，$f(z)$ 零点数量在第一象限为 $(1/2\pi)\cdot2\pi=1$. 如果认识到实系数多项式中，实轴外的零点总是出现在共轭对中，在第四象限 z 也必须有一个零，第三个零点必在负 x 轴上.

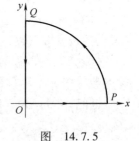

图 14.7.5

Bromwich 积分（拉普拉斯逆变换） 在第 8 章中，可查表或用计

算机计算拉普拉斯逆变换，但没有逆变换的一般公式. 类比傅里叶变换（见第 7 章，第 7.12 节），变换和逆变换有相似的积分，我们可以设想拉普拉斯逆变换是否也可以由一个积分给出. 为了方便讨论，重述拉普拉斯变换和傅里叶变换的定义.

$$L(f) = \int_0^\infty f(t)\,\mathrm{e}^{-pt}\mathrm{d}t = F(p). \tag{7.9}$$

$$f(x) = \int_{-\infty}^\infty g(\alpha)\,\mathrm{e}^{\mathrm{i}\alpha x}\mathrm{d}\alpha.$$

$$g(\alpha) = \frac{1}{2\pi}\int_{-\infty}^\infty f(x)\,\mathrm{e}^{-\mathrm{i}\alpha x}\mathrm{d}x. \tag{7.10}$$

如果比较拉普拉斯变换（7.9）和傅里叶变换（7.10），可观察到，如果 p 是虚数，积分几乎是相同的. 表明应该考虑复数 p，拉普拉斯逆变换的积分可能是复数 p 平面上的积分，也就是围线积分. 让我们来研究一下这个想法.

在 $f(t)$ 的拉普拉斯变换定义式（7.9）中，设 p 是复数，$p = z = x + \mathrm{i}y$. 注意，这种可能性已经在第 8 章中考虑过了. 式（7.9）变为

$$\begin{aligned}
F(p) = F(z) = F(x+\mathrm{i}y) &= \int_0^\infty \mathrm{e}^{-pt} f(t)\,\mathrm{d}t \\
&= \int_0^\infty \mathrm{e}^{-(x+\mathrm{i}y)t} f(t)\,\mathrm{d}t = \int_0^\infty \mathrm{e}^{-xt} f(t)\,\mathrm{e}^{-\mathrm{i}yt}\mathrm{d}t, \quad x = \mathrm{Re}\,p > k.
\end{aligned} \tag{7.11}$$

回顾第 8 章第 8.8 节，对 $\mathrm{Re}\,p$ 做一些限制，使积分在无穷远处收敛. 限制取决于函数 $f(t)$，但总是形式 $\mathrm{Re}\,p > k$，对实数 k，这可以在拉普拉斯变换表中看到. 式（7.11）是傅里叶变换的形式. 为此，将式（7.11）和式（7.10）进行比较，得到以下对应：$\mathrm{e}^{-\mathrm{i}yt}\mathrm{d}t$ 对应 $\mathrm{e}^{-\mathrm{i}\alpha x}\mathrm{d}x$，即 y 对应于 α，t 对应于 x，式（7.11）中的 x 在本讨论中只是一个常数参数. 函数

$$\phi(t) = \begin{cases} \mathrm{e}^{-xt} f(t), & t > 0, \\ 0, & t < 0, \end{cases} \tag{7.12}$$

对应于式（7.10）中的 $f(x)$，$F(p) = F(x+\mathrm{i}y)$ 对应于 $g(\alpha)$，同时 $1/(2\pi)$ 因子可能在式（7.10）的任何一个积分中. 然后假设 $\phi(t)$ 满足所需的条件有傅里叶变换函数，见第 7 章第 7.12 节：由狄利克雷条件，$\int_{-\infty}^\infty |\phi(t)|\mathrm{d}t$ 有限，逆变换

$$\phi(t) = \frac{1}{2\pi}\int_{-\infty}^\infty F(x+\mathrm{i}y)\,\mathrm{e}^{\mathrm{i}yt}\mathrm{d}y. \tag{7.13}$$

利用式（7.12）的定义 $\phi(t)$，对 $t > 0$ 可得

$$f(t) = \mathrm{e}^{xt}\cdot\frac{1}{2\pi}\int_{-\infty}^\infty F(x+\mathrm{i}y)\,\mathrm{e}^{\mathrm{i}yt}\mathrm{d}y = \frac{1}{2\pi}\int_{-\infty}^\infty F(x+\mathrm{i}y)\,\mathrm{e}^{(x+\mathrm{i}y)t}\mathrm{d}y \tag{7.14}$$

由于 x 是常数，设 $x = c$，有 $\mathrm{d}z = \mathrm{d}(x+\mathrm{i}y) = \mathrm{i}\,\mathrm{d}y$，可把式（7.14）写成

$$f(t) = \frac{1}{2\pi\mathrm{i}}\int_{c-\mathrm{i}\infty}^{c+\mathrm{i}\infty} F(z)\,\mathrm{e}^{zt}\mathrm{d}z, \quad t > 0, \tag{7.15}$$

式（7.15）表示在 z 平面上沿着垂直线 $x = c$ 积分，可以是 $x = c > k$ 的任何垂线，符合式（7.11）中对 $\mathrm{Re}\,P$ 的限制. 积分式（7.15）为拉普拉斯逆变换，称为布罗姆维奇积分.

对给定的 $F(p)$，我们要用围线积分和留数定理计算式（7.15）中的 $f(t)$，因考虑复数 p，$F(p)$ 也称 $F(z)$. 在例 2 和例 3 中，通过由 x 轴和上半平面闭合半圆组成的围线，沿 x 轴

的直线计算积分. 如果将围线旋转 90°，会得到由一条垂直的直线和一个左半平面闭合半圆组成围线（即 $x=c$ 左边的面积）. 让我们用这条围线计算式（7.15）. $F(z)$ 限制为 $P(z)/Q(z)$，$P(z)$ 和 $Q(z)$ 是多项式，$Q(z)$ 的比 $P(z)$ 高一阶（可比较例子的条件），可以证明如例 2 和例 3，沿半圆的积分在半径趋于无穷时趋向于零. 因此沿直线的积分等于 $2\pi i$ 乘以 $F(z)e^{zt}$ 在极点的留数之和，或者，消去式（7.15）中的因子 $2\pi i$.

$$f(t) = F(z)e^{zt} \text{ 在所有极点的留数之和} \tag{7.16}$$

需包括式（7.16）所有极点，可以论证如下. 我们知道式（7.15）对任何 $c>k$ 的值都成立，设一个足够大的值 c，使得所有极点都在 $x=c$ 的左边，那么就可以知道答案是正确的. 反过来说，如果不在所有极点的右边取 $x=c$，那么会得到一个不同的答案，需沿着一条垂线积分使得 $F(z)e^{zt}$ 的所有极点包括在围线的左边.

例 7 求 $F(p) = \dfrac{5}{(p+2)(p^2+1)}$ 的逆变换.

首先求出 $F(z)e^{zt}$ 的极点，把分母因式分解

$$F(z)e^{zt} = \frac{5e^{zt}}{(z+2)(z+i)(z-i)}.$$

计算三个单极点上的留数（见第 14.6 节，方法 B），有

在 $z=-2$ 的留数是 $\dfrac{5e^{-2t}}{5} = e^{-2t}$；

在 $z=i$ 的留数是 $\dfrac{5e^{it}}{(2+i)(2i)}$；

在 $z=-i$ 的留数是 $\dfrac{5e^{-it}}{(2-i)(-2i)}$.

由式（7.16）

$$f(t) = e^{-2t} + \frac{5e^{it}(2-i) - 5e^{-it}(2+i)}{(2+i)(2-i)(2i)} = e^{-2t} + 2\sin t - \cos t.$$

色散关系 在习题 14.7 第 21 题中，考虑 $\displaystyle\int \frac{f(z)}{z-a}dz$ 围绕在上半平面. 设 a 为实数，令 $f(z)$ 在 $y \geqslant 0$ 时解析，并在 ∞ 迅速趋向 0，使得当半圆的半径趋向 ∞ 时，绕上半平面上半圆的积分趋于 0. 通过例 4 和习题 14.7 第 21 题（b）可得

$$\text{PV} \int_{-\infty}^{\infty} \frac{f(x)}{x-a}dx = i\pi f(a). \tag{7.17}$$

$f(x) = u(x) + iv(x)$，取式（7.17）的实部和虚部

$$\text{PV} \int_{-\infty}^{\infty} \frac{u(x)}{x-a}dx = -\pi v(a), \quad \text{PV} \int_{-\infty}^{\infty} \frac{v(x)}{x-a}dx = \pi u(a) \tag{7.18}$$

这些积分称为色散关系. 与满足给定条件的函数的实部和虚部相关的类似积分也是色散关系. 从中可求出克拉默斯-克罗尼格关系（见习题 14.7 第 66 题），这是根据两个人提出的关于光复杂折射率的相关关系而命名的. 通过物质介质的光既被折射又被吸收，复折射率的实部与折射率有关，虚部与吸收有关. 这些公式在光学、电学、固态、基本粒子理论、量子力学等方面都有广泛的应用.

式（7.18）中的积分称为希尔伯特变换. 式（7.18）可以表示为：$u(x)v(x)$ 互为希尔

伯特变换. 可以比较傅里叶变换，或拉普拉斯变换和布罗姆维奇积分. 两个函数都有这样的性质，即每一个函数都由包含另一个函数的积分给出. 这就是积分变换的思想，可以查表或使用计算机计算其他积分变换.

习题 14.7

下列积分值是已知的，可依积分表或计算机求解. 计算它们的目的是通过应用上面例子中讨论的方法来求围线积分. 用计算机检查答案.

1. $\int_0^{2\pi} \dfrac{d\theta}{13+5\sin\theta}$

2. $\int_0^{2\pi} \dfrac{d\theta}{5-3\cos\theta}$

3. $\int_0^{2\pi} \dfrac{d\theta}{5-4\sin\theta}$

4. $\int_0^{2\pi} \dfrac{\sin^2\theta d\theta}{5+3\cos\theta}$

5. $\int_0^{\pi} \dfrac{d\theta}{1-2r\cos\theta+r^2}(0\leq r<1)$

6. $\int_0^{\pi} \dfrac{d\theta}{(2+\cos\theta)^2}$

7. $\int_0^{2\pi} \dfrac{\cos 2\theta d\theta}{5+4\cos\theta}$

8. $\int_0^{\pi} \dfrac{\sin^2\theta d\theta}{13-12\cos\theta}$

9. $\int_0^{2\pi} \dfrac{d\theta}{1+\sin\theta\cos\alpha}(\alpha=$常数$.)$

10. $\int_{-\infty}^{\infty} \dfrac{dx}{x^2+4x+5}$

11. $\int_0^{\infty} \dfrac{dx}{(4x^2+1)^3}$

12. $\int_0^{\infty} \dfrac{x^2 dx}{x^4+16}$

13. $\int_0^{\infty} \dfrac{x^2 dx}{(x^2+4)(x^2+9)}$

14. $\int_{-\infty}^{\infty} \dfrac{\sin x dx}{x^2+4x+5}$

15. $\int_0^{\infty} \dfrac{\cos 2x dx}{9x^2+4}$

16. $\int_0^{\infty} \dfrac{x\sin x dx}{9x^2+4}$

17. $\int_{-\infty}^{\infty} \dfrac{x\sin x dx}{x^2+4x+5}$

18. $\int_0^{\infty} \dfrac{\cos\pi x dx}{1+x^2+x^4}$

19. $\int_{-\infty}^{\infty} \dfrac{\cos 2x dx}{(4x^2+9)^2}$

20. $\int_0^{\infty} \dfrac{\cos x dx}{(1+9x^2)^2}$

21. 例 4 中提出了一个计算围线积分的规则，当积分路径经过单极点. 我们已证明绕 Γ 线积分 $\mathrm{PV}\displaystyle\int_\Gamma \dfrac{e^{iz}}{z}dz$ 结果是正确的.

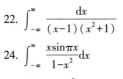

（a）图 14.7.3 绕 C' 积分并使 $r\to 0$，用同样的方法证明，如果用任何 $f(z)$ 替换 e^{iz}，结果都正确，$f(z)$ 在 $z=0$ 解析.

（b）用（a）方法证明

$$\mathrm{PV}\int_\Gamma \frac{f(z)}{(z-a)}dz,\ a\ \text{是实数}$$

这是 x 轴上的极点，$f(z)$ 在 $z=a$ 解析.

22. $\int_{-\infty}^{\infty} \dfrac{dx}{(x-1)(x^2+1)}$

23. $\int_{-\infty}^{\infty} \dfrac{dx}{(x^2+4)(2-x)}$

24. $\int_{-\infty}^{\infty} \dfrac{x\sin\pi x}{1-x^2}dx$

25. $\int_0^{\infty} \dfrac{x\sin x}{9x^2-\pi^2}dx$

26. $\int_{-\infty}^{\infty} \dfrac{x dx}{(x-1)^4-1}$

27. $\int_0^{\infty} \dfrac{\cos\pi x}{1-4x^2}dx$

28. $\int_0^{\infty} \dfrac{dx}{1-x^4}$

29. $\int_0^{\infty} \dfrac{\sin ax}{x}dx$

30.（a）用例 2 的方法计算 $\int_0^\infty \dfrac{dx}{1+x^4}$

（b）利用查表或计算机求同一积分的不定积分结果可能是 0. 试解释为什么.

（c）在（a）积分中变换变量 $u=x^4$，利用式（7.5）计算 u 积分

31. 利用第 30 题（c）计算 $\int_0^\infty \dfrac{dx}{1+x^6}$

32. 利用第 30 题（c）及例 5 的围线和方法计算 $\int_0^\infty \dfrac{dx}{(1+x^4)^2}$

用例 5 方法计算以下积分

33. $\int_0^\infty \dfrac{\sqrt{x}\,dx}{1+x^2}$

34. $\int_0^\infty \dfrac{\sqrt{x}\,dx}{(1+x)^2}$

35. $\int_0^\infty \dfrac{x^{1/3}\,dx}{(1+x)(2+x)}$

36. $\int_0^\infty \dfrac{\ln x}{x^{3/4}(1+x)}dx$

37.（a）证明

$$\int_{-\infty}^\infty \frac{e^{px}}{(1+e^x)}dx = \frac{\pi}{\sin\pi p}$$

$0<p<1$. 提示：按下图所示矩形路线计算 $\int \dfrac{e^{px}}{(1+e^x)}dx = \dfrac{\pi}{\sin\pi p}$. 沿垂直边积分当 $A\to\infty$ 趋向于 0. 沿上半部分的积分是沿 x 轴积分的倍数.

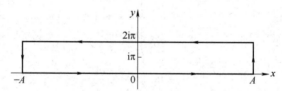

（b）将变量 $y=e^x$ 代入（a）的 x 积分中，利用第 11 章式（6.5）证明此积分是 B 函数 $B(p,1-p)$. 再据第 11 章式（7.1）证明：$\Gamma(p)\Gamma(1-p)=\pi/\sin\pi p$

38. 用与第 37 题（a）同样的路径和方法计算

$$\int_{-\infty}^\infty \frac{e^{px}}{1-e^x}dx,\ 0<p<1$$

提示：此题和第 37 题（a）的唯一区别是，积分路线上有两个简单极点，而不是之内有极点，用例 4 的规则.

39. 计算

$$\int_{-\infty}^\infty \frac{e^{\frac{2\pi x}{3}}}{\cosh\pi x}dx.$$

提示：利用第 37 题（a）的矩形，高度以 1 代替 2π. 在 $i/2$ 有一个极点.

40. 计算

$$\int_0^\infty \frac{x\,dx}{\sinh x}.$$

提示：先计算 $-\infty$ 到 ∞ 积分. 利用高为 π 的矩形，及积分路径 $i\pi$ 上的简单极点.

41. 菲涅耳积分 $\int_0^u \sin u^2\,du$ 及 $\int_0^u \cos u^2\,du$ 在光学中很重要. 对上限无穷的情况，计算：变换变量 $x=u^2$ 计算积分；计算积分 $\oint e^{-\frac{1}{2}e^{ix}}dz$ 沿如图路径.

令 $r\to 0$ 和 $r\to\infty$，证明：沿四分之一圆积分趋于 0. 沿 y 轴积分为 Γ 函数，计算之. 沿 x 轴计算积分.

此积分的实部和虚部即为所求积分.

42. 如果 $F(z)=f'(z)/f(z)$

（a）证明：在 $f(z)$ 第 n 阶零点，$F(z)$ 的留数是 n. 提示：如果 $f(z)$ 在 $z=a$ 有 n 阶零点，则

$$f(z)=a_n(z-a)^n+a_{n+1}(z-a)^{n+1}+\cdots$$

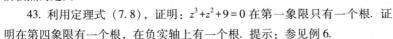

（b）同时证明 $F(z)$ 在 $p(z)$ 阶极点的留数为 $-p$. 提示：参见第 14.4 节 p 阶极点的定义.

43. 利用定理式（7.8），证明：$z^3+z^2+9=0$ 在第一象限只有一个根. 证明在第四象限有一个根，在负实轴上有一个根. 提示：参见例 6.

44. 代数基本定理表明，$f(z)=a_nz^n+a_{n-1}z^{n-1}+\cdots+a_0=0$，$a_n\neq0$，$n\geqslant1$ 的每一个方程至少有一个根. 由此推出，第 n 次方程有 n 个根. 用辐角原理证明之. 提示：随 $f(z)$ 在一个非常大的圆 $z=re^{i\theta}$ 角度增加，对于足够大的 r，所有根都是封闭的，$f(z)$ 近似为 a_nz^n.

如第 43 题所示，求下列方程在所在象限的根.

45. $z^3+z^2+z+4=0$ 46. $z^3+3z^2+4z+2=0$

47. $z^3+4z^2+12=0$ 48. $z^4-z^3+6z^2-3z+5=0$

49. $z^4-4z^3+11z^2-14z+10=0$ 50. $z^4+z^3+4z^2+2z+3=0$

51. 利用式（7.8）计算

$$\oint_C\frac{f'(z)}{f(z)}\mathrm{d}z,\quad \text{其中},f(z)=\frac{z^3(z+1)^2\sin z}{(z^2+1)^2(z-3)},$$

绕圆 $|z|=2$；绕圆 $|z|=1/2$.

52. 利用式（7.8）计算 $\oint\dfrac{z^3\mathrm{d}z}{1+2z^4}$ 绕圆 $|z|=1$.

53. 利用式（7.8）计算 $\oint\dfrac{z^3+4z}{z^4+8z^2+16}\mathrm{d}z$ 绕圆 $|z-2\mathrm{i}|=2$.

54. 利用式（7.8）计算

$$\oint_C\frac{\sec^2\left(\dfrac{z}{4}\right)\mathrm{d}z}{1-\tan\left(\dfrac{z}{4}\right)}$$

C 是直线 $y=\pm1$，$x=\pm\dfrac{5}{2}\pi$ 围成的矩形.

用式（7.16）求下列函数的拉普拉斯逆变换.

55. $\dfrac{p^3}{p^4+4}$ 56. $\dfrac{1}{p^4-1}$ 57. $\dfrac{p+1}{p(p^2+1)}$

58. $\dfrac{p^3}{p^4-16}$ 59. $\dfrac{3p^2}{p^3+8}$ 60. $\dfrac{1}{p^2(p+1)}$

61. $\dfrac{p^5}{p^6-64}$ 62. $\dfrac{(p-1)^2}{p(p+1)^2}$ 63. $\dfrac{p}{p^4-1}$

64. $\dfrac{p^2}{(p^2-1)(p^2-4)}$ 65. $\dfrac{p}{(p+1)(p^2+4)}$

66. 式（7.18）中，设 $u(x)$ 为偶函数，$v(x)$ 为奇函数.

（a）如果 $f(x)=u(x)+\mathrm{i}v(x)$，证明这些条件等价于方程 $f*(x)=f(-x)$.

（b）证明

$$\pi u(a) = \mathrm{PV} \int_0^\infty \frac{2xv(x)}{x^2 - a^2}\mathrm{d}x, \quad \pi v(a) = -\mathrm{PV} \int_0^\infty \frac{2au(x)}{x^2 - a^2}\mathrm{d}x.$$

67. 克雷默斯-克罗尼格的关系. 提示：为求 $u(a)$，把 $u(a)$ 积分用式（7.18）表示成一个从 $-\infty$ 到 0 积分和一个从 0 到 ∞ 积分之和. 在 $-\infty$ 到 0 积分，用 $-x$ 替换 x 得到从 0 到 ∞ 的积分得到从 0 到 ∞ 的积分，$v(-x) = -v(x)$，这两个 0 到 ∞ 相加、化简. 同样求 $v(a)$.

14.8　无穷点无穷远留数

用下面的方法考虑复平面与球面的对应关系. 在图 14.8.1 中，球面在原点 O 处与平面相切. 设 O 为球的南极，N 为球的北极. 如果穿过 N 的直线在 P 点与球面相交，在 Q 点与平面相交，就说球面上点 P 和平面上点 Q 是对应的点. 点 Q 离 O 越来越远，点 P 越来越接近 N. 如果 $z = x + \mathrm{i}y$ 是 Q 的复坐标，当 Q 离 O 越来越远时，就说 $z \to \infty$.

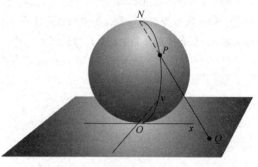

图　14.8.1

习惯上称点 N 对应于复平面上无穷远处的点. 平面上通过原点的直线与球面经线相对应. 经线都经过北极和南极. 与此对应，通过复平面上原点的直线经过无穷远处的点. 复平面上以 O 为圆心的圆对应球面上纬度平行线. 这种复平面到球面的映射称为立体投影，复平面到球面的映射也称球面到切平面的映射.

为研究函数在无穷远处的性质，用 $1/z$ 替换 z，考虑新函数在原点处的性质. 无穷大是原函数的正则点、极点等，这取决于新函数在原点的作用. 例如，考虑 z^2 在无穷远处的情况，$1/z^2$ 在原点有一个二阶极点，相当于 z^2 在无穷远有二阶极点. 或者对于 $e^{1/z}$，因为 e^z 在 $z = 0$ 解析，故 $e^{\frac{1}{z}}$ 在 ∞ 解析.

计算函数在 ∞ 处留数的方法，用 $1/z$ 替换 z，绕原点旋转. 为保持符号的简洁性，在 ∞ 附近取值用变量 Z，在 0 附近取值用变量 $Z = \dfrac{1}{z}$. 给出函数在 ∞ 处留数的定义，使留数定理成立，即

$$\oint_C f(Z)\mathrm{d}Z = 2\pi\mathrm{i}.\,(f(Z) \text{ 在 } Z = \infty \text{ 的留数}) \tag{8.1}$$

其中 C 为无穷处的闭合曲线（轮廓线），且没有其他奇点. 围绕 ∞ 的轮廓线的积分是什么意思呢？轮廓线所围区域，是指遍历轮廓线，封闭区域总在左边. 我们说的封闭区域是指围绕 ∞ 的区域. 这里的 C 是通常是圆，围绕 ∞ 区域在圆的外面.

图 14.8.1 可以说明这点. 对于围绕北极的小圆，小圆内区域，即包括北极 N 在内的区域，对应平面上大圆 C 外的点. 顺时针绕 C 旋转才能使左边区域在 ∞ 附近. 如果 $Z = R\mathrm{e}^{\mathrm{i}\Theta}$，绕 C 顺时针旋转，是 Θ 减少的方向. 对积分式（8.1）中的变量做以下变换：

$$Z = \frac{1}{z}, \quad \mathrm{d}Z = -\frac{1}{z^2}\mathrm{d}z$$

如果 $Z=Re^{i\Theta}$ 在 Θ 减少方向遍历半径为 R 的圆 C，$z=1/Z=\left(\dfrac{1}{R}\right)e^{-i\Theta}=re^{i\theta}$ 逆时针方向遍历半径 $r=1/R$ 的圆 C'，即当 Θ 减少，$\theta=-\Theta$ 增加. 式（8.1）成为

$$\oint_{C'}-\frac{1}{z^2}f\left(\frac{1}{z}\right)\mathrm{d}z=2\pi i f(Z)\text{在}Z=\infty\text{的留数} \tag{8.2}$$

式（8.2）中的积分是关于原点的积分，可通过 $(-1/z^2)f(1/z)$ 在原点的留数进行计算. C' 内没有 $f(1/z)$ 的奇点，因为假设 C 外除 ∞ 没有 $f(z)$ 的奇点. 因此有

$$(f(Z)\text{在}Z=\infty\text{的留数})=-\left(\frac{1}{z^2}f\left(\frac{1}{z}\right)\text{在}z=0\text{的留数}\right) \tag{8.3}$$

我们可以用已知的方法计算原点处的留数. 注意，函数在 ∞ 可能解析，但仍然有一个留数.

例　$f(Z)=1/Z$ 在 ∞ 是解析函数，因为 z 在原点解析，$f(Z)=1/Z$ 在 $Z=\infty$ 的留数是

$$-\left(\frac{1}{z^2}\cdot z\text{在}z=0\text{的留数}\right)=-1$$

习题 14.8

1. 设 $f(z)$ 洛朗级数展开，洛朗级数对某个圆以外的所有 z 都有效，即 $|z|>M$（参见第 14.4 节）. 这个级数称洛朗级无穷. 证明在一个非常大的圆（半径为 M）上沿正方向，洛朗级数逐项积分的结果为 $2\pi i b_1$，就如第 14.5 节留数定理的证明方法. 绕 ∞ 的积分取负方向，并等于 $2\pi i\cdot(\infty\text{的留数})$. 推断 $R(\infty)=-b_1$. 注意：用此方法计算 $R(\infty)$ 时，确保对所有足够大的 z，洛朗级数收敛.

2. （a）证明：如果 $f(z)$ 当 z 趋向无穷时趋向于有限值，$f(z)$ 在无穷处的留数是 $\lim\limits_{z\to\infty}z^2f'(z)$.

（b）证明：如果 $f(z)$ 趋向无穷时趋向于 0，$f(z)$ 在无穷处的留数是 $-\lim\limits_{z\to\infty}zf(z)$.

对于下面每个函数，求解无穷大时是正则点、本质奇点还是极点. 如果是极点，阶数是多少. 利用第 1 题，或第 2 题，或式（8.3），求出每个函数在无穷远的留数. 用计算机检查结果.

3. $\dfrac{z}{z^2+1}$　　4. $\dfrac{2z+3}{(z+2)^2}$　　5. $\sin\dfrac{1}{z}$　　6. $\dfrac{z^2+5}{z}$

7. $\dfrac{4z^3+2z+3}{z^2}$　　8. $\dfrac{z^2+2}{3z^2}$　　9. $\dfrac{z^2-1}{z^2+1}$　　10. $\dfrac{1+z}{1-z}$

11. $\tan\dfrac{1}{z}$　　12. $\ln\dfrac{z+1}{z-1}$

13. 给出代数基本定理的另一个证明（见习题 14.7 第 44 题）如下：设关于无穷大，$I=\oint f'(z)/f(z)\mathrm{d}z$，即绕非常大的圆 C 的负方向上. 利用式（7.8）辐角原理，通过求 $f'(z)/f(z)$ 在无穷大的留数来计算 I，证明：$f(z)$ 在 C 内有 n 零点.

通过计算无穷远留数计算下列积分. 通过计算所有有限极点的留数检查答案.（$\oint$ 是正方向）

14. $\oint\dfrac{1-z^2}{1+z^2}\dfrac{\mathrm{d}z}{z}$绕 $|z|=2$.　　15. $\oint\dfrac{z^2\mathrm{d}z}{(2z+1)(z^2+9)}$绕 $|z|=5$.

16. 在第 14 题和第 15 题中，有限点上的留数加上无穷处的留数之和为零. 证明对于有限个奇点的函数均成立.

14.9　映射

实变量 x 的函数 $y=f(x)$ 图形很常见. 对复变量 z 函数 $\omega=f(z)$ 的图形，有两个复变量 z

及 ω，如果在一个平面绘制 z，在另一个平面绘制 $\omega=f(z)$，则需四维空间，是没法做到的，需借助于另外的方法. 对函数 $y=f(x)$，不用平面，而用两条直线画图，则 $y=x^2$ 的"图"如图 14.9.1 所示. x 轴上的一个点，在 y 轴上给出对应点 $y=f(x)$，并用字母标记这两个点表示对应关系. 要完成这样的"图"，需要第二个正 y 轴对应于 x 取负值的 y 点.

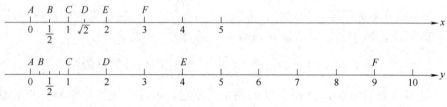

图 14.9.1

与此类似，分别用 z 平面、ω 平面表示复变量 $\omega=f(z)$ 函数的图形. z 平面上的点表示 z 值，相对应的 ω 值由 ω 平面上的一个点表示. ω，z 两个点为一对点，互称映像. 与图 14.9.1 中两直线标记对应的 x 点和 y 点一样，标记对应的一对 z 点和 ω 点，通常在两个平面上分别画出对应的曲线或区域. z 平面上的点与 ω 平面上点，即像点，它们之间的对应关系可以是点，可以是曲线，也可以是区域，称为映射或变换.

例 1 考虑函数 $\omega=\mathrm{i}+ze^{\frac{\mathrm{i}\pi}{4}}$，由 $x=$ 常数，$y=$ 常数而给出的坐标网格线映射至 ω 平面，见图 14.9.2 中的 z 平面. 可以看到，变换相当于网格旋转 $\pi/4$，因为 $ze^{\frac{\mathrm{i}\pi}{4}}=re^{\theta+\frac{\pi}{4}}$，再加上平移 i. $z=0$ 的图像是 $\omega=\mathrm{i}$. ω 平面如图 14.9.2 所示，

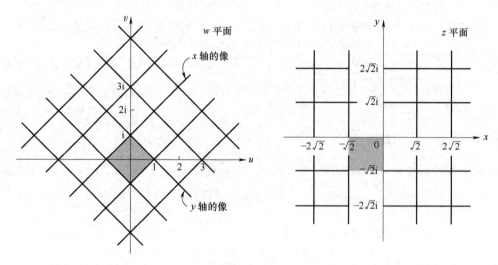

图 14.9.2

计算 u 和 v 如下：

$$w=\mathrm{i}+ze^{\mathrm{i}\pi/4}=\mathrm{i}+(x+\mathrm{i}y)\left(\cos\frac{\pi}{4}+\mathrm{i}\sin\frac{\pi}{4}\right)$$

$$=\mathrm{i}+(x+\mathrm{i}y)\left(\frac{1+\mathrm{i}}{\sqrt{2}}\right)=\frac{x-y}{\sqrt{2}}+\mathrm{i}\left(1+\frac{x+y}{\sqrt{2}}\right).$$

因 $\omega = u + \mathrm{i}v$,有

$$u = \frac{x-y}{\sqrt{2}}, \quad v = 1 + \frac{x+y}{\sqrt{2}}. \tag{9.1}$$

依次消去 x 和 y

$$u - v = -1 - y\sqrt{2}, \quad u + v = 1 + x\sqrt{2}. \tag{9.2}$$

x 轴 ($y=0$) 的图像由式 (9.2) 中的第一个方程得到,$u-v=-1$,y 轴 ($x=0$) 的图像由式 (9.2) 中的第二个方程得到,$u+v=1$. 在 ω 平面上绘制这些直线,并绘制 $x=\pm\sqrt{2}$、$x=\pm 2\sqrt{2}$ 的图像,由此得到图 14.9.2. 阴影部分是一对相互映像.

如果消去不容易,可以直接用式 (9.1) 画图. 对 $y=0$ 的图像,当 $y=0$ 时,式 (9.1) 为 $u=x/\sqrt{2}$,$v=1+x/\sqrt{2}$,这是 (u,v) 平面上以 x 为参数的曲线的参数方程. 同样可以求 $x=$ 常数的图像. 将 x 的值代入式 (9.1),得到两个以 y 为参数的参数方程.

直线 $u=$ 常数,$v=$ 常数,在 z 平面上的图像同样可得. 例如式 (9.1) 中令 $u=0$,得 $x-y=0$,v 轴 ($u=0$) 的图像是 (x,y) 平面上的 $45°$ 线. 由 w 平面对应 z 平面需旋转 $45°$. 可以从 z 平面或 ω 平面中任一平面的简单曲线或区域开始,在另一个平面上找到其映像.

例2 坐标网格通过函数 $\omega = z^2$ 把 $u=$ 常数,$v=$ 常数映射到 z 平面,有

$$w = z^2 = (x+\mathrm{i}y)^2 = x^2 - y^2 + 2\mathrm{i}xy,$$
$$u = x^2 - y^2, \quad v = 2xy. \tag{9.3}$$

方程 $u=$ 常数,图像为双曲线 $x^2-y^2=$ 常数,方程 $v=$ 常数,图像也是双曲线 $xy=$ 常数,如图 14.9.3. 也可以映射直线 $x=$ 常数,$y=$ 常数,到 ω 平面,是 (u,v) 平面上的两组抛物线. 可由计算机画出其精确图形.

例3 用极坐标 $\omega = z^2$ 进行映射,有

$$z = r\mathrm{e}^{\mathrm{i}\theta}, \quad \omega = z^2 = r^2 \mathrm{e}^{2\mathrm{i}\theta} \tag{9.4}$$

对 (x,y) 平面上圆 $r=1$ 内的区域,如果式 (9.4) $r=1$,有 $z=\mathrm{e}^{\mathrm{i}\theta}$,$\omega=\mathrm{e}^{2\mathrm{i}\theta}$,$\omega$ 的角度是 z 的两倍,因此,z 平面 $r=1$ 圆内的第一象限映射成 ω 平面半圆区域,如图 14.9.4 所示. z 平面第二象限 θ 从 $\pi/2$ 到 π 图像映射到 ω 平面下半圆,ω 从 π 到 2π. z 平面上圆盘一半已经映射至 ω 平面整个圆盘区域. 比较图 14.9.1 和关于第二个 y 轴的注释. 为了使 z 平面上的点与其在 ω 平面上的像具有一一对应关系,绘制了第二个 ω 平面,如图 14.9.4 所示中的 ω 平面 II,对应 z 平面下半部分点的图像.

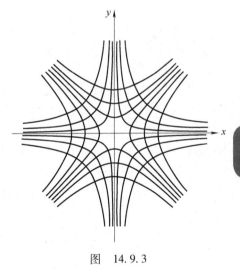

图 14.9.3

可验证 z 平面内两个低四分之一圆盘及其在 ω 平面 II 中映射的图是阴影部分. 当在 ω 平面角度到达 2π,转到 ω 平面 II,ω 角度达到 4π,转回 ω 平面 I. 以这种方式连接的两个 ω 平面称为黎曼曲面,每个平面称为黎曼曲面的叶,或称黎曼曲面的分支. 连接黎曼曲面叶片的线,是一个分支切割,这里是正实轴. 原点是一个支点,参见第 14.7 节例 5. 这里的分支切割和黎曼曲面在 ω 平面上,因 $z=\sqrt{\omega}$ 有两个分支.

对 $\omega=\sqrt{z}$,黎曼曲面在 z 平面,与第 10.7 节类似. 可以选择任何 2π 间隔作为 $\sqrt{\omega}$ 的分

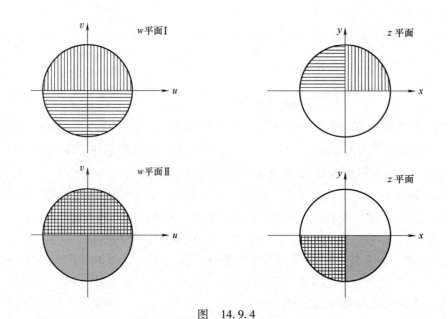

图 14.9.4

支，可以用 0 到 2π，也可以用 $-\pi$ 到 π，不需要沿 x 轴正方向进行分支切割. 黎曼曲面可以有多个分支（叶），如 $\omega = z^5$，有 5 个分支，对 $\omega = \ln z$，有无穷多分支. 有关详细信息，请参阅复变函数资料.

共形映射　我们一直在讨论映射或转换. 在第 3 章和第 10 章中都使用了转换概念，意思是变量的改变，或坐标系的改变，或基的改变. 这两次讨论之间的联系，在第 10 章中，只用了一个平面，(x,y) 平面. 一个点的定位，可用点的直角坐标 (x,y) 定位 (x,y) 平面上的一个点，也可用极坐标 (r,θ) 定位，或其他坐标 (u,v) 定位. 在极坐标下，圆 r = 常数，射线 θ = 常数，绘在 (x,y) 平面上. 同样，在任意坐标系 (u,v)，参见第 10 章第 10.8 节，曲线 u = 常数，v = 常数同样绘在 (x,y) 平面上. 在复变函数中，这相当于线 u = 常数，v = 常数从 ω 平面映射到 z 平面. 在第 10 章中，我们对正交曲线坐标的变换特别感兴趣. 解析函数 $\omega = f(z) = u + \mathrm{i}v$ 给出了到正交坐标系 (u,v) 的转换，有

$$\mathrm{d}z = \mathrm{d}x + \mathrm{i}\,\mathrm{d}y, \qquad \mathrm{d}w = \mathrm{d}u + \mathrm{i}\,\mathrm{d}v,$$
$$|\mathrm{d}z|^2 = \mathrm{d}x^2 + \mathrm{d}y^2, \qquad |\mathrm{d}w|^2 = \mathrm{d}u^2 + \mathrm{d}v^2. \tag{9.5}$$

(x,y) 平面上弧长微元的平方是

$$\mathrm{d}s^2 = \mathrm{d}x^2 + \mathrm{d}y^2 = |\mathrm{d}z|^2 = \left|\frac{\mathrm{d}z}{\mathrm{d}w}\right|^2 |\mathrm{d}w|^2 = \left|\frac{\mathrm{d}z}{\mathrm{d}w}\right|^2 (\mathrm{d}u^2 + \mathrm{d}v^2). \tag{9.6}$$

由于 $\mathrm{d}s^2$ 中没有 $\mathrm{d}u\mathrm{d}v$ 项，(u,v) 坐标系是正交的，参见第 10 章第 10.8 节. 这意味着如果从 $f(z) = u + \mathrm{i}v$ 中得到 $u(x,y)$ 和 $v(x,y)$，并在 (x,y) 平面上绘制曲线 $u(x,y)$ = 常数，$v(x,y)$ = 常数，可以得到两组互相正交的曲线. 这是 (u,v) 坐标系的坐标曲线，如第 10 章所示. 如果解方程 $u = u(x,y)$，$v = v(x,y)$，用 u，v 表示 x，y，可得从变量 x，y 到变量 u，v 的转换方程，参见第 10 章习题 10.8 第 6 题到第 9 题，由式（9.6）知，如果 $f(z)$ 解析，坐标系 (u,v) 是正交坐标系. 如图 14.9.3 所示，为两个正交双曲线集. 由式（9.6）可知，用这种方法得到的 (u,v) 坐标系中的两个比例因子是相等的.

由式（9.6）可知，用这种方法得到的 $a(u,v)$ 坐标系中的两个比例因子是相等的.

在第 10 章中只使用了一个平面. 对复变量，同时考虑 z 平面和 w 平面，z 平面即 (x,y) 平面，w 平面即 (u,v) 平面. 在 (x,y) 平面，弧长微元 $\mathrm{d}s$ 由 $\mathrm{d}s^2 = \mathrm{d}x^2 + \mathrm{d}y^2$ 给出. 同样，在 (u,v) 平面上，弧长微元 $\mathrm{d}S$ 由 $\mathrm{d}S^2 = \mathrm{d}u^2 + \mathrm{d}v^2$ 给出. 由式（9.5）可知，$\mathrm{d}s = |\mathrm{d}z|$，$\mathrm{d}S = |\mathrm{d}\omega|$，$\mathrm{d}S/\mathrm{d}s$ 等于 $|\mathrm{d}\omega/\mathrm{d}z|$. 考虑点 z 及其像 ω，$\omega(z)$ 是解析的，$\mathrm{d}\omega/\mathrm{d}z$ 不为零. 如果保持在 z 附近，$\mathrm{d}w/\mathrm{d}z$ 的值几乎是恒定的，比值 $\mathrm{d}S/\mathrm{d}s$ 几乎是恒定的. 这就是说，如果考虑 z 平面上的一个小区域（见图 14.9.5 中的 $ABCD$）及其 w 平面上图像（见图 14.9.5 中的 $A'B'C'D'$），则

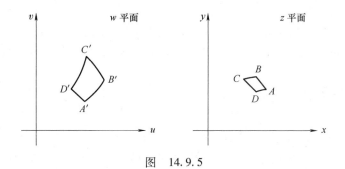

图　14.9.5

$$\frac{A'B'}{AB} = \frac{B'C'}{BC} = \frac{C'D'}{CD} = \frac{D'A'}{DA} = \frac{\mathrm{d}S}{\mathrm{d}s} = \left|\frac{\mathrm{d}w}{\mathrm{d}z}\right| \qquad (9.7)$$

也就是说，这两个小区域是相似的图形，因为对应的边是成比例的. 因解析函数映射的这种性质，故称为保角变换，其变换形式或形状相同. 同位角相等（$A'=A$），变换结果是每个无穷小的区域放大（或缩小）和旋转. 注意保角性质是局部性质，由于 $\mathrm{d}w/\mathrm{d}z$ 随着点的变化而变化，一个图形的每一个微小的位置都会被放大和旋转不同的量，一个大的图形在映射后将不会有相同的形状. 还要注意，在 $\mathrm{d}w/\mathrm{d}z = 0$ 的点附近没有保角，例如，在图 14.9.4 中，z 平面上原点的很小的四分之一圆映射成 w 平面上的很小的半圆.

习题 14.9

在下面这些问题中，应该能够用手绘出草图，要绘出精准的图，则需用计算机绘图.

1. 用 u 和 v 表示 x 和 y 的式（9.3），依据方程画出 z 平面直线 $x=$ 常数在 w 平面上的图像.（对于 x 的几个值），$y=$ 常数也是一样.

对于下面的函数 $w = f(z) = u + iv$，求出 x，y 的函数 u 和 v，在 (x,y) 平面上画出 $u=$ 常数，$v=$ 常数. $w = z^2$ 的 u 值和 v 值，如图 14.9.3 中所示. 曲线 $u=$ 常数与曲线 $v=$ 常数正交.

2. $w = \dfrac{z+1}{2i}$ 3. $w = \dfrac{1}{z}$ 4. $w = e^z$ 5. $w = \dfrac{z-i}{z+i}$

6. $\omega = \sqrt{z}$. 提示：等价于 $w^2 = z$，求出用 u 和 v 表示的 x 和 y，然后解出用 x 和 y 表示的 u 和 v 的方程组. 注意：这与第 1 题中 z 和 w 平面互换的问题是一样的.

7. $w = \sin z$ 8. $w = \cosh z$

描述黎曼曲面：

9. $w = z^3$ 10. $w = \sqrt{z}$ 11. $w = \ln z$

12. 如果 $w = f(z) = u(x,y) + iv(x,y)$，$f(z)$ 解析，定义一个从变量 x，y 到变量 u，v 的变换，证明：此变

换的雅可比矩阵是 $\dfrac{\partial(u,v)}{\partial(x,y)} = |f'(z)|^2$. 提示：为了简化行列式，使用柯西—黎曼方程.

13. 验证矩阵方程 $\begin{pmatrix} du \\ dv \end{pmatrix} = J \begin{pmatrix} dx \\ dy \end{pmatrix}$，其中 J 是一个矩阵，行列式是第 12 题中的雅可比矩阵. 用矩阵方程乘以它的转置，由第 12 题得到 $dS/ds = |dw/dz|$，如式（9.7）所示.

14. 我们讨论了保角变换放大和旋转一个无穷小的几何图形. 也了证明 $|dw/dz|$ 是放大因子. 证明：dw/dz 的角度是旋转角度. 提示：考虑弧 $dz = dx + idy$（长度为 ds，角度正切 dy/dx）的旋转和放大，获得 dz 图像所必需的要素，即 dw.

15. 比较方向导数 $d\phi/ds$（第 6 章第 6.6 节）在一个点和 dz 的方向在 z 平面上和方向的方向导数 $d\phi/dS$ 的 w 平面形象 $dwdz$. 由此可见，T 在 z 平面上给定方向的变化率与对应的 T 在 w 平面上图像方向的变化率成正比.（参见第 14.10 节，例 2.）表明比例常数为 $|dw/dz|$. 提示：参见式（9.6）和式（9.7）.

14.10 共形映射的一些应用

许多不同的物理问题都需要求拉普拉斯方程的解. 我们将展示如何用共形映射来解决一些这样的问题. 这项工作大部分可由计算机完成，但需要了解共形映射使用背后的基本理论. 本节的目的是了解这一背景. 首先我们考虑一个使用初等物理学就可解决的简单问题.

例 1 在图 14.10.1 中，(u,v) 平面的阴影区域表示矩形板. 板的表面和底面都是绝缘的，底部边缘温度保持在 $T = 0\,^\circ\mathrm{C}$，顶部边缘温度保持在 $T = 100\,^\circ\mathrm{C}$. 由基础物理可知，温度从底部边缘（$v = 0$）到顶部边缘（$v = \pi$）呈线性增长，即在板的任意点 $T = (100/\pi)v$. 让我们用更高级的方法进行推导. 根据热学理论可知，在没有热源的区域内，物体温度 T 满足拉普拉斯方程.（见第 13 章第 13.2 节）在这个问题中，求拉普拉斯方程的解以满足边界条件，即当 $v = \pi$ 时，$T = 100\,^\circ\mathrm{C}$，当 $v = 0$ 时，$T = 100\,^\circ\mathrm{C}$，在边缘 $\dfrac{\partial T}{\partial u} = 0$，（见第 13 章，习题 13.2 第 14 题）. 可验证 $T = 100v/\pi$ 条件满足 $\dfrac{\partial^2 T}{\partial u^2} + \dfrac{\partial^2 T}{\partial v^2} = 0$，并满足所有的边界条件. 还要注意，有简单方法来知道 v 满足拉普拉斯方程，即它是 $\omega = u + iv$ 的虚部. 据第 14.2 节定理 4，复变量解析函数的实部和虚部满足拉普拉斯方程.

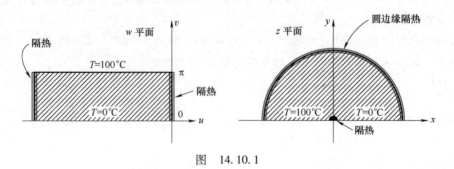

图　14.10.1

用该结果解决一个更难的问题.

例 2 考虑 ω 平面的矩形通过 $\omega = \ln z$ 函数映射到 z 平面（见图 14.10.1，z 平面），有

$$w = \ln z = \ln(re^{i\theta}) = \ln r + i\theta = u + iv,$$
$$u = \ln r, \quad v = \theta. \tag{10.1}$$

则 $v=0$ 映射成 θ, 即 x 轴正方向. $v=\pi$ 映射成 $\theta=\pi$, 即 x 轴负方向 (z 平面, 图 14.10.1). 矩形在 $u=0$ 的绝热端映射成 $\ln r=0$ 或 $r=1$, 矩形的左端映射成关于原点的小半圆, 可以把它看作在原点分离 x 轴上 0℃ 部分和 100℃ 部分的绝热点. 如果矩形的左端 $u=-\infty$, $\ln r = -\infty$, $r=0$, 图像是原点. 对于有限负数 u, 图像为 $r<1$ 的半圆). 我们现在可以解决图 14.10.1 z 平面的图像所示的问题. 半圆板的表面和边界绝热, 边界有一半在 0℃, 另一半在 100℃, 中间绝热. 求出平板上任意一点的温度 T. 为解决这个问题, 我们只需要用式 (10.1) 将 (u,v) 平面上的解变换为变量 x, y. 可求

$$T = \frac{100}{\pi}V = \frac{100}{\pi}\theta = \frac{100}{\pi}\arctan\frac{y}{x}, \quad 0 \leqslant \theta \leqslant \pi \tag{10.2}$$

容易证明上述解法满足拉普拉斯方程, 满足边界条件. 显然如果函数 $\phi(u,v)$ 满足拉普拉斯方程 $\dfrac{\partial^2 \phi}{\partial u^2} + \dfrac{\partial^2 \phi}{\partial v^2} = 0$, 将 $u=u(x,y)$, $v=v(x,y)$ 以 x, y 代入满足拉普拉斯方程 ϕ, 可得 x 和 y 的函数, 其中 u 和 v 是解析函数 $\omega - f(z)$ 的实部和虚部. 可知式 (10.2) 满足拉普拉斯方程, 这很容易直接验证. 我们知道变换后的 T 满足边界条件, 这是共形映射很有用的地方. 在图 14.10.1 中观察到, 已知温度问题解, 其简单的区域 (矩形) 边界通过变换成为一个我们要解决问题的更复杂区域的边界. 这是共形映射的基本方法, 从一个知道给定问题答案的简单区域, 转换到想要解决的区域. 任意 (x,y) 点处的温度与 (u,v) 像点处的温度相同, 因为通过同样替换从像点 $u=u(x,y)$, $v=v(x,y)$ 获取 x, y 函数温度. 因此, 变换区域边界上的温度与较简单的 (u,v) 区域相应边界上的温度相同. 同样, 等温线 (等温曲线) 转变为等温线, 在这个问题中 (u,v) 等温线是直线, $v=$ 常量, (x,y) 等温线是 $\theta=$ 常量. 可证明 T 在 (u,v) 平面垂直于边界方向上的变化率, 与相应的 T 在 (x,y) 平面上垂直于映像边界方向上的变化率成比例 (习题 14.9 第 15 题). 因此, 绝热边界 (通过其中 T 的变化率为零) 映射到绝热边. 垂直于等温线的直线或曲线表示热量流动的方向. 在图 14.10.1 中, 热量在 ω 平面上沿 $u=$ 常数的直线流动, 及 z 平面上沿 $r=$ 常数的圆流动. $r=$ 常数的圆, 是 $u=$ 常数的映像.

使用相同的映射函数 $\omega = \ln z$, 可以解决其他物理问题. 首先观察, 把图 14.10.1 看作三维问题的横截面 (所有平行横截面都相同), 那么式 (10.2) 也给出了三维问题的解. 在图 14.10.1 中, (u,v) 图是板在 $T=100$ 和 $T=0$ 处的横截面, 所有其他表面都是绝热的 (或延伸至无穷大). (x,y) 图同样可以表示半个圆柱体. 现在求解一个三维静电问题.

例 3 在图 14.10.2 中 (u,v) 图表示了两个无限平板的 (横截面), 一个电位 $V=0$ 伏特, 另一个电位 $V=100$ 伏特. (x,y) 图表示一个平面 (横截面), 其右半边电势 $V=0$ 伏特, 左半边电势 $V=100$ 伏特. 从电学中知道, 静电势 V 在没有自由电荷的区域满足拉普拉斯方程 (见第 13 章, 第 13.1 节). 式 (10.1) 的映像给出了图 14.10.2 所示的结果, 而电势是由

$$V = \frac{100}{\pi}v = \frac{100}{\pi}\theta = \frac{100}{\pi}\arctan\frac{y}{x}, \quad 0 \leqslant \theta \leqslant \pi$$

如式 (10.2). 在 (x,y) 平面上的等势 ($V=$ 常量) 是直线 $\theta=$ 常数, 电场 $E=-\nabla V$, 且 V 的梯度垂直于 $V=$ 常数, 见第 6 章第 6.6 节. 则任意点的电场方向与通过该点的等势垂直. 因

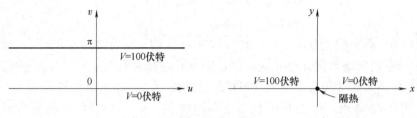

图 14.10.2

此，如果我们画出垂直于等电位的曲线 $r=$ 常数，那么圆一点的切线就给出了此点电场 E 的方向．注意温度问题的等温线和等电位之间的对应关系，以及电通量线（与 E 相切的曲线）和热流直线或曲线之间的对应关系．

我们也可以用共形映射来解决流体动力学中的问题（见第 6 章，第 6.10 节）．考虑水流通过二维薄片 (x,y) 或平面 (u,v)，或虽有深度但在所有平面都平行于 (x,y) 平面（或 (u,v)）．虽然讨论水很方便，但实际上需要无旋转流（见第 6 章，第 6.11 节）的非粘性不可压缩流体．液体的速度 V 由 $V=\nabla\Phi$ 给出，Φ（称为速度势）满足拉普拉斯方程．水大约能满足这些要求．

例 4 图 14.10.3 显示了在热问题和静电问题中即 $\omega=\ln z$ 使用的相同转换所关联的两种流型．在图 14.10.3 的 ω 平面中，我们可以看到水以恒定的速度沿 u 方向流动，沿着 $v=0$ 和 $v=2\pi$ 之间的通道流动．注意 v 是 $\omega=u+iv$ 的虚部，与速度无关．速度势 $\Phi=V_0u$，速度 $V=\nabla\Phi$ 在 u 方向有分量 $\dfrac{\partial\Phi}{\partial u}=V_0$，在假定的 v 方向 $\partial\Phi/\partial v=0$．函数 $\Phi+i\Psi=V_0\omega=V_0(u+iv)$ 称为复势，函数 Ψ（Φ 共轭；参见第 14.2 节）称为流函数．直线簇 $\Psi=$ 常数（即在 ω 平面上 $v=$ 常量），是水流动的线簇，称为流线．观察到线簇 $\Phi=$ 常数和线簇 $\Psi=$ 常数，是相互垂直的直线簇．水流穿过 Φ 常数的线簇，沿常数 Ψ 流线，通道边界（$v=0$ 和 $v=2\pi$）一定是流线．水从左边（见图 14.10.3，ω 平面）流到右边．左边为源，右边为汇．

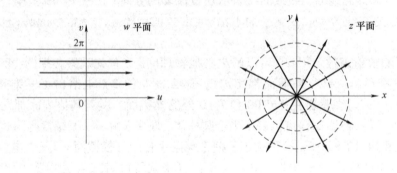

图 14.10.3

现在考虑通过函数 $\omega=\ln z$ 将图 14.10.3 的 ω 平面流映射到 z 平面，复势是

$$\Phi+i\Psi=V_0w=V_0\ln z=V_0(\ln r+i\theta).$$

流线为 $\Psi=$ 常数，或 $\theta=$ 常数，即射线．$\Phi=$ 常数的曲线，是 $r=$ 常数的圆簇，垂直于流线．速度是

$$V=\nabla\,\Phi=V_0\,\nabla(\ln r)=V_0\left(\mathrm{e}_r\frac{\partial}{\partial r}+\mathrm{e}_\theta\frac{1}{r}\frac{\partial}{\partial\theta}\right)\ln r=\mathrm{e}_r\frac{V_0}{r}.$$

我们所描述的是水沿着径向线从源头流出. 由于相同数量的水穿过绕原点的小圆或大圆, 水的速度随 r 的增大而减小($|V|=V_0/r$).

通过等势与流线的交换, 我们可以从任意给定的流型中得到另一种流型. 在图 14.10.3 的 z 平面中, 水流的圆为 $r=$ 常数, 就像流线一样, 对应着绕原点的水漩涡运动, 称为漩涡. 这个图还有其他的应用. $r=$ 常数的圆簇给出垂直于(x,y)平面并通过原点的长载流导线的磁场方向. $\theta=$ 常数的径向线, 给出带有静电荷的类似长导线的电场方向. 径向线给出了原点小物体的热流方向, $r=$ 常数的圆簇是等温线. 从这些知道答案的问题开始, 并使用各种保角变换, 我们可以解决许多其他的物理问题, 包括流体、电、热等. 一些例子在问题中有概述, 也可以在复变函数书籍中找到更多例子.

例 5 这是用共形映射的稍复杂的例子. 在这个例子中, 我们将能够解决两个有趣的物理问题: (1) 求出水从一个直线通道的末端流入开口的流型, (2) 求出平行板电容器末端的边缘效应 (边缘).

考虑映射函数

$$z=w+\mathrm{e}^w=u+\mathrm{i}v+\mathrm{e}^u\mathrm{e}^{\mathrm{i}v}=u+\mathrm{i}v+\mathrm{e}^u(\cos v+\mathrm{i}\sin v),$$

$$x=u+\mathrm{e}^u\cos v,\quad y=v+\mathrm{e}^u\sin v.$$

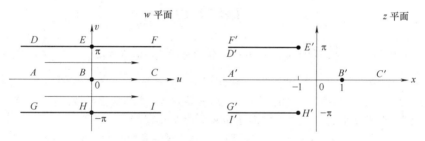

图　14.10.4

在图 14.10.4 的 ω 平面中, 我们在直线 DEF 和 GHI 之间的区域画出了匀速平行的水流. 这就像图 14.10.3 中的水流 ω 平面一样. 现在据式 (10.3) 将 ω 平面流线映射到 z 平面. 在 u 轴上 $v=0$, 将 $v=0$ 代入式 (10.3), 得到 $y=0$, $x=u+\mathrm{e}^u$. 在 $u=-\infty$ 对应 $x=-\infty$, $u=0$ 对应 $x=1$ 和 $u=+\infty$ 对应 $x=+\infty$ 的情况下, u 轴映射到 x 轴 ($y=0$), 如图 14.10.4 所示, 即线 ABC 映射到线 $A'B'C'$. 在线 DEF 上, $v=\pi$, 将 $v=\pi$ 代入式 (10.3), 得到 $y=\pi$, $x=u+\mathrm{e}^u\cos\pi=u-\mathrm{e}^u$. 然而, $v=\pi$ 的映像并不是整条 $y=\pi$ 线. 考虑 $x=u-\mathrm{e}^u$. 求 $\mathrm{d}x/\mathrm{d}u=1-\mathrm{e}^u=0$, $\dfrac{\mathrm{d}^2x}{\mathrm{d}u^2}=-\mathrm{e}^u=<0$ 时, x 的最大值. 当 $u=0$, $x=-1$ 满足这些方程. 点 $E(u=0,v=\pi)$ 映射到点 $E'(x=-1,y=\pi)$. 因此, ω 平面上的 DE 映射到 z 平面上的直线 $y=\pi$ 的一段, 至 $x=-1$, 其中 $u=-\infty$ 对应 $x=-\infty$, $u=0$ 对应 $x=-1$. 关于 EF 映射, 我们知道 x 在 $u=0$ 处取最大值, 并随着 u 的增加而减小. 对于非常大的正数 u, $x=u-\mathrm{e}^u$ 是负的, 且绝对值很大, 因为 $\mathrm{e}^u\gg u$. $v=\pi(EF)$ 正数部分映射到相同的线段($y=\pi,x\le-1$), 得到负数部分的映射 (DE), 但这次线段 (EF, z 平面) 向后遍历. 这就好像直线 $y=\pi$ 在 $x=-1$ 打破, 弯曲回自身 $180°$ 的角度.

通过并行线 *GHI* 的讨论，我们发现它映射如图 14.10.4 所示到线 *G'H'I'*. ω 平面上的其他流线由 $v=$ 常数给出，v 介于 $-\pi$ 和 π 之间. 如果代入 $v=$ 常数到式（10.3）的 x 和 y 方程中，可得 z 平面流线的参数方程，以 u 为参数. 对于任意的 v 值，这些流线可以在 z 平面上绘制，其中一些用图 14.10.5 中的实线表示. 可把 *D'E'* 和 *G'H'* 认为 z 平面一个通道的边界，水流来自 $x=-\infty$. 边界止于 $x=-1$，通道出来的水流传播在整个平面上，包括传播回到通道边界外（*E'F'* 和 *H'I'*）. 这是正确的根据我们的映射，边界流线 *DEF* 映射到折返线 *D'E'F'*，*GHI* 到 *G'H'I'* 也类似.

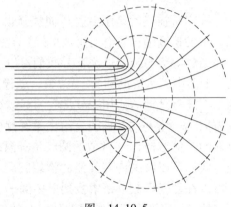

图　14.10.5

对于电气应用，让 *DEF* 和 *GHI* 代表（横截面）一个大的平行板电容器. 直线 $v=$ 常数为等势，直线 $u=$ 常量给出电场 E 的方向，在 z 平面上的像表示平行平板电容的末端（横截面）. 等势映像 $v=$ 常数. 为 z 平面上的等势（与流线相同，在图 14.10.5 中以实线表示）. 直线 $u=$ 常量的映像（如图 14.10.5 所示中的虚线所示）给出了平行板电容末端电场的方向. 在板块内部，E 线是垂直的，但在末端向外突出，这种效应被称为边缘效应.

习题 14.10

1. 证明式（10.2）后面的定理如下：设 $\phi(u,v)$ 是调和函数，即 ϕ 满足 $\dfrac{\partial^2 \phi}{\partial x^2}+\dfrac{\partial^2 \phi}{\partial y^2}=0$. 证明：存在解析函数 $g(\omega)=\phi(u,v)+\mathrm{i}\Psi(u,v)$（见第 14.2 节）. 设 $\omega=f(z)=u+iv$ 是另一个解析函数（这是映射函数），证明函数 $h(z)=g(f(z))$ 是解析函数. 提示：证明 $h(z)$ 有导数（如何求复合函数的导数，如 $\ln\sin z$），由第 14.2 节，$h(z)$ 的实部是调和的，证明这个实部是 $\phi(u(x,y),v(x,y))$.

2. 如果 $\nabla\times V=0$，则称流体为无旋流体，其中 $V=$ 流体速度（见第 6 章，第 6.11 节），$V=\nabla\Phi$. 据第 6 章习题 6.10 第 15 题证明，如果流体是不可压缩的，Φ 满足拉普拉斯方程.（注意：在第 6 章中，用了 $V=vp$，$v=$ 速度，$V=$ 流体速度）

3. 据电学假设方程 $\nabla\cdot D=\rho$，$E=-\nabla V$，$D=\varepsilon E$，$\varepsilon=$ 常数，证明：在自由电荷密度为零的区域，V 满足拉普拉斯方程.

4. 如右图所示，设四分之一圆形平板，其表面和弯曲边界绝热，两直线边保持 0℃ 和 100℃. 求板内温度分布 $T(x,y)$ 和等温线方程. 提示：使用映射函数 $\omega=\ln z$，如图 14.10.1 所示. ω 平面映射到 y 轴的直线是什么？

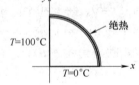

5. 考虑由两个很大的垂直板组成的电容器（设第 4 题图中的正 x 轴和正 y 轴表示电容器的截面）. 设一个板（x 轴）保持电压 $V=0$，另一个板（y 轴）保持电压 $V=100$ 伏特. 求 $x>0$，$y>0$ 的势 $V(x,y)$，和等势方程. 提示：这个问题在数学上与第 4 题相同.

6. 设右图表示一个热圆柱体（假设 $T=100$）放在一个冷平面（假设 $T=0$）上的横截面（用绝缘材料将两者分开），求阴影区域的温度. 或者，假设圆柱体和平面保持两个不同的电势（中间有绝缘层），找出阴影区域的电势. 求出并画出沿着热流的等温线（等势线）和曲线（垂直于等温线），在电场的情况下为通量线. 提示：使用映射函数 $\omega=1/z$，并考虑 ω 平面区域

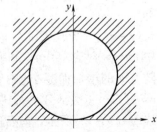

$v=0$ 和 $v=-1$ 之间的映像.

7. 使用映射函数 $\omega=z^2$ 求出围绕直角边界内部的水流流线. 求速度势 Φ, 流函数 Ψ, 速度 $V=\Phi$.

8. 观察第 7 题中速度的大小可以由 $V=V_0\,|\mathrm{d}w/\mathrm{d}z|$ 得到. 证明这个结果在一般情况下是成立的. 设 $\omega=f(z)$ 为解析映射函数, 使 $v=$ 常量的直线, 映射到 z 平面上的流线, 则

$$V_0 w = V_0(u+\mathrm{i}v) = \Phi(x,y)+\mathrm{i}\Psi(x,y).$$

证明

$$V_0\frac{\mathrm{d}w}{\mathrm{d}z}=\frac{\partial\Phi}{\partial x}-\mathrm{i}\frac{\partial\Phi}{\partial y}=V_x-\mathrm{i}V_y$$

（这个表达式称为复速度）. 从而证明：$V=V_0\,|\mathrm{d}w/\mathrm{d}z|$.

9. 如下图所示, 求出并画出流经半圆形隆起的水流的流线, 比如在小溪底部半埋的原木. 提示：用映射函数 $\omega=z+z^{-1}$. 证明：u 轴映射到 $ABCDE$ 轮郭线.

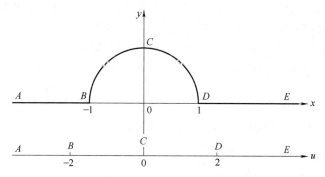

10. 求出并画出矩形边界内水流的流线（见右图）. 提示：考虑 $\omega=\sin z$, 将 u 轴映射到矩形的边界.

11. 对于 $\omega=\ln\left[(z+1)/(z-1)\right]$, 证明：$u=$ 常量, $v=$ 常量, 是两个正交圆的图像集. 对每个集求出 5 个或 6 个圆的圆心和半径, 并画出它们, 包括圆心在原点的圆.

用第 11 题的结果解下列物理问题.

12. 右图中所示为一个长圆柱体（假设无限长）的横截面切成两半, 上半部分和下半部分绝热. 设上半部分表面温度保持在 $T=30\,℃$, 下半部分表面温度保持在 $T=10\,℃$. 求圆柱体内部的温度 $T(x,y)$. 提示：线 $v=\pi/2$ 映射到 $|z|=1$ 的下半部分, 直线 $v=3\pi/2$ 映射到圆的上半部分.

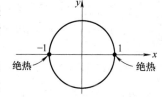

13. 设第 12 题中的图形表示电容的横截面, 其下半部分电势 V_1, 上半部分电势 V_2. 求平面之间（即圆内）的势 $V(x,y)$. 提示：这和第 12 题差不多. 注意, 在教材和第 12 题中, ω 平面温度的形式为 Av, A 为常数. 这里需要 $Av+B$ 形式的电势, A 和 B 常数.

14. 在第 12 题的图中, 设 $z=-1$ 为源, $z=+1$ 为汇, 设水在圆形边界内流动. 求出 Φ, Ψ, V, 并画出流线.

15. 在 14 题中, 流线是 $v=$ 常数的图像. 考虑流线 $u=$ 常数（在整个平面上, 即没有边界）的流动. 这种流动可以描述为两个向相反方向旋转的旋涡. 画出用箭头表示速度方向的流线. 由于边界是流线, 沿流线插入边界不会干扰流动. 插入两个圆, 其边界对应于 $u=a$, $u=-a$. 证明速度穿过细管颈（$z=0$）速度大于其他地方（比如在 $z=\mathrm{i}$）. 可以通过证明第 8 题的结果在这里也成立, 简化速度的计算.

16. 两个平行的长圆柱体组成一个电容器. 设横截面是 $u=a$ 和 $u=-a$ 的映像, 如果其电势保持 V_0 和 $-V_0$, 求它们之间每点的电势 $V(x,y)$. 假设圆柱体单位长度的电荷 $q=V_0/(2a)$, 则电容（单位长度）为 $q/(2V_0)$, 由 $1/(4\cosh^{-1}d/(2r))$ 给出, 其中 d 为两个圆柱体中心的距离, 半径为 r.

17. 可用第 11 题映射函数的其他问题.（a）由两个长圆柱体组成, 一个在套在另一个里面, 但不同心

的电容.（b）垂直于电流相等但相反的两根长导线的平面内的磁场.（c）垂直于一根带正电，一根带负电的两根长平行导线的平面上的电场.（d）通过沿流线插入边界获得的其他电流问题.

14.11　综合习题

在第 1 题和第 2 题中，验证给定函数是调和的，并求函数 $f(z)$ 的实部函数.

提示：参考习题 14.2 第 64 题. 对第 2 题，参考第 2 章第 2.17 节第 19 题.

1. $\ln\sqrt{(1+x)^2+y^2}$ 　　　　　　　　2. $\arctan\dfrac{y}{x+1}$

3. 刘维尔定理：假设 $f(z)$ 除 ∞ 外对所有 z 都是解析，且有界的，即对所有 z 和任意有 $|f(z)|\leqslant M$，证明：$f(z)$ 为常数. 提示：如果 $f'(z)=0$，则 $f(z)=$ 常数. 为了说明这一点，把 $f'(z)$ 写成习题 14.3 第 21 题，其中 C 为是半径为 R，中心为 z 的圆，也就是 $\omega=z+Re^{i\theta}$. 证明：$|f'(z)|\leqslant M/R$，并令 $R\to\infty$.

4. 利用刘维尔定理证明代数基本定理. 提示：设 $P(z)$ 是次数大于 1 的多项式，则 $f(z)=1/P(z)$ 是区域内不含 $P(z)$ 零点的有界解析函数. 反证 $P(z)$ 在任何区域没有零点的假设不成立.

在第 5 题~第 8 题中，求给定函数在所有极点上的留数，$z=re^{i\theta}$，$0\leqslant\theta\leqslant2\pi$.

5. $\dfrac{z^{1/3}}{1+z^2}$ 　　　　6. $\dfrac{\sqrt{z}}{1+8z^3}$ 　　　　7. $\dfrac{\ln z}{1+z^2}$ 　　　　8. $\dfrac{\ln z}{(2z-1)^2}$

在第 9 题和第 10 题中，用洛朗级数求给定函数在原点的留数.

9. $\dfrac{\sin z^2}{z^7}$ 　　　　　　　　10. $\dfrac{\ln(1-z)}{\sin^2 z}$

11. 将函数 $f(z)=e^z/(1-z)$ 在区域 $|z|<1$ 和 $|z|>1$ 内分别展开成洛朗级数.

提示：当 $|z|<1$ 时，将两个幂级数相乘，即可求出 $f(z)=\displaystyle\sum_{n=0}^{\infty}a_n z^n$，其中，$a_n=\displaystyle\sum_{k=0}^{n}1/k!$.

当 $|z|>1$ 时，利用式（4.3），其中 C 为圆周 $|z|=a$ 且 $a>1$. 通过计算函数在 1 和 0 处的留数求出这些积分，即可得到 $f(z)=\displaystyle\sum_{n=0}^{\infty}a_n z^n+\sum_{n=1}^{\infty}b_n z^{-n}$，其中，所有的 $b_n=-e$，而 $a_n=-e+\displaystyle\sum_{k=0}^{n}1/k!$.

12. 设 $f(z)$ 为 $\sqrt{z^2-1}$ 满足当 z 取足够大的正实数时 $f(z)$ 亦为正的对应分支. 将平方根按 $1/z$ 的次幂展开，得到 $f(z)$ 关于 ∞ 的洛朗级数，故由问题 8.1 可得 $f(z)$ 在点 ∞ 处的留数. 利用式（8.2）验证所得的结果.

在第 13 题和第 14 题中，求给定点上的留数.

13. (a) $\dfrac{\cos z}{(2z-\pi)^4}$ 在 $\dfrac{\pi}{2}$ 　　　　　　(b) $\dfrac{2z^2+3z}{z-1}$ 在 ∞

　　(c) $\dfrac{z^3}{1+32z^5}$ 在 $z=-\dfrac{1}{2}$ 　　　　　　(d) $\csc(2z-3)$ 在 $z=\dfrac{3}{2}$

14. (a) $\dfrac{\ln(1+2z)}{z^2}$ 在 0 　　　　　　(b) $\dfrac{1}{z}\sin(2z+5)$ 在 ∞

　　(c) $\dfrac{z^3}{4z^4+1}$ 在 $\dfrac{1}{2}(1+i)$ 　　　　　　(d) $\dfrac{z\sin 2z}{(z+\pi)^2}$ 在 $-\pi$

在第 15 题~第 20 题中，用围线积分求积分值.

15. $\displaystyle\int_0^{\pi}\dfrac{\cos\theta\,d\theta}{5-4\cos\theta}$ 　　　　　　16. $\displaystyle\int_0^{2\pi}\dfrac{\sin\theta\,d\theta}{5+3\sin\theta}$

17. $\displaystyle\int_0^{\infty}\dfrac{\cos x\,dx}{(4x^2+1)(x^2+9)}$ 　　　　　　18. $\displaystyle\int_0^{\infty}\dfrac{x\sin(\pi x/2)}{x^4+4}dx$

19. $PV\displaystyle\int_{-\infty}^{\infty}\frac{\sin x\mathrm{d}x}{(3x-\pi)(x^2+\pi^2)}$ 　　　　20. $PV\displaystyle\int_{-\infty}^{\infty}\frac{\cos x\mathrm{d}x}{x(1-x)(x^2+1)}$

用围线积分法或图示法验证第 21 题~第 27 题中的公式，假设 $a>0$，$m>0$．

21. $\displaystyle\int_{0}^{2\pi}\frac{\mathrm{d}\theta}{a+b\sin\theta}=\int_{0}^{2\pi}\frac{\mathrm{d}\theta}{a+b\cos\theta}=\frac{2\pi}{\sqrt{a^2-b^2}}$，　　$|b|<a$

22. $\displaystyle\int_{0}^{2\pi}\frac{\mathrm{d}\theta}{(a+b\sin\theta)^2}=\int_{0}^{2\pi}\frac{\mathrm{d}\theta}{(a+b\cos\theta)^2}=\frac{2\pi a}{(a^2-b^2)^{3/2}}$，　　$|b|<a$

提示：可直接通围线积分完成，但是第 21 题对 a 求导会更容易．

23. $\displaystyle\int_{0}^{2\pi}\frac{\sin\theta\mathrm{d}\theta}{a+b\sin\theta}=\int_{0}^{2\pi}\frac{\cos\theta\mathrm{d}\theta}{a+b\cos\theta}=\frac{2\pi}{b}\left(1-\frac{a}{\sqrt{a^2-b^2}}\right)$，　　$|b|<a$

24. $\displaystyle\int_{0}^{\infty}\frac{\cos mx\mathrm{d}x}{x^2+a^2}=\frac{\pi}{2a}\mathrm{e}^{-ma}$ 　　　　25. $PV\displaystyle\int_{0}^{\infty}\frac{\cos mx\mathrm{d}x}{x^2-a^2}=-\frac{\pi}{2a}\sin ma$

26. $\displaystyle\int_{0}^{\infty}\frac{x\sin mx\mathrm{d}x}{x^2+a^2}=\frac{\pi}{2}\mathrm{e}^{-ma}$ 　　　　27. $PV\displaystyle\int_{0}^{\infty}\frac{x\sin mx\mathrm{d}x}{x^2-a^2}=\frac{\pi}{2}\cos ma$

第 26 题和第 27 题的提示：第 24 题和第 25 题对 m 求导．

28. 用图 14.7.4 的围线计算 $\displaystyle\int_{0}^{\infty}\frac{\sqrt{x}\ln x\mathrm{d}x}{(1+x)^2}$．

提示：沿 DE，$z=r\mathrm{e}^{2\pi\mathrm{i}}$，所以 $\ln z=\ln r+2\pi\mathrm{i}$．

29. 用图 14.7.3 的围线计算 $\displaystyle\int_{0}^{\infty}\frac{(\ln x)^2}{1+x^2}\mathrm{d}x$．

注意：也如证明 $\displaystyle\int_{0}^{\infty}\frac{\ln x}{1+x^2}\mathrm{d}x=0$．

30. 证明：

$$PV\int_{0}^{\infty}\frac{\cos(\ln x)}{x^2+1}\mathrm{d}x=\frac{\pi}{2\cosh(\pi/2)}.$$

对 $\dfrac{\mathrm{e}^{\mathrm{i}\ln z}}{z^2-1}$ 绕图 14.7.3 的围线积分，但顺时针方向旋转 90°，使直边沿 y 轴．

与第 14.7 节一样，求出第 31 题~第 34 题的方程在每个象限的根．

31. $z^4+3z+5=0$ 　　　　32. $z^3+2z^2+5z+6=0$

33. $z^6+z^3+9z+64=0$ 　　　　34. $z^8+5z^3+3z+4=0$

35. 证明柯西—黎曼方程［见式（2.2）和习题 14.2 第 46 题］在一般正交曲线坐标系下（见第 10 章，第 10.8 节和第 10.9 节）为

$$\frac{1}{h_1}\frac{\partial u}{\partial x_1}=\frac{1}{h_2}\frac{\partial v}{\partial x_2},\quad \frac{1}{h_1}\frac{\partial v}{\partial x_1}=-\frac{1}{h_2}\frac{\partial u}{\partial x_2}$$

其中，如第 10 章，变量为 x_1，x_2，比例因子为 h_1，h_2．

提示：考虑两个垂直方向上的方向导数（第 6 章，第 6.6 节）（比较习题 14.2 第 46 题）．也证明 u 和 v 满足拉普拉斯方程，第 10 章式（9.10）（去掉 x_3 项，设 $h_3=1$）．

36. 证明：调和函数 $u(x,y)$ 在每一点 a 上等于它以 a 为圆心的任何圆上的平均值，位于 $f(z)=u(x,y)+\mathrm{i}v(x,y)$ 解析的区域．提示：在式（3.9）中，令 $z=a+r\mathrm{e}^{\mathrm{i}\theta}$，即 C 为圆心在 a 点的圆，证明：$f(z)$ 在圆上的平均值为 $f(a)$（关于函数平均值的讨论，见第 7 章第 7.4 节）．取 $f(a)=[u(x,y)+\mathrm{i}v(x,y)]_{z=a}$ 的实部和虚部．

37. 不是常量的调和函数在任何区域的边界上取其最大值和最小值（不在内部点上）．例如，在一个不含自由电荷的区域内，静电势 V 在该区域的边界上取其最大值和最小值．同样，不含热源物体的温度 T 的最大值和最小值都在物体表面．在二维区域证明：假设 $u(x,y)$ 在某内点 a 取值最大，这意味着，在关于 a

的小圆盘的所有点上，$u(x,y)$ 的值不大于 a 点的值. 由第 36 题证明，这样的假设会导致矛盾（除非 $u=$ 常量）. 同样可以证明 $u(x,y)$ 不能在内点取其最小值.

38. 证明：有限区域内拉普拉斯方程的狄利克雷问题（见第 13 章第 13.3 节）有唯一解. 也就是说，具有相同边界值的两个解 u_1 和 u_2 是相同的. 提示：考虑 u_2-u_1，应用第 37 题. 也可见第 13 章，对式（2.17）讨论.

39. 用以下映射序列求 $y \leqslant 0$，$0 \leqslant x \leqslant \pi$ 的半无限长带中的稳态温度 $T(x,y)$，设 $T(x,0)=100℃$，$T(0,y)=T(\pi,y)=0$ 及 $y \to \infty$ 时，$T(x,y) \to 0$（见第 13 章第 13.2 节）.

（a）利用 $\omega=(z'-1)/(z'+1)$ 将半平面 $v \geqslant 0$ 映射到上半平面 $y'>0$ 上，正 u 轴对应两条射线 $x'>1$ 和 $x'<-1$，负 u 轴对应于 x' 轴的区间 $-1 \leqslant x \leqslant 1$.

（b）用 $z'=-\cos z$ 在（a）中描述的半平面 z' 映射半带 $0<z<\pi$，$y>0$. 间隔 $-1 \leqslant x' <1$，$y'=0$ 对应带的底部 $0<x<\pi$，$y=0$.

注：(u,v) 平面中的温度问题与图 14.10.1 和图 14.10.2 中 z 平面中的温度问题类似，因此用 $T=(100/\pi)$ $\arctan(v/u)$ 表示. 在 z 平面求

$$T(x,y)=\frac{100}{\pi}\arctan\frac{2\sin x \sinh y}{\sinh^2 y - \sin^2 x}.$$

设 $\tan\alpha=\dfrac{\sin x}{\sinh y}$，求 $\tan 2\alpha$，得

$$T(x,y)=\frac{200}{\pi}\arctan\frac{\sin x}{\sinh y}.$$

如果将 10 替换为 π 这与第 13 章习题 13.2 第 6 题中的答案是一样的.

40. 用拉普拉斯变换表的 L13 求 $\sin at \sinh$ 的拉普拉斯变换. 通过使用布罗米奇积分求其逆变换来验证结果.

41. 计算围线积分 $\displaystyle\int_0^\infty \frac{\cos^2(\alpha\pi/2)}{(1-\alpha^2)}\mathrm{d}\alpha$.

提示：$\cos^2(\alpha\pi/2)=(1+\cos\alpha\pi)/2$，计算 $\displaystyle\oint \frac{1+\mathrm{e}^{\mathrm{i}\pi z}}{(z-1)^2(z+1)^2}\mathrm{d}x$ 绕上半平面，这些极点实际上是单极点（参见第 14.7 节，例 4）.

第 *15* 章

概率与统计

15.1 简介

概率论在物理学中有许多应用. 它在量子力学中具有基本的重要性，其结果可以用概率来表示（见第 13 章，薛定谔方程）. 在处理大量的粒子或变量过程中，例如在动力学理论和统计力学以及各种各样的工程问题中，如果我们不可能或不需要实际地获得关于每一个粒子或变量的完整信息，那么就需要用到概率论的知识. 统计学用来解释处理数据集，是概率论的一部分. 每次进行一组试验测量时，都需要统计术语和方法. 在这一章，我们将讨论概率和统计在应用中经常使用的一些基本思想.

"可能"这个词在日常生活中经常使用. 我们说"考试可能很难""今天可能下雪""我们可能会赢这场比赛"等. 这种说法总是意味着对某一事件的结果有部分的不确定性. 我们不会对事件确知的结果说"可能". 概率论试图更精确地表达我们不确定的部分. 我们说抛一次硬币正面朝上的概率为 1/2，同理反面朝上的概率也一样. 我们的意思是这个试验有两种可能的结果（如果我们不考虑硬币立在边缘的可能性），我们没有理由期望一种结果比另一种结果具有更大的可能性. 因此，我们给这两种可能的结果分配相等的概率（对此的进一步讨论见第 15.2 节末尾.）

思考如下问题. 你我各抛一枚硬币，然后仅观察自己的硬币. 那么问题是"两枚硬币都是正面的概率是多少？"，假设你看到你抛的硬币是反面，你会说两个硬币都是正面的概率是 0 因为你知道你抛的硬币是反面. 另一方面，如果我看到我抛的硬币是正面，然后我会说两个都是正面的概率是 1/2，因为我不知道你抛的硬币是正面还是反面. 现在假设我们都不看硬币，但是第三个人看了两枚硬币，并告诉我们至少有一枚是正面. 如果没有这个信息，会有四种可能性，即：

$$\text{正正} \quad \text{反反} \quad \text{反正} \quad \text{正反} \tag{1.1}$$

并且以上四种情况的概率都为 1/4（见第 15.2 节的末尾和第 15.3 节）. "至少有一枚是正面"的这个信息排除了反反，但没有提供关于其他三种情况的新信息. 由于之前正正，反正，正反是等可能的，我们仍然认为它们是等可能的，所以正正的概率是 1/3.

需要注意的是，在上面的讨论中，概率问题的答案取决于给出答案的人的知识状态（或无知状态）. 同时还需要注意的是，为了求事件的概率，我们根据已有的信息考虑了所有不同的等可能结果. 我们说这些结果是互斥的（例如，如果一枚硬币是正面，它就不可能是反面），完备的（我们必须考虑所有的可能性），等可能的（没有信息让我们对一个结果比对另一个结果有更高的期望，所以我们对每一个结果集都假设了相同的概率）. 现在让我们把概率的概念正式化，作为一个定义（同样见第 15.2 节）.

> 如果一个试验有多个等可能的、互斥的、完备的结果，则事件 E 的概率为
> $$P = \frac{\text{事件 } E \text{ 包含的结果数}}{\text{总共的结果数}}. \tag{1.2}$$

例 1 计算从一副洗好的牌中抽出的一张牌是方块或是老 K（或两者都是）的概率.

这里有 52 种可能的牌型结果；因为牌是洗过的，所以我们假设所有牌被抽到的概率相等. 在这 52 张牌中，16 张是我们需要的（13 张方块和 3 张老 K）；因此，根据式（1.2）可知，期望的概率值为 $\frac{16}{52} = \frac{4}{13}$.

例 2 随机选择一个三位数的数字（即 100~999 中的一个数字，"随机"意味着我们假设所有的数字被选中的概率相同），则这个数的三个数字相同的概率是多少？

总共有 900 个三位数，其中 9 个数的三位数字相等（分别是 111，222，…，999）. 因此，期望的概率值为 $\frac{9}{900} = \frac{1}{100}$.

习题 15.1

1. 随机选择一个三位数的数字，个位数字为 7 的概率是多少？百位数字为 7 的概率是多少？

2. 投三枚硬币，两枚正面和一枚反面的概率是多少？第一、二枚是正面，第三枚是反面的概率是多少？如果至少有两枚是正面，那么三枚都正面的概率是多少？

3. 在一个盒子里，有 2 个白球，3 个黑球和 4 个红球. 如果随机取出一个球，它是黑色的概率是多少？不是红球的概率是多少？

4. 从洗好的牌中随机抽取一张牌，为红桃的概率是多少？为红桃 A 的概率是多少？该牌为 3 或 5 的概率是多少？为 A 或红桃或两者都是的概率是多少？

5. 给定一个有两个孩子的家庭（假设男孩和女孩的可能性均等，即概率都为 1/2），那么两个孩子都是男孩的概率是多少？至少有一个孩子为女孩的概率是多少？假设至少有一个孩子是女孩，那么两者都为女孩的概率是多少？假设前两个是女孩，那么预期的第三个孩子为男孩的概率是多少？

6. 一副印有红桃、黑方块，黑桃和红梅花的花样纸牌，从这副牌中随机抽出一张牌（洗牌后），它是红桃或是红桃 Q 的概率是多少？那一张是红桃或是梅花的概率是多少？是红桃 A 或是黑方块的概率是多少？

7. 从字母表中随机选择一个字母. 它是单词"probability"中的一个字母的概率是多少？它出现在字母表的前半部分的概率是多少？它是排在 x 后面的字母的概率是多少？

8. 随机选择一个 $1 \leqslant N \leqslant 100$ 的整数 N，N 能被 11 整除的概率是多少？$N > 90$ 的概率是多少？$N \leqslant 3$ 的概率是多少？那 N 为一个完全平方数的概率是多少？

9. 你正试图在实验室中找到仪器 A，不幸的是，有人将仪器 A 和另一种仪器（我们称为 B）放在了相同的无标记盒子中，这些盒子随机地放在了架子上. 你知道实验室中有 3 个 A 和 7 个 B. 如果你取下一个盒子，得到 A 的概率是多少？如果它是 B，你将其放在桌子上并取下另一个盒子，那么这次你获得 A 的概率是多少？

10. 购物中心有四个入口，一个口在北，一个口在南，两个口在东. 如果你随机进入购物然后随机出去，那么你在购物中心的同一侧进出的可能性有多大？

15.2　样本空间

列出试验可能的结果通常很方便［正如式（1.1）］. 所有可能的互斥结果的集合称为样本空间. 每个单独的结果称为样本空间的一个样本点. 对于任何给定的问题都有许多不同的样本空间. 例如，代替式（1.1），我们可以说两次抛掷一枚硬币所有的互斥结果：

$$2 \text{ 个正面，} 1 \text{ 个反面，} 0 \text{ 个正面} \tag{2.1}$$

对于同样的问题的另一个样本空间是：

$$0 \text{ 个正面，至少 } 1 \text{ 个正面} \tag{2.2}$$

（你能否列出更多示例？）另一方面，结果集：

$$2 \text{ 个正面，至少 } 1 \text{ 个正面，仅 } 1 \text{ 个反面}$$

不能用作样本空间，因为这些结果不是互斥的. "至少 1 个正面"包括"2 个正面"，还包括"仅 1 个反面"（也即"仅 1 个正面"）.

为了用样本空间来解决问题，就需要具有概率对应样木空间中的不同点. 我们通常记式（1.1）中列出的每个结果的概率为 1/4（请参见第 15.2 节末尾和第 15.3 节末尾），我们称此类均等结果的列表为均匀样本空间. 现在假设结果不是等可能的，与式（2.1）和式（2.2）对应的样本点的概率如下：

对于式（2.1）有：　$\begin{array}{ccc} 2h & 1h & 0h \\ \dfrac{1}{4} & \dfrac{1}{2} & \dfrac{1}{4} \end{array}$　　　对于式（2.2）有：　$\begin{array}{cc} 0h & \text{至少 } 1h \\ \dfrac{1}{4} & \dfrac{3}{4} \end{array}$

不同的样本点具有不同概率的样本空间，式（2.1）和式（2.2）称为非均匀样本空间. 对于某些问题，可能既是均匀样本空间又是非均匀样本空间. 例如：式（1.1）是均匀样本空间，而式（2.1）和式（2.2）是两次抛掷硬币的非均匀样本空间. 但是有时没有均匀样本空间；例如，如果一个正面的概率是 $\dfrac{1}{3}$，反面的概率是 $\dfrac{1}{2}$ 的加重硬币，在这种情况下，我们不能使用式（1.2）的概率定义，而需要下面的一般定义：

概率的定义：给定任何样本空间（均匀或不均匀），并且与这些点相关的概率，我们通过将满足该事件的所有样本点相关联的概率相加来找到事件的概率.

对于一个给定的非均匀样本空间，我们必须使用此定义，因为式（1.2）不适用. 如果给定的样本空间是均匀的，或者有一个基本均匀的样本空间［例如式（1.1）是式（2.1）和式（2.2）的所有可能情况］，则该定义在等可能的情况下（见习题 15.2 第 15 题和第 16 题）与定义（1.2）一致，我们可以使用其中任何一个定义. 例如，让我们从式（2.1）算出至少一个正面的概率，这个概率是一个正面的概率加上两个正面的概率或者是 $\dfrac{1}{2}+\dfrac{1}{4}=\dfrac{3}{4}$.

我们使用式（1.2）或上述定义从均匀样本空间式（1.1）中可以得到相同的结果.

如果我们可以轻松地为给定的问题构造几个样本空间，那么必须为我们要回答的问题选择一个合适的样本空间. 假设我们问这样一个问题：抛一枚硬币两次，两次都为正面的概率是多少？从式（1.1）或式（2.1）我们找到答案 $\dfrac{1}{4}$. 式（2.2）的样本空间不适用于回答这个问题.（为什么呢?）要找出两个反面的概率，我们可以使用列出的三个样本空间中的任何一个. 但要找出第一次为正面第二次为反面，我们只能使用式（1.1），因为其他样本空间没有提供足够的信息. 现在让我们看一些不那么烦琐的例子.

例 1 将一枚硬币投掷三次，对于这个问题的均匀样本空间包含 8 个样本点：

$$\text{正正正} \quad \text{正反正} \quad \text{反反反} \quad \text{反正反}$$
$$\text{正正反} \quad \text{反正正} \quad \text{反反正} \quad \text{正反反} \tag{2.3}$$

我们为每个点赋予概率 $\frac{1}{8}$. 现在让我们使用这个样本空间来回答一些问题.

至少连续出现两次反面的概率是多少？根据实际数量，我们看到有三个这样的情况，所以概率是 $\frac{3}{8}$.

连续两次硬币为相同面的概率是多少？同样通过实际计数，这在六种情况下是符合的，因此概率为 $\frac{6}{8}$ 或 $\frac{3}{4}$.

如果我们知道至少有一次反面，那么所有都为反面的概率是多少？现在排除了"正正正"，我们得到一个由七个点组成的新样本空间，由于新信息（至少一次反面）并没有告诉我们这七个点更多的信息，因此我们认为它们是等可能的，每个概率都为 $\frac{1}{7}$. 因此，排除全为正面这种情况后，全为反面的概率为 $\frac{1}{7}$.

（有关此示例的进一步讨论，见习题 15.2 第 11 题和第 12 题.）

例 2 一次扔两个骰子，两个骰子都可以显示 1 到 6 之间的任何数字. 对于这个问题，存在一个含有 36 种可能结果或者说样本点的均匀样本空间，每个点对应的概率是 $\frac{1}{36}$. 我们可以用符号 3，2 表示第一个骰子出现 3，第二个骰子出现 2. 因此样本空间如式（2.4）所示（暂且先忽略被圈出的点和字母 a 和 b，它们在下面的问题中会用到）.

$$
\begin{array}{cccccc}
1,1 & 1,2 & 1,3 & 1,4 & 1,5 & 1,6 \\
2,1 & 2,2 & 2,3 & 2,4 & 2,5 & 2,6 \\
3,1 & 3,2 & 3,3 & 3,4 & 3,5 & 3,6 \\
a\ 4,1 & 4,2 & 4,3 & 4,4 & 4,5 & 4,6\ b \\
5,1 & 5,2 & 5,3 & 5,4 & 5,5 & 5,6 \\
6,1 & 6,2 & 6,3 & 6,4 & 6,5 & 6,6
\end{array}
\tag{2.4}
$$

现在让我们提出一些问题，并使用样本空间（2.4）来回答它们.

（a）骰子上的数字总和为 5 的概率是多少？在样本空间（2.4）中圈出并标记为 a 的样本点给出了总和为 5 所有情况. 这些的样本点总共有 4 个，因此，总和为 5 的概率是 $\frac{4}{36}$ 或者

说 $\dfrac{1}{9}$.

（b）骰子上的总和被 5 整除的概率是多少？这个是指总和为 5 或 10；在样本空间 (2.4) 中圈出并标记为 a 的四个点对应于总和为 5 的情况，圈出了并标为 b 的三个点总和为 10 的情况．因此，样本空间中有七个点可以被 5 整除，所以总和被 5 整除的概率是 $\dfrac{7}{36}$（36 个可能结果中 7 个符合，或者说，每一个概率为 $\dfrac{1}{36}$ 可用的样本点出现了 7 次）．

（c）设置一个样本空间，使这些点对应于骰子上的两个数字可能的总和，并找到在这个非均匀样本空间与这些点相关的概率，可能的总和为 2（即 1+1）到 12（即 6+6）．从样本空间 (2.4) 中我们看到对应于任何给定总和的点数的组合位于对角线上（与标记为 a 或 b 的对角元素平行）．有与总和为 2 对应的一点，有两个点的总和为 3，三个点的总和为 4，依此类推．因此，我们有：

$$
\begin{array}{lccccccccccc}
\text{样本空间} & 2 & 3 & 4 & 5 & 6 & 7 & 8 & 9 & 10 & 11 & 12 \\
\text{相关概率} & \dfrac{1}{36} & \dfrac{2}{36} & \dfrac{3}{36} & \dfrac{4}{36} & \dfrac{5}{36} & \dfrac{6}{36} & \dfrac{5}{36} & \dfrac{4}{36} & \dfrac{3}{36} & \dfrac{2}{36} & \dfrac{1}{36}
\end{array}
\tag{2.5}
$$

（d）投掷两个骰子时两点最可能的总和是多少？虽然我们可以从样本空间 (2.4) 回答这个问题（试一试），但从式 (2.5) 中获得答案更容易．我们看总和为 7 的概率最大，即 $\dfrac{6}{36}=\dfrac{1}{6}$．

（e）骰子上的点数总和大于或等于 9 的概率是多少？使用式 (2.5)，我们将总和为 9，10，11，12 相关的概率相加，因此期望的概率是：

$$
\frac{4}{36}+\frac{3}{36}+\frac{2}{36}+\frac{1}{36}=\frac{10}{36}=\frac{5}{18}.
$$

到目前为止，我们一直说在抛掷时硬币正面和反面是等可能发生的，这似乎显而易见且毫无疑问．如果你对此感到怀疑也是完全可以理解的．正如弯曲或加重的硬币所表现的那样，不需要很明显的不同，就会导致不是等可能的，在这里，我们必须在概率的数学理论及其对物理世界问题的应用之间进行区分．数学概率（像所有数学一样）始于一系列的假设，表明如果这些假设是正确的，那么会出现对应的各种结果．概率问题中的基本假设是与样本空间的点相关的概率．因此，对于一枚硬币的抛掷问题，我们假设每次抛掷出现正面和反面的概率均为 $\dfrac{1}{2}$，然后我们可以证明抛掷硬币两次得到两次正面的概率是 $\dfrac{1}{4}$（见第 15.3 节）．假设是否正确的问题并不是一个数学问题．在这里，必须要清楚我们试图解决的物理问题是什么．假如我们正在解决加重硬币的问题，并且我们知道或可以通过某种方式估计出现正面的概率为 p（反面概率为 $1-p$），则数学理论将从这些值开始而不是认为概率是 $\dfrac{1}{2}$ 和 $\dfrac{1}{2}$．在缺乏关于正面或反面哪个可能性更多的证据时，我们经常"自然的"或"直觉的"假设它们的概率均为 $\dfrac{1}{2}$．这个问题是否正确的唯一可能答案在于试验．如果根据我们的假设预测的结果与试验结果相符，则这些假设是好的；否则，我们必须修改这些假设（见第15.4节，例5）.

在本章中，我们在已知与样本空间的点相关的概率的前提下，主要考虑计算复杂事件概率的数学方法. 为简单起见，我们经常将这些概率假定为"自然的"概率，但是，如果我们用总和为 1 的任意一组非负分数来代替这些"自然的"概率（抛硬币问题中的 $\frac{1}{2}$，$\frac{1}{2}$ 等），那么我们建立的数学理论就适用了.

习题 15.2

1~10. 为习题 15.1 的第 1 题到第 10 题中的每一个问题设置一个合适的样本空间，并使用它来解决问题. 使用均匀或非均匀的样本空间，或同时尝试两者.

11. 为一枚硬币扔三次的问题，设置几个非均匀的样本空间（见例1）.

12. 使用上面例 1 的样本空间，或第 11 题中的一个或多个样本空间，回答以下问题.

（a）如果出现正面的数量多于反面的数量，那么反面只出现一次的概率是多少？

（b）如果没有连续出现两个正面，那么全部为反面的概率是多少？

（c）如果硬币抛掷结果不是完全一样的，那么两次连续出现一样的概率是多少？

（d）若 N_t =反面数，N_h =正面数，那么 $|N_h - N_t| = 1$ 概率是多少？

（e）如果至少有一个正面，那么恰好有两个正面的概率是多少？

13. 一个学生在习题 15.1 第 5 题中声称，如果一个孩子是女孩，那么两个孩子都是女孩的概率为 $\frac{1}{2}$. 请用适当的样本空间说明以下说法的错误性：女孩是大孩子还是小孩子并不重要，但无论哪种情况，另一个孩子是女孩的概率都是 $\frac{1}{2}$.

14. 投掷两个骰子，使用样本空间 (2.4) 回答以下问题.

（a）用骰子上的两个数字构成一个大于 33 的两位数字的概率是多少？（注意：采样点 1，4 产生的两位数字 41 大于 33，依此类推.）

（b）重复（a）部分，计算能够形成一个大于或等于 42 的两位数的概率.

（c）你能找到一个或多个两位数的数字，使得能够形成较大数字的概率与能够形成较小数字的概率相同吗？

15. 使用样本空间 (2.4) 和样本空间 (2.5) 来回答以下有关投掷两个骰子的问题.

（a）总和大于等于 4 的概率是多少？

（b）总和是偶数的概率是多少？

（c）总和能被 3 整除的概率是多少？

（d）如果总和是奇数，等于 7 的概率是多少？

（e）两个骰子上数字的乘积是 12 的概率是多少？

16. 给定一个非均匀的样本空间以及与这些样本点相关的概率，我们将事件 A 的概率定义为符合 A 的样本点对应的概率之和.［对于第 15 题，你结合样本空间 (2.5) 使用了这个定义］证明，如果这个问题还有一个均匀样本空间，则这个定义与等可能情况下的定义一致. 提示：设均匀样本空间有 N 个样本点，每个样本点的概率为 N^{-1}. 令非均匀样本空间具有 $n<N$ 个样本点，第一个样本点对应于均匀样本空间的 N_1 样本点，第二个样本点对应于样本点 N_2，依此类推，则

$$N_1 + N_2 + \cdots + N_n$$

的含义是什么. 与非均匀样本空间的第一个，第二个等各点相关的概率 p_1，p_2，…是多少？$p_1 + p_2 + \cdots + p_n$ 表示什么？现在考虑一个事件，其中非均匀样本空间中的几个样本点（例如 i，j，k）满足该事件. 然后，在

该非均匀样本空间中，将该事件的概率定义为 p，则有 $p=p_i+p_j+p_k$．表示成第 N 个的形式，会发现与使用等可能的均匀样本空间获得的结果相同．如果需要，将第 15 题作为具体的例子参考．

17. 投掷两个骰子，给定第一个骰子的点数为偶数，第二个骰子的点数为小于 4 的数的信息，设置合适的样本空间并回答以下问题．

（a）可能的总和是多少，它们的概率是多少？

（b）最可能的总和是多少？

（c）总和是偶数的概率是多少？

18. 投掷两个骰子，以下非均匀样本空间是否正确？如果是正确，找到给定样本点的概率．如果错误，给出理由．提示：参照样本空间（2.4），并在其上圈出与建议的非均匀空间的点相对应的区域．

（a）第一个骰子为偶数．

　　　第一个骰子为一个奇数．

（b）骰子上两个数字的和是偶数．

　　　第一个是偶数，第二个是奇数．

　　　第一个是奇数，第二是偶数．

（c）第一个骰子的数字小于等于 3.

　　　至少一个骰子显示数字大于 3.

19. 考虑数字 1，2，3 的所有排列的集合．如果随机选取一个排列，那么数字 2 处于中间位置的概率是多少？在第一个位置的概率是多少？你的答案是否暗示了一种简单的方法来回答数字 1 到 7 的所有排列的集合的相同问题？

15.3　概率定理

直接使用我们的定义来计算概率并不总是那么容易．定义（1.2）要求我们为一个问题找到一个均匀的样本空间，即一组等可能的、互斥的、完备的试验结果，然后确定其中有多少是对某个给定事件有利的．第 15.2 节中的定义同样需要一个样本空间，即可能的结果及其概率的列表．这样的列表可能太长了，我们想用一些定理使其更简单．

假设一个盒子里有 5 个黑球和 10 个白球．我们"随机"抽出一个球（这意味着我们假设每个球被抽出的概率都为 $\frac{1}{15}$），然后在不放回第一个球的情况下，我们抽出另一个．我们计算第一个球是白色，第二个球是黑色的概率．第一次拿出一个白球的概率是 $\frac{10}{15}$（15 个球中有 10 个是白色的）．然后再抽黑球的概率是 $\frac{5}{14}$，因为还剩下 14 个球，其中 5 个是黑色的．我们将证明先抽出白色球然后再（不放回）抽出黑色的概率乘积为 $\frac{10}{15}\times\frac{5}{14}$．我们使用统一的样本空间，通过以下方式进行推理．想象一下，将球编号为 1 到 15．符号 5，3 表示第一次抽出了球 5，第二次抽出了球 3．表示两个球（不同）的数字对中的两个数字，第一个数字有 15 种选择，第二个数字有 14 种选择（未放回第一个球）．因此，均匀样本空间的所有可能值构成一个矩形符号（如 5，3）阵列，包含 15 列（第一个数字的 15 个不同选择）和 14 行（第二个数字的 14 个选择）．因此，样本空间中有 15×14 个样本点．［另见式（4.1）］．这些样本点中有多少对应于先抽出的是白球然后是黑色？十个数字对应于白色球，其他五个对应于黑色球. 因此，要获得一个先抽出一个白色然后再抽出一个黑球相对应的采样点，我们可以用 10 种方式选择第一个数字，然后用 5 种方式选择第二个数字，这样就能以 10×5 种方式选择样本点. 也就是说，有 10×5 个样本点适合所需. 然后根据定义（1.2），所期望的概率为 (10×5)/(15×14). 正如前面所给出的.

让我们概括地陈述一下刚刚阐释的定理. 我们对两个连续的事件 A 和 B 感兴趣. 令 $P(A)$ 表示 A 发生的概率，$P(AB)$ 为 A 和 B 都发生的概率，$P_A(B)$ 为 A 已经发生了的条件下 B 发生的概率. 有：

$$P(AB) = P(A) \cdot P_A(B) \tag{3.1}$$

换句话说，复合事件"A 和 B"的概率是 A 发生的概率乘以在 A 发生的基础上 B 发生的概率. 使用均匀样本空间的思想，我们可以通过抽球问题中的方法来证明式（3.1）. 令 N 为均匀样本空间中样本点的总数，$N(A)$ 和 $N(B)$ 分别为与事件 A 和事件 B 对应的样本点数，$N(AB)$ 为与事件"A 和 B"对应的样本点数. 将样本空间以几何形式（见图 15.3.1）描绘为 N 个点的阵列［与样本空间（2.4）比较］非常有用. 然后，我们可以圈出对应于 A 发生的所有的点，并标记该区域 A，

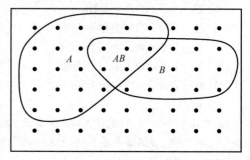

图　15.3.1

它包含 $N(A)$ 个点. 同样，我们可以圈出对应于 B 发生的 $N(B)$ 点，并将其称为区域 B. A 和 B 重叠部分我们称为 AB，它同时是 A 和 B 的部分，包含 $N(AB)$ 个点，对应于复合事件"A 和 B". 然后根据定义（1.2）：

$$
\begin{aligned}
P(AB) &= \frac{N(AB)}{N}, \\
P(A) &= \frac{N(A)}{N}, \\
P_A(B) &= \frac{N(AB)}{N(A)}.
\end{aligned}
\tag{3.2}
$$

最后一个公式 $P_A(B)$ 可能需要讨论一下. 回想一下 15.2 节中例 1 中一个硬币投掷三次的均匀样本空间（2.3）. 为了找到至少有一个反面的情况下全部为反面的概率，我们将样本空间减少到了七个点（去掉了正正正）. 然后，我们假设新样本空间的七个点与删除点正正正之前的相对概率相同，因此，这七个点中的每一个的概率都为 $\frac{1}{7}$. （这与最初假设的 8 个点具有相同概率的一样"明显"，这是我们在没有任何相反信息的情况下做出的额外假设；请参阅第 15.2 节末尾.）现在让我们来看式（3.2）的第三个方程. $N(A)$ 是与事件 A 对应的样本点数，原始样本空间中的 N 个点都具有相同的概率. 因此，我们现在假设，当划掉所有 A 没有发生的点时，其余 $N(A)$ 个点也具有相同的概率. 因此，我们有了一个由 $N(A)$ 个点组成的新的均匀样本空间. 这些 $N(A)$ 点中的 $N(AB)$ 个对应于事件 B（假设 A），因而由式（1.2）得出"如果 A 则为 B"的概率是 $N(AB)/N(A)$. 从式（3.2）的三个方程，我们

可得式（3.1）. 以类似的方式，我们可以证明

$$P(BA) = P(B) \cdot P_B(A) = P(AB) \tag{3.3}$$

（见习题 15.3 第 1 题）（我们已经证明式（3.1）假设的样本空间均匀. 这个假设是没有必要的. 无论我们是否构造一个均匀的样本空间，式（3.1）都是成立的）.

现在，在我们的例子中，假设在一个盒子中有 5 个黑色和 10 个白球，我们抽出了一个球并放回了，然后抽第二个球. 那么，第二次抽出黑球的概率为 $\frac{5}{15} = \frac{1}{3}$. 如果没有抽出并放回了第一个球，我们将得到完全相同的结果. 最后，我们来看：

$$P(B) = P_A(B) \quad A \text{ 和 } B \text{ 独立} \tag{3.4}$$

当式（3.4）为真时，我们说事件 B 独立于事件 A，而式（3.1）变为

$$P(AB) = P(A) \cdot P(B), \quad A \text{ 和 } B \text{ 独立} \tag{3.5}$$

由于式（3.5）的对称性，如果式（3.5）为真，我们可以简单地说 A 和 B 是独立的.

例 1　(a) 一枚硬币投掷三次，全都为正面的概率是多少？在第 15.2 节中，我们看到 8 个样本点中的一个样本点对应于所有正面的情况，因此该问题的 $p = \frac{1}{8}$. 现在我们可以更简单地解决问题，即每次投掷出现正面的概率都是 $\frac{1}{2}$，这些投掷过程是独立的，因此

$$p = \frac{1}{2} \times \frac{1}{2} \times \frac{1}{2} = \frac{1}{8}.$$

(b) 如果我们想要求抛硬币十次时全部正面的概率，则使用样本空间是不便的；不使用样本空间，我们可以说由于投掷是独立的，因此所求的概率为 $p = \left(\frac{1}{2}\right)^{10}$.

(c) 为了找出一枚硬币投掷十次中至少有一次为反面的概率，我们看到此事件对应于除"所有正面"点之外的所有其余样本点. 由于所有样本点的概率之和为 1，因此所求概率为 $p = 1 - \left(\frac{1}{2}\right)^{10}$.

在图 15.3.1 或图 15.3.2 中，区域 AB 对应于 A 和 B 同时发生. 由 A 或 B 或两者中的点组成的整个区域对应于 A 或 B 或两者同时发生. 我们将 A 和 B 都发生的概率写为 $P(AB)$. 我们用 $P(A+B)$ 表示 A 或 B 其中之一或全部出现的概率. 然后我们可以证明

$$P(A+B) = P(A) + P(B) - P(AB). \tag{3.6}$$

要了解为什么如此（见图 15.3.2）. 为了找到 $P(A+B)$，我们把 A 或 B 或两者共同的区域中所有样本点的概率相加. 但是，如果我们将 $P(A)$ 和 $P(B)$ 相加，则会将 AB 中所有样本点的概率相加两次 [一次在 $P(A)$ 中，一次在 $P(B)$ 中]. 因此，我们必须减去 $P(AB)$，它是 AB 中所有样本点的概率之和. 这就是式（3.6）所说的.

如果样本空间图类似于图 15.3.3，那么 $P(AB) = 0$，我们说 A 和 B 是互斥的. 然后式（3.6）变成

$$P(A+B) = P(A) + P(B) \quad A \text{ 和 } B \text{ 互斥} \tag{3.7}$$

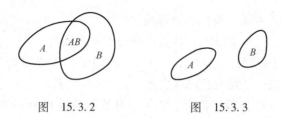

图 15.3.2   图 15.3.3

例2 两个学生分别对同一个问题进行解答. 如果第一个学生解决问题的概率为 $\frac{1}{2}$，第二个学生解决问题的概率为 $\frac{3}{4}$，那么他们中至少有一个解决问题的概率是多少？

假设"第一个学生成功"为事件 A，而"第二个学生成功"为事件 B. 则 $P(AB) = \frac{1}{2} \times \frac{3}{4} = \frac{3}{8}$（因为学生是分开工作的，故假设 A 和 B 独立）. 然后通过式（3.6）可知，一个学生或另一个学生或两个学生都解决问题的概率为

$$P(A+B) = \frac{1}{2} + \frac{3}{4} - \frac{3}{8} = \frac{7}{8}.$$

条件概率，贝叶斯公式   如果我们需要求在事件 A 发生的基础上事件 B 发生的概率 [即 $P_A(B)$]，通过可以从式（3.1）中求得：

$$P_A(B) = \frac{P(AB)}{P(A)}. \tag{3.8}$$

式（3.8）称为贝叶斯公式. 在任何条件概率问题中，如果答案不是显而易见的，那么你应该考虑是否可以很容易地找到 $P(A)$ 和 $P(AB)$. 如果可以，则条件概率 $P_A(B)$ 由式（3.8）给出.

例3 在一门课程开始时，通常会对学生进行初步测试. 几年后累积了以下数据：

（a）95%的学生通过了课程，5%的学生未通过.

（b）96%通过课程的学生也通过了初步测试.

（c）未通过课程的学生中有25%通过了初步测试.

学生未通过初步测试但通过了课程的概率是多少？

假设 A 为事件"未通过初步测试"，B 为事件"通过了课程". 那么我们所求概率就是式（3.8）中的 $P_A(B)$，因此我们需要 $P(AB)$ 和 $P(A)$. $P(AB)$ 是学生既未通过初步测试但通过课程的概率，即 $P(AB) = (0.95) \times (0.04) = 0.038$.（见图 15.3.4，95%的学生通过了课程，其中4%的学生未通过初步测试.）我们还需要求 $P(A)$，即学生未通过初步测试的概率，此事件对应于图 15.3.4 中的阴影区域. 因此，$P(A)$ 是"未通过初步测试但通过了课程"和"未通过初步测试也未通过课程"两个事件的概率之和. 则

$$P(A) = (0.095) \times (0.04) + (0.05) \times (0.75) = 0.0755$$

（见图 15.3.4，在通过课程的95%的学生中，有4%的学生未通过初步测试，在未通过课程的5%的学生中，有75%的学生未通过初步测试，因为我们知道25%的通过率.）由式（3.8）有：

$$P_A(B) = \frac{P(AB)}{P(A)} = \frac{0.038}{0.0755} = 50\%,$$

也就是说，未通过初步测试的学生中有一半成功通过了课程．

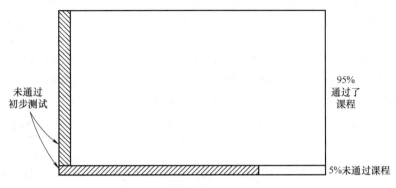

图　15.3.4

请注意，在图 15.3.4 中，阴影区域对应于事件 A（未通过初步测试）．我们对给定事件 A 发生的基础上事件 B（通过课程）发生感兴趣．因此，我们考虑使用较小的样本空间（见图 15.3.4 中的阴影区域）来代替原始样本空间（见图 15.3.4 中的整个矩形）．然后，我们想知道该样本空间的哪一部分对应于事件 B（通过了课程）．该分数是我们计算的 $P(AB)/P(A)$．

习题 15.3

1.（a）假定第一个球不放回，为上面讨论的盒子中 5 个黑球和 10 个白球设置一个样本空间．建议：给球编号，1 到 5 为黑球，6 到 15 为白球．然后，样本点形成一个类似于式（2.4）的数组，但是例如点 3，3 是不允许的．（为什么？还有哪些点是不允许使用的呢？）你可能会发现使用不同的颜色书写黑球和白球的数字会有所帮助．

（b）令 A 为事件"第一个球是白色"，而 B 为事件"第二个球是黑色"．圈出样本空间中包含有利于 A 的点的区域，并将该区域标记为 A．类似地，圈出并标记区域 B．计算 A 和 B 中的样本点数，分别为 $N(A)$ 和 $N(B)$．区域 AB 是同时包含在 A 和 B 内的区域，该区域的点数为 $N(AB)$．使用找到的数字来验证式（3.2）和式（3.1）．同时找到 $P(B)$ 和 $P_B(A)$ 并用数字验证式（3.3）．

（c）使用图 15.3.1 和（b）部分的思想来证明式（3.3）．

2. 证明：式（3.1）适用于样本空间不均匀的情况．提示：请记住，事件的概率是有利于该事件的样本点的概率之和．使用图 15.3.1，设在 A 中的点但不在 AB 中的点的概率为 $p_1, p_2, \cdots, p_n$. AB 中的点概率 $p_{n+1}, p_{n+2}, \cdots, p_{n+k}$，在 B 中而不在 AB 中的点的概率为 $p_{n+k+1}, p_{n+k+2}, \cdots, p_{n+k+l}$．根据 p 找出式（3.1）中的每个概率，并证明其存在一个恒等式．

3. 六次抛掷一枚硬币获得序列正正正反反反的概率是多少？如果你知道前三个是正面，那么后三个为反面的概率是多少？

4.（a）一枚加重硬币出现正面为概率为 $\frac{2}{3}$，反面为 $\frac{1}{3}$．抛掷该枚硬币两次，求出现正正，正反，反正和反反的概率．设置样本空间和对应的概率，这些概率是否应该总和为 1？至少有一次正面的概率是多少？如果你知道至少有一次为正面，那么出现两次正面的概率是多少？

（b）抛掷三次（a）中的硬币，设置样本空间和相应的概率，并用其回答习题 15.2 第 12 题中的问题．

5. n（$1 \leqslant n \leqslant 99$）能被 6 和 10 整除的概率是多少？被 6 或 10 或两者同时整除的概率是多少？

6. 从洗好的牌中抽出一张牌. 它是一张 K 或者梅花的概率是多少？既是 K 又是梅花的概率是多少？

7. （a）注意式（3.4）中假定 $P(A) \neq 0$，因为如果 $P(A) = 0$，则 $P_A(B)$ 无意义. 假设 $P(A) \neq 0$ 且 $P(B) \neq 0$，证明：如果式（3.4）为真，则有 $P(A) = P_B(A)$. 也就是说，如果 B 独立于 A，则 A 独立于 B. 如果 $P(A)$ 或 $P(B)$ 为 0，则使用式（3.5）定义独立性.

（b）事件 E 何时独立于自身？E 何时独立于"非 E"？

8. 证明：

$$P(A+B+C) = P(A) + P(B) + P(C) - P(AB) - P(AC) - P(BC) + P(ABC).$$

提示：从图 15.3.2 开始，然后在绘制 C，使其与区域 A，B，AB 中的一些点重叠.

9. 从洗好的牌中随机抽出两张，并将其放在一边而不看是什么. 然后抽出第三张牌，证明与第一张牌一样，第三张牌为黑桃的概率为 $\frac{1}{4}$. 提示：考虑所有（相互排斥）的可能性（抽出的两张是黑桃牌，第三张牌为黑桃或非黑桃等）.

10. （a）三个已经写好的信件及其信封堆放在桌子上. 如果有人将信件随机放入信封中（每个信封一个），那么每个信件进入其相应的信封的概率是多少？设信封为 A，B，C，对应的信件为 a，b，c，然后建立样本空间. 注意，"a 在 C 中，b 在 B 中，c 在 A 中"是样本空间中的一点.

（b）至少有一个信件进入自己信封的概率是多少？

提示：没有信件进入自己信封的概率是多少？

（c）设 A 表示 a 进入信封 A，依此类推. 求 a 进入 A 的概率 $P(A)$，求 $P(B)$ 和 $P(C)$. 求出 a 或 b 或 ab 同时进入正确的信封的概率 $P(A+B)$，以及两者都进入正确的信封中的概率 $P(AB)$. 验证式（3.6）.

11. 在通过邮寄方式支付账单时，你希望将支票和账单（上面印有寄信人地址）放在一个窗口信封中，这样地址就显示在右上方，不会被支票挡住. 如果将支票和账单随机放入信封中，显示正确地址的可能性是多少？

12. （a）一个灌铅骰子显示出 1，2，3，4，5，6 的概率分别为 $\frac{1}{21}$，$\frac{2}{21}$，$\frac{3}{21}$，$\frac{4}{21}$，$\frac{5}{21}$，$\frac{6}{21}$，连续抛出两个 3 的概率是多少？

（b）（a）中的灌铅骰子，第一次投掷的为 4 而第二次投掷不为 4 的概率是多少？

（c）抛掷两个像（a）中那样灌铅的骰子，并且我们知道表面的数字总和大于或等于 10，那么两个数字都是 5 的概率是多少？

（d）（a）中那样灌铅的骰子，我们必须投掷多少次才能使得出现最大数的概率大于 $\frac{1}{2}$？

（e）（a）中那样灌铅的骰子被抛两次. 第一次投掷是偶数，第二次投掷结果大于 4 的概率是多少？

13. （a）一糖果棒自动售货机发生故障. 你获得糖果棒（无论是否退款）的概率为 $\frac{1}{2}$，你被退回钱款（无论是否得到糖果棒）的概率为 $\frac{1}{3}$，你同时拿到糖果棒和退款的概率为 $\frac{1}{12}$. 那么什么都没有得到的概率是多少？建议：绘制类似于图 15.3.1 的几何图形，指出代表各种可能性及其概率的区域，然后建立一个四点样本空间以及这些点相应的概率.

（b）假设你再次尝试获得（a）部分中的糖果棒. 设置与你两次尝试购买糖果棒的可能结果相对应的 16 点样本空间，求获得两个糖果棒的概率（且无退款）. 求你两次都没有得到糖果棒并且损失了钱的概率. 求出两次都能收回你的钱的概率.

14. 一名篮球运动员投篮 4 次中了 3 次. 为使至少投中一次的概率大于 0.99，需要进行多少次投篮？

15. 使用贝叶斯（Bayes）公式（3.8）重复这些以前通过减少样本空间来完成的简单问题.

（a）在一个有两个孩子的家庭中，如果至少有一个是女孩，那么两个人都是女孩的概率是多少？

（b）一枚硬币投掷三次，如果你知道至少有一次是正面，那么三次都为正面的概率是多少？

16. 假设你的右口袋中有 3 个镍币和 4 个硬币，左口袋中有 2 个镍币和 1 个硬币。你随机选择一个口袋，然后从中随机选择一个硬币。如果是镍币，那么从你的右口袋出来的概率是多少？

17. （a）一个盒子里有 3 个红球和 5 个黑球，另一个盒子里有 6 个红球和 4 个白球。如果你随机选择一个盒子，然后随机选择一个球，那么它为红球的概率是多少？为黑球呢？为白球呢？为红球或白球的概率呢？

（b）假设选择的第一个球是红色的，并且在抽出第二个球之前没有放回。那么第二个球也是红色的概率是多少？

（c）如果两个球都是红色的，那么它们都是来自于同一个盒子的概率是多少？

18. 从洗好的牌中随机抽出两张牌。

（a）至少有一张红桃的概率是多少？

（b）如果你知道至少有一张红桃，那么两者都为红桃的概率是多少？

19. 假设已知 1% 的人口患有某种癌症。另外已知这种癌症的检测中 99% 的癌症患者呈阳性，但未患癌症的人群中的 2% 也呈阳性。求测试呈阳性的人患上这种癌症的可能性是多少？

20. 两种不同类型的晶体管（称为 N 和 P）存储在两个盒子中。你知道其中一个盒子里有 6 个 N，而另一个盒子里有 2 个 N 和 3 个 P，但是你不知道哪个盒子对应哪个。你从中随机选择一个盒子和一个晶体管，发现它是一个 N。求它来自装有 6 个 N 的盒子的概率是多少？从另一个盒子拿出的概率为多少？如果从与第一个晶体管相同的盒子中挑出另一个晶体管，那么它也是 N 的概率是多少？

21. 两个人轮流抛两枚硬币。第一个掷出两个相同面的人取得胜利。第一个玩家和第二个玩家获胜的可能性是多少？提示：尽管这里有无限多种可能性（在第一回合，第二回合，第三回合等中获胜），但概率的总和是可以求和的几何级数。如有必要，请参见第 1 章。

22. 如果玩家掷一对骰子试图获得双倍（即，两个骰子显示相同的数字），请重复第 21 题。

23. 一枚厚厚的硬币正面朝下的概率为 $\frac{3}{7}$，反面朝下的概率为 $\frac{3}{7}$，在边缘立着的概率为 $\frac{1}{7}$。证明：如果反复抛掷它，最终能边缘立着的概率为 1。

15.4　计数方法

让我们扯远一点，回顾一下在计算更复杂问题中的概率时所需要的一些观点和公式。

思考一下两位数的十位数为 5 或 7，而个位数为 3，4 或 6 的数字有多少个。如果我们将可能的数字排列在一个矩形中，那么答案将变得显而易见：

$$
\begin{array}{ccc}
53 & 54 & 56 \\
73 & 74 & 76
\end{array}
$$

其中两行对应于十位数的两种选择，三列对应于个位数的三种选择。这是计数的基本原理的一个示例：

> 如果一件事情可以用 N_1 种方式完成，然后第二件事情可以用 N_2 种方式完成，那么这两件事情按顺序依次完成可以有 $N_1 \cdot N_2$ 种方式。这可以扩展到一个接一个地执行任何数量的事情，完成第一件事有 N_1 种方式，第二件事有 N_2 种方式，第三件事有 N_3 种方式等。然后连续完成系列事列的方式总数为 $N_1 N_2 N_3 \cdots$。　　（4.1）

现在考虑连续排列的 n 个事物的集合，我们可以用多少种方式安排（排列）它们. 该结果称为从 n 个事物中一次抽取 n 个的排列数量，并用 $_nP_n$ 或 $P(n,n)$ 或 P_n^n 表示. 为了找到这个值，我们考虑 n 个人坐在排成一排的 n 个椅子上. 可以让任何人坐在第一把椅子上，也就是说，我们有 n 种办法让第一把椅子不空着. 一旦我们选择了某人坐了第一把椅子，第二把椅子剩下 $(n-1)$ 个选择，然后第三把椅子剩下 $(n-2)$ 种选择，依此类推. 因此，根据基本原理，有 $n(n-1)(n-2)\cdots2\cdot1=n!$ 种方法让 n 人坐在排成一排的 n 个椅子上.

$$P(n,n)=n!. \tag{4.2}$$

接下来，假设有 n 个人，但只有 $r<n$ 把椅子，我们挑选 r 个人的组合并让他们坐在 r 把椅子中，有多少种可能的方式. 结果称为从 n 个事物中一次抽取 r 个的排列数量，并由 $_nP_r$ 或 $P(n,r)$ 或 P_n^r 表示. 如前所述，我们发现有 n 种方式来填补第一把椅子，$(n-1)$ 种方式填补第二把椅子，$(n-2)$ 种方式填补第三把椅子［注意，我们可以将 $n-2$ 写为 $(n-3+1)$］等，最后 $(n-r+1)$ 种方式填补椅子 r. 因此，从 n 个事物中一次抽取 r 个的排列数量为：

$$P(n,r)=n(n-1)(n-2)\cdots(n-r+1).$$

通过乘以除以 $(n-r)!$ 我们可以这样写

$$P(n,r)=n(n-1)(n-2)\cdots(n-r+1)\frac{(n-r)!}{(n-r)!}=\frac{n!}{(n-r)!}. \tag{4.3}$$

到目前为止，我们一直在谈论按确定的顺序排列事物. 假设我们问可以从 n 个人 $(n\geqslant r)$ 的组中选择 r 个人的委员会有多少个. 这里不考虑委员会成员的顺序，由人员 A，B，C 组成的委员会与由人员 B，A，C 组成的委员会相同. 我们把从 n 个人中选出的 r 个人委员会的数量，称为从 n 个事物中一次抽取 r 个的组合数量，并用 $_nC_r$ 或 $C(n,r)$ 或 $\binom{n}{r}$ 表示该值. 为了找到 $C(n,r)$，我们回到从一个 n 人的组中选择 r 个人并让其坐在 r 个椅子上的问题. 我们发现执行此操作的方法数量为 $P(n,r)$，如式（4.3）所述. 我们可以先从总人数 n 中选择 r 个人，然后将 r 个人安排在 r 椅子中来执行此工作. r 个人的选择可以通过 $C(n,r)$ 种方式（这正是我们要求解的数字）来完成，选择 r 个人之后，根据式（4.2）可以将它们以 $P(r,r)$ 种方式布置在 r 个椅子上. 根据基本原理（4.1），从 n 个人中选择和安置 r 个人的方式数量 $P(n,r)$ 是乘积 $C(n,r)\cdot P(r,r)$. 因此，我们有

$$P(n,r)=C(n,r)\cdot P(r,r). \tag{4.4}$$

我们可以求解该方程，以找到所需的值 $C(n,r)$. 将式（4.3）和式（4.2）中的 $P(n,r)$ 和 $P(r,r)$ 的值代入式（4.4）并求解 $C(n,r)$，我们找到从 n 个事物中一次抽取 r 个的组合数为

$$C(n,r)=\frac{P(n,r)}{P(r,r)}=\frac{n!}{(n-r)!r!}=\binom{n}{r}. \tag{4.5}$$

每次我们选择 r 个人就座时，都会使 $n-r$ 个人没有椅子. 那么从 n 个事物一次抽取 r 个的组合的数量与从 n 个事物一次抽取 $n-r$ 个的组合的数量完全相同. 因此，我们记作

$$C(n,n-r)=C(n,r)=\frac{n!}{(n-r)!r!}. \tag{4.6}$$

我们也可以通过从式（4.5）中用 $(n-r)$ 代替 r 得到式（4.6）.

例1 由 50 人组成的俱乐部. 从中选择主席、副主席、秘书和出纳的情况有多少种？选

择一个由 4 名成员组成的委员会可以有几种情况?

在挑选官员时,我们不仅要选出 4 个人,还要决定哪一位是主席等. 我们可以考虑将这 4 个人的职位标上主席、副主席等标签. 因此,选择官员的总的方式数量为

$$P(50,4) = \frac{50!}{(50-4)!} = \frac{50!}{46!} = 50 \cdot 49 \cdot 48 \cdot 47.$$

但是,任命委员会成员都是等同的(我们忽略了一个人被任命为主席的可能性),因此,选择 4 人委员会的总的方式数量为

$$C(50,4) = \frac{50!}{46! \cdot 4!} = \frac{50 \cdot 49 \cdot 48 \cdot 47}{24}.$$

例 2 求 $(1+x)^{15}$ 的二项式展开式中 x^8 项的系数. 考虑乘式展开

$$(1+x)(1+x)(1+x)\cdots(1+x), (15 \text{ 项})$$

每次将 7 个括号中的 1 乘以 8 个括号中的 x 时,就会得到一项 x^8. 从 15 个括号中选择 8 个的方式数是

$$C(15,8) = \frac{15!}{8! \cdot 7!}.$$

这是 x^8 的期望系数.

概括此示例,我们看到在 $(a+b)^n$ 的展开式中,$a^{n-r}b^r$ 的系数为 $C(n,r)$,通常在与二项式展开式结合使用时写为 $\binom{n}{r}$. 因此,表达式 $C(n,r)$ 只是二项式的系数,我们可以写成

$$(a+b)^n = \sum_{r=0}^{n} \binom{n}{r} a^{n-r}b^r. \tag{4.7}$$

例 3 统计力学中的一个基本问题是:给定 N 个球和 n 个盒子,可以有多少种方式将这些球放入盒子中,以便盒子中有给定数量的球,比如 N_1 个球在第一个盒子中,N_2 个球在第二个盒子中,N_3 个球在第三个盒子中,$\cdots$,N_n 个球在第 n 个盒子中,当球放入盒子中时,这个给定的分布将发生的概率是多少? 在统计力学中,"球"可以是分子、电子、光子等,每个"盒子"对应粒子的位置和动量的较小范围的值. 我们可以用将球放入盒子的问题描述来表述许多其他问题. 例如,抛硬币时,我们可以将正面与盒子 1 等同,将反面与盒子 2 等同;在掷骰子时,有六个"盒子". 对于将信件放入信封,信件是小球,信封是盒子. 发牌时,纸牌是球,接收纸牌的人是盒子. 在阿尔法散射实验中,阿尔法粒子是球,盒子是检测屏幕上粒子被散射后击中的区域元素.

让我们对这个问题做一个特例,其中有 15 个球和 6 个盒子,要放入不同盒子的球数是:

球数:	3	1	4	2	3	2
盒子编号:	1	2	3	4	5	6

我们首先问从 15 个球中选择 3 个球进入第 1 个盒子有多少种方法,答案是 $C(15,3)$.(注意,不考虑盒内球的顺序;这类似于例 1 中的委员会问题.)现在我们剩下 12 个球,我们要从其中为第 2 个盒子选择 1 个球. 我们可以用 $C(12,1)$ 种方法做到这一点. 然后,我们可以用 $C(11,4)$ 种方法从剩余的 11 个球中选择第 3 个盒子的 4 个球,以 $C(7,2)$ 种方法选择第 4 个盒子的 2 个球,以 $C(5,3)$ 种方法选择第 5 个盒子的 3 个球,最后以 $C(2,2)$ 种方法选择第 6 个盒子的球(验证这是 1). 根据基本原理,将所需数量的球放入盒子的方法总数为

$$C(15,3) \cdot C(12,1) \cdot C(11,4) \cdot C(7,2) \cdot C(5,3) \cdot C(2,2)$$

$$= \frac{15!}{3! \cdot 12!} \cdot \frac{12!}{1! \cdot 11!} \cdot \frac{11!}{4! \cdot 7!} \cdot \frac{7!}{2! \cdot 5!} \cdot \frac{5!}{3! \cdot 2!} \cdot \frac{2!}{2! \cdot 0!}$$

$$= \frac{15!}{3! \cdot 1! \cdot 4! \cdot 2! \cdot 3! \cdot 2!}.$$

（请从第 1 章和第 11 章中记住 $0! = 1$.）

接下来，我们想知道这种特定分布的概率. 我们假设这些球是"随机"分布在盒子中的. 对此，我们说球被放进任何一个盒子的概率与被放进其他盒子的概率相同$\left(即 \frac{1}{6}\right)$. 我们可以将第一个球放入 6 个盒子中的任何一个，第二个球放入 6 个盒子中的任何一个，依此类推. 因此，根据基本原理，将 15 个球分配到 6 个盒子中的方法总数为 $6 \cdot 6 \cdot 6 \cdot 6 \cdots 6 = 6^{15}$，我们假设这些分布是等可能的. 那么，当将 15 个球"随机"分配到 6 个盒子中时，前面给定的情况盒 1 中将有 3 个球，盒 2 中将有 1 个球等的概率可通过式（1.2）（有利情况÷总数）计算

$$\frac{15!}{3! \cdot 1! \cdot 4! \cdot 2! \cdot 3! \cdot 2!} \div 6^{15}.$$

例 4 在例 3 中，我们假设 15 个球在 6 个盒子中的 6^{15} 种分布是等可能的. 如果我们考虑为每个球放入盒子的过程掷一次骰子，这似乎是非常合理的. 如果骰子显示 1，则将球放入盒 1 等. 然而，我们可以想到这种方法和结果不适用的情况. 例如，假设我们将信件放入信封中或让人坐在椅子上，那么我们可以合理地要求每个信封仅一封信，每把椅子不超过一个人，即每个盒子一个球（或一个球也没有）. 考虑一下让 4 个人坐在 6 个椅子上的问题，即把 4 个球放入 6 个盒子中. 如果我们将椅子从 1 到 6 编号，然后让每个人通过掷骰子来选择椅子，那么我们可能会有两个或更多个人选择同一把椅子. 结果 6^4（例 3 的方法解决了 6 个盒子中有 4 个球的问题）不再适用于该问题. 然而，让我们考虑 6^4 个点的均匀样本空间，并从中选择与我们的限制相对应的样本点（每个盒子一个球或一个都没有）. 新的样本空间包含 $C(6,4) \cdot 4!$ 个样本点（选择要占用的 4 把椅子的方法数乘以将 4 个人安排到 4 把椅子的方式数）. 由于这些点在原始（均匀）样本空间中具有相同的可能性，因此我们仍然认为它们是等可能的. 现在让我们求当这四个人就座时前两个椅子都空着的概率. 与此事件对应的样本点数是 4!（在最后 4 把椅子中安排 4 个人的方式的数量）. 因此，所求的概率是

$$\frac{4!}{C(6,4) \cdot 4!} = \frac{1}{C(6,4)}.$$

现在，我们可以看到解决此类问题的简便方法. 在概率计算中消去的因数 4! 是 4 个被占用椅子中 4 人的重新排列的数量. 由于这对于任何给定的 4 把椅子集合都是相同的，因此我们可以将与每个给定的 4 把椅子集合相对应的所有样本点集中在一起，然后得到一个具有 $C(6,4)$ 个样本点的较小的（仍然均匀）样本空间. 现在每个点对应于一组给定的 4 把椅子，$C(6,4)$ 只是从 6 把椅子中挑选 4 把的方法数目. 当 4 人就座时，前两把椅子空着的概率是 $1/C(6,4)$，因为只有一种方法可以选择 4 把被占用的椅子，而剩下前两把椅子是空的.

解决此问题的另一种有效的方法是考虑将 4 个相同的球放入 6 个盒子中. 由于球是相同的，所以有 4! 种可能. 4 个给定盒子中的 4 个球的排列看起来都很相似. 我们可以说在 6 个

盒子中有 4 个相同的球（每个盒子有一个或一个都不存在）有 $C(6,4)$ 个可区分的排列. 由于所有这些排列都是等可能的，因此如我们先前所发现的，任何一个排列（例如前两个盒为空）的概率为 $1/C(6,4)$.

例 5　在例 4 中，我们发现对于两个特定的盒子为空的可能性（无论我们是否认为球是可区分的）的答案相同. 之所以如此，是因为允许的可区分的排列方式是等可能的. 在没有限制一个盒子中有一个球或一个球也没有的情况下，根据例 3 和例 4 的方法，所有可区分的排列方式都并非等可能. 例如，所有的球在盒 1 中的概率为 $1/6^4$，将其与前两个盒子中没有球、其他四个盒子中各有一个球的概率（即 $4!/6^4 = \dfrac{1}{54}$）进行比较. 我们看到，集中的排列（全部或部分球在一个盒子中）比均匀的排列概率更小.

现在，我们想象一种情况，即所有可区分的排列方式都是等可能的. 假设这 6 个盒子是一间候诊室的长凳，而这 4 个球是要进来坐在长凳的人. 然后，如果他们是朋友，那么他们会有一定的倾向坐在一起，而我们所计算的概率将不适用，因为集中的分布的可能性将会增加. 考虑以下数学模型.（这是对波利亚瓮模型的变形.）我们有 6 个标号 1~6 的盒子和 4 个球. 从 6 张标记为 1 到 6 的卡片中，我们随机抽出一张，并将一个球放在与抽出的卡片编号相同的盒子中. 然后，我们更换该卡片，并添加另一张相同编号的卡片，这样就有 7 张卡片，其中两张是之前抽出的号码. 现在，我们从这 7 张卡片中随机选择一张，在相应的盒中放入一个球，然后再次替换该卡片，添加副本以制作 8 张卡片. 我们将这个过程再重复两次（直到所有的球都分配完毕）. 那么所有球都在盒子 1 中的概率为 $\dfrac{1}{6} \cdot \dfrac{2}{7} \cdot \dfrac{3}{8} \cdot \dfrac{4}{9}$. 前 4 个盒子中的每个盒中一个球的概率为 $\dfrac{1}{6} \cdot \dfrac{1}{7} \cdot \dfrac{1}{8} \cdot \dfrac{1}{9} \cdot 4!$,（这里 $\dfrac{1}{6} \cdot \dfrac{1}{7} \cdot \dfrac{1}{8} \cdot \dfrac{1}{9}$ 表示第一个球在盒 1 中，第二个球在盒 2 中，依此类推的概率；我们必须增加第一个球在盒 3 中，第二个球在盒 1 中，依此类推的概率；有 4! 个这样的可能性在前 4 个盒子中的每个盒子中都有一个球）. 我们看到分布"所有球在盒 1 中"和"前 4 个盒中各有一个球"的概率是相同的. 进一步地计算表明，所有可区分的排列方式都是等可能的.

要查找可区分的排列方式的数量，请考虑以下将 4 个球放入 6 个盒子的图.

	o			oo			o		
盒子编号	1	2	3	4	5	6
球数	1	0	2	0	1	0

线条表示盒子的边，圆圈表示球. 注意，它需要 7 条线才能显示 6 个盒子. 这张图片显示了 4 个球放入 6 个盒子中的许多可能的排列方式之一. 在任何此类图片中，开头和结尾都必须有一条线，但是其余的线（其中的 5 条）和 4 个圆圈可以按任意顺序排列. 你应该相信，盒子中各个球的排列都可以如此描绘. 那么，这种可区分的排列的数量就是我们从 5 条线和 4 个圆圈的 9 个位置中为 4 个圆圈选择 4 个位置的方法的数目. 因此，在这个问题上有 $C(9,4)$ 种等可能的排列.

然后，我们看到将球放入盒子的问题并不像我们想象的那么简单. 我们必须说明打算如何分配它们，甚至在此之前，我们必须思考要解决的实际问题是什么. 这就决定了样本空间以及与样本点关联的概率. 不幸的是，可能并不总是清楚样本空间的概率应该是多少，那么我们能做的最好的事情就是尝试各种假设. 在统计力学中，如果我们假设某些粒子（例如，气体分子）的行为类似于例 3 的球（所有 6^{15} 种排列的可能性相同），则可以正确描述它们. 然后我们说它们服从 Maxwell-Boltzmann 统计. 其他粒子（例如，电子）的行为类似于例 4 中要就坐的人（每个盒子一个或一个也不存在），我们说这样的粒子服从 Fermi-Dirac 统计. 最后，一些粒子（例如光子）的行为就像想坐在彼此附近的朋友一样（相同粒子的所有可区分排列都是一样的）；我们说这些粒子服从 Bose-Einstein 统计. 对于 6 个盒子中有 4 个粒子的问题，Maxwell-Boltzmann 粒子有 6^4 种可能的排列，Fermi-Dirac 粒子为 $C(6,4)$，而 Bose-Einstein 粒子为 $C(9,4)$.（请参阅习题 15.4 第 15 题至第 20 题.）

习题 15.4

1.（a）8 个人入座排成一排的 10 张椅子. 有多少种入座方式？

（b）一个测试中有 10 个问题，而你要做其中 8 个. 可以有多少种选择方式？

（c）在（a）中，前两把椅子空缺的概率是多少？

（d）在（b）中，你在测试中忽略前两个问题的概率是多少？

（e）解释为什么（a）和（b）的答案不同，但是（c）和（d）的答案相同.

2. 在 $(a+b)^n$ 的展开式（见例 2）中，令 $a=b=1$，解释展开项的概念，并证明：当 n 取 $1,2,3,\cdots,n$ 时，组合的总数为 2^n-1.

3. 一家银行只允许一个人为一个储蓄账户投保 100000 英镑. 但是，一个较大的家庭可能每个人都有账户，也可能以任何 2 个人，3 个人或更多人的名义设立账户. 一个 2 口之家可以开设多少个账户？3 口之家呢？5 个人呢？有 n 个人呢？提示：请参阅第 2 题.

4. 从洗好的牌中发五张. 它们全都是一样的花色的概率是多少？它们都是方块的概率是多少？它们都是花牌的概率是多少？这五张牌是同一花色的顺子（例如，红桃的 3，4，5，6，7）的概率是多少？

5. 一个二进制位（表示二进制数字）为 0 或 1. 一个 8 位有序数组（例如 01101001）是一个字节. 有多少种不同的字节？如果你随机选择一个字节，那么它是 11000010 的概率是多少？选择的字节包含三个 1 和五个 0 的概率是多少？

6. 所谓的 7 路灯具有三个 60W 的灯泡，可以同时打开一个或两个或全部，还有一个大灯泡，可以变成 100W、200W 或 300W. 如果不包括完全关闭，灯可以设置多少种不同的光强度？（答案不是 7.）

7. 在经过打乱的牌中，梅花 2 和梅花 3 彼此相邻的概率是多少？提示：想象一下，两张卡意外地粘在一起，并像一张牌一样随机打乱.

8. 从洗好的牌中抽出两张牌. 两者都是 A 的概率是多少？如果你知道至少一个是 A，那么两个都是 A 的概率是多少？如果你知道一个是黑桃 A 牌，那么两个都是 A 的概率是多少？

9. 从洗好的牌中抽出两张牌. 两者都是红桃的概率是多少？如果至少有一个是红桃，那么两个都为红桃的概率是多少？如果至少有一个是红桃 A，那么两个都为红桃的概率是多少？如果正好是一个红桃 A，那么两个都为红桃的概率是多少？

10. 你和朋友的生日不同的概率是多少？（为简单起见，让一年有 365 天.）三个人有三个不同生日的概率是多少？证明：n 个人有 n 个不同生日的概率为

$$p=\left(1-\frac{1}{365}\right)\left(1-\frac{2}{365}\right)\left(1-\frac{3}{365}\right)\cdots\left(1-\frac{n-1}{365}\right).$$

当 $n\leq 365$，可以通过计算 $\ln p$ 来估算上式的值 [回想，当 $x\leq 1$ 时 $\ln(1+x)$ 可以近似为 x]. 找出使 $p<\frac{1}{2}$ 的最小（整数）n. 因此，可以证明一个 23 人或更多人的组，两个人有相同生日的概率大于 $\frac{1}{2}$.

11. 在热闹的街道上玩以下游戏：观察每个车牌上的最后两位数字. 在前 5 辆车中观察到至少 2 辆车的后两位数字相同的概率是多少？前 10 辆车呢？前 15 辆车呢？你必须观察多少辆车才能观察到两辆车的最后两位数相同的概率大于 $\frac{1}{2}$？

12. 第 10 题中考虑不同出生月份. 使得两个人在同一个月出生的概率大于 $\frac{1}{2}$ 的最小总人数是多少？

13. 概括例 3，可以看到将 N 个球放入 n 个盒子中，其中 N_1 个在盒 1 中，N_2 个在盒 2 中，…，总的方法数有：

$$\left(\frac{N!}{N_1! \cdot N_2! \cdot N_3! \cdot \cdots \cdot N_n!}\right).$$

14. （a）抛掷两枚硬币，求抛出一正一反硬币的概率. 掷一个骰子六次，求六个面都出现了的概率. 抛掷一个 12 面骰子 12 次，求 12 个面都出现了的概率. 在 n 面骰子的 n 次投掷中，求 n 个面都出现了的概率.

（b）对于（a）部分中的最后一个问题等同于找到以下概率：当 n 个球随机分布到 n 盒子中时，每个盒子中恰好包含一个球. 证明：对于大的 n，可近似为 $e^{-n}\sqrt{2\pi n}$.

15. 为以下将 2 个粒子放入 3 个盒子中的问题设置均匀样本空间：对于 Maxwell-Boltzmann（MB）粒子，对于 Fermi-Dirac（FD）粒子、对于 Bose-Einstein（BE）粒子. 见例 5.（对于 MB，你应该找到 9 个采样点，对于 FD，你应该找到 3 个采样点，对于 BE，你应该找到 6 个采样点.）

16. 对于 2 个粒子进入 2 个盒子的场景完成第 15 题. 使用例 5 中讨论的模型，找出 Bose-Einstein 案例中三个样本点中每个样本点的概率.（你应该发现每个对象都有 $\frac{1}{2}$ 的概率，也就是说，它们的概率相等.）

17. 根据这三种统计量，找到将 2 个粒子放入 4 个盒子的方法.

18. 根据这三种统计量，找出将 3 个粒子放入 5 个盒子的方法.

19. （a）按照例 3、例 4 和例 5 的方法，证明：对于将 N 个粒子放入 n 个盒子的等可能的方法数：对于 Maxwell-Boltzmann 粒子为 n^N，对于 Fermi-Dirac 粒子为 $C(n, N)$，而对于 Bose-Einstein 粒子为 $C(n-1+N, N)$.

（b）证明：如果 n 远大于 N（例如，$n=10^6$，$N=10$ 时），则 Bose-Einstein 和 Fermi-Dirac 粒子在（a）中的结果都包含 N 个数的乘积，每个数字约等于 n. 因此，对于 $n \geq N$，BE 和 FD 的结果都近似等于 $n^N/N!$，即 MB 结果的 $1/N!$.

20. （a）在例 5 中讨论的数学模型称将相同的球分配到盒子中，可以使得所有可区分的排列都具有同等可能性（Bose-Einstein 统计）. 要证明这一点可通过将 N 个球分布到 n 个盒子中，其中第一个盒子中有 N_1 个球，第二个盒子中有 N_2 个球，…，第 n 个盒子中有 N_n 个球的概率为 $1/C(n-1+N, N)$ 来实现，这对于任何一组满足 $\sum_{i=1}^{n} N_i = N$ 的数字都成立.

（b）证明：如果放回了抽出的牌（但未添加额外的牌），则（a）中的模型将导致 Maxwell-Boltzmann 统计；如果未放回牌，则会导致 Fermi-Dirac 统计. 提示：计算每种情况下盒子中球的可能排列数. 首先解决示例中 4 个粒子放入 6 个盒子中的问题，然后解决 N 个粒子放入 n 个盒子（$n>N$）的问题来得到第 19 题的结果.

21. 在量子力学中会出现以下问题（见第 13 章，习题 13.7 第 21 题）. 求出非负整数 a，b，c 的有序三元组的数量，其和 $a+b+c$ 是给定的正整数 n.（例如，如果 $n=2$，我们可以有 $(a,b,c)=(2,0,0)$ 或 $(0,2,0)$ 或 $(0,0,2)$ 或 $(0,1,1)$ 或 $(1,0,1)$ 或 $(1,1,0)$.）提示：可以知道这与 n 个相同的球进入 3 个盒子中的可分辨分布数是相同的，然后遵循例 5 中图表的方法.

22. 假设有 13 个人想在一周的一个晚上安排一次例行会议. 如果每个人每周都有一个晚上很忙，那么有一个晚上每个人都有空闲的可能性是多少？

23. 同第 22 题，如果一个人有 3 个晚上忙，一个人有 2 个晚上忙，两个人各有一个晚上忙，其余的每晚都空闲.

15.5 随机变量

在投掷两个骰子的问题中，我们对两个骰子上的数字总和的值可能比对单个数字更感兴趣. 让我们称这个和为 x；那么对于样本空间（2.4）中样本空间的每个点，x 都有一个对应的值. 例如，对于点 2，1，我们有 $x = 2 + 1 = 3$；对于点 6，2，我们有 $x = 8$，依此类推. 这样的变量 x 对每个采样点都有确定的值，称为随机变量. 我们可以轻松地为样本空间（2.4）构造更多的随机变量，下面是一些（你能构造更多吗？）：

$$x = \text{第一个骰子的数量减去第二个骰子的数量；}$$
$$x = \text{第二个骰子上的数字；}$$
$$x = \text{与采样点相关的概率 } p\text{；}$$
$$x = \begin{cases} 1, & \text{若总和为 7 或 11,} \\ 0, & \text{其他.} \end{cases}$$

对于这些随机变量 x，我们可以列出一个表格，列出样本空间（2.4）中的所有采样点，并在每个采样点旁边列出 x 的对应值. 该表可能会让你想起在绘制函数图时可以使用的函数值表. 在解析几何或物理问题中，知道 x 是 t 的函数意味着对任何给定的 t，我们都可以找到对应的 x 值. 在概率论中，样本点与自变量 t 相对应. 对于给定采样点，如果给出了 x 的描述（例如，$x = $ 骰子上的数字之和），则可以找到随机变量 x 的对应值. 这里的"描述"对应于我们在绘制解析几何图中的图形时使用的公式 $x(t)$. 因此，我们可以**说随机变量 x 是在样本空间上定义的函数.**

概率函数　让我们进一步考虑掷出两个骰子［样本空间（2.4）］的随机变量 $x = $ "骰子上的数字总和". 我们注意到，有几个样本点的 $x = 5$，即样本空间（2.4）中标记为 a 的点. 同样，对于 x 的其他大多数值都有几个样本点. 然后，可以很方便地将所有与给定 x 值相对应的样本点集中在一起，并考虑一个新的样本空间，其中新样本空间的每个点对应于 x 的一个值，也就是样本空间（2.5）. 如第 15.2 节所述，通过将原始样本空间中与 x 的特定值相对应的所有点相关的概率相加，来获得与新样本空间的每个点相关的概率. x 的每个值，称其为 x_i，出现的概率为 p_i；我们可以写成 $p_i = f(x_i) = (x = x_i$ 时的概率$)$，并将函数 $f(x)$ 称为随机变量 x 的**概率函数**. 在式（2.5）中，我们在第一行列出了 x 的值，在第二行列出了 $f(x)$ 的值.（在这个问题上，x 和 $f(x)$ 仅取有限数量的离散值，在后面的一些问题中，它们将取一组连续的值.）我们还可以图形化地显示这些值（见图 15.5.1）.

现在我们有了式（2.5）或图（见图 15.5.1）来描述随机变量 x 及其概率函数 $f(x)$，我们可以省去原始样本空间（2.4）. 但由于我们使用了样本空间（2.4）来定义随机变量的含义，现在让我们使用式（2.5）或图 15.5.1 给出另一个定义. 我们可以说 **x 是一个随机变量，如果它以不同的概率 $p_i = f(x_i)$ 取不同的值 x_i.** 这个定义可以解释随机变量的名称，x 之所以称为变量，是因为它可以取不同的值. 随机过程是其结果事先未知的过程. 两个骰子掉落的方式是一个未知的结果，因此 x 的值事先未知，我们称 x 为随机变量.

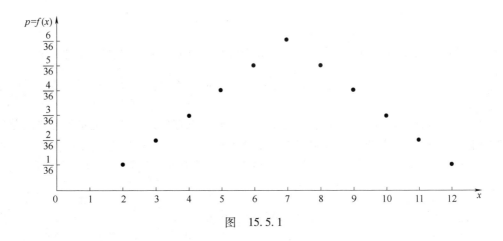

图　15.5.1

你可能会注意到，最初我们将 x 视为一个因变量或函数，而样本点作为自变量. 尽管我们没有过多讨论，但每个样本点都有一个对应的概率值 p，即 p 和 x 都是样本点的函数. 在上一段中，我们已经将 x 视为一个自变量，而 p 是 x 的函数. 这非常类似于将 x 和 p 都指定为 t 的函数，并消除 t 以获得 p 作为 x 的函数. 为了直接考虑概率函数 $p=f(x)$，在讨论最开始我们省去了样本点.

例 1　令 $x=$ 投掷三枚硬币时的正面数. 见均匀样本空间（2.3），然后我们可以写出样本空间（2.3）所有样本点的 x 值. 取而代之，让我们立即转到 x 和 $p=f(x)$ 的表.［你是否可以使用样本空间（2.3）验证此表？］

$$
\begin{array}{c|cccc}
x & 0 & 1 & 2 & 3 \\
p=f(x) & \dfrac{1}{8} & \dfrac{3}{8} & \dfrac{3}{8} & \dfrac{1}{8}
\end{array}
\tag{5.1}
$$

用于概率函数 $p=f(x)$ 的其他术语有：**概率密度函数，频率函数或概率分布（注意：不是我们后面要讨论的用来表示累积分布的分布函数**，见图 15.5.2）. 这些术语的由来将随着我们不断地探索而变得更加清晰，而我们可以从式（5.1）中了解术语频率和分布. 假设我们反复投掷三枚硬币，我们可以合理地期望在大约 $\dfrac{1}{8}$ 次抛掷中获得 3 个正面，在 $\dfrac{3}{8}$ 次抛掷中获得 2 个正面等. 也就是说，$p=f(x)$ 的每个值都与该 x 值的出现频率成正比，因此称为 **频率函数**（另请参见第 15.7 节）. 同样在式（5.1）中，想象四个标记为 $x=0$，1，2，3 的盒子，每次投掷三枚硬币时，在适当的盒子里放一颗弹珠. 然后，$p=f(x)$ 表示经过多次抛掷后，弹珠如何分配到盒子中，因此称为"分布".

均值　标准差　随机变量 x 的概率函数 $f(x)$ 为我们提供了有关它的详细信息，但是出于许多目的，我们需要一个更简单的描述. 例如，假设 x 表示杆的长度的实验测量值，而我们有大量的 N 个测量值 x_i. 我们可以合理地取 $p_i=f(x_i)$，与我们获得值 x_i 的次数 N_i 成正比，即 $p_i=N_i/N$. 我们对两个数字特别感兴趣，即所有测量的均值或平均值，另一个则是衡量原始值偏离该平均值的程度的数字. 让我们定义两个这样的量，它们通常用于描述随机变量. 要计算一组 N 个数字的平均值，我们将它们相加并除以 N. 我们可以将每个测量值乘以它的出现次数，然后将结果相加，而不是将大量测量值相加. 这给出了测量值的平均值，该值为

$$\frac{1}{N} \cdot \sum_i N_i x_i = \sum_i p_i x_i.$$

与此计算类似，我们现在通过等式定义概率函数为 $f(x)$ 的随机变量 x 的平均值 μ

$$\mu = x \text{ 的平均} = \sum_i x_i p_i = \sum_i x_i f(x_i). \tag{5.2}$$

为了获得测量值的分散或离散程度的度量，我们可以首先列出每个度量值与平均值的偏差. 这些偏差中有些是正的，有些是负的. 如果我们将它们取平均值，则得到零（见习题 15.5 第 10 题）. 相反，让我们对每个偏差求平方并求平方的平均值，我们通过等式定义随机变量 x 的方差：

$$\text{Var}(x) = \sum_i (x_i - \mu)^2 f(x_i). \tag{5.3}$$

（方差有时称为离散度.）如果几乎所有的测量值 x_i 都非常接近 μ，则 $\text{Var}(x)$ 很小；如果测量值分布广泛，则 $\text{Var}(x)$ 很大. 因此，我们有一个数字，指示测量值的分散程度，这也就是我们想要的. 经常使用 $\text{Var}(x)$ 的平方根（称为 x 的标准差）来代替 $\text{Var}(x)$：

$$\sigma_x = x \text{ 的标准差} = \sqrt{\text{Var}(x)}. \tag{5.4}$$

例 2 对于式（5.1）中的数据，我们可以计算：

由式（5.2），$\mu = x$ 的均值 $= 0 \cdot \frac{1}{8} + 1 \cdot \frac{3}{8} + 2 \cdot \frac{3}{8} + 3 \cdot \frac{1}{8} = \frac{12}{8} = \frac{3}{2}$.

由式（5.3），$\text{Var}(x) = \left(0 - \frac{3}{2}\right)^2 \cdot \frac{1}{8} + \left(1 - \frac{3}{2}\right)^2 \cdot \frac{3}{8} + \left(2 - \frac{3}{2}\right)^2 \cdot \frac{3}{8} + \left(3 - \frac{3}{2}\right)^2 \cdot \frac{1}{8}$

$$= \frac{9}{4} \cdot \frac{1}{8} + \frac{1}{4} \cdot \frac{3}{8} + \frac{1}{4} \cdot \frac{3}{8} + \frac{9}{4} \cdot \frac{1}{8} = \frac{3}{4}.$$

由式（5.4），$\sigma_x = x$ 的标准差 $= \sqrt{\text{Var}(x)} = \frac{1}{2}\sqrt{3}$.

随机变量 x 的均值也称为期望、预期值或期望值（特别是在量子力学中）.

可以使用符号 $\bar{x}$ 或 $E(x)$ 或 $<x>$ 来代替 μ 表示 x 的平均值.

$$\bar{x} = E(x) = \langle x \rangle = \mu = \sum_i x_i f(x_i). \tag{5.5}$$

"期望"一词来自机会游戏.

例 3 如果骰子显示 5，你将获得 5 美元，如果骰子显示 2 或 3，你将获得 2 美元，其他情况则无收益. 令 x 代表你在玩游戏中的收益，那么 x 的可能值和相应的概率是 $x = 5$ 时，$p = \frac{1}{6}$，$x = 2$ 时 $p = \frac{1}{3}$，$x = 0$ 时 $p = \frac{1}{2}$. 我们求得 x 的平均值或期望为

$$E(x) = \sum x_i p_i = 5 \cdot \frac{1}{6} + 2 \cdot \frac{1}{3} + 0 \cdot \frac{1}{2} = 1.50.$$

如果你多次玩游戏，这是对你每场比赛平均收益的合理估计，也就是期望的含义. 这也是为你玩的每个游戏支付的费用的一个合理的数字. 如果你试图从日常意义上解释"期望"，

则术语"期望值"（与期望或平均值相同）可能会造成混淆和误导. 请注意, x 的期望值 1.50 美元并非 x 的可能值之一, 因此你永远无法"期望" $x=1.50$. 如果你将期望值视为一个与平均值含义相同的技术术语, 则没有任何困难. 当然, 在某些情况下, 它的日常含义是合理的. 例如, 扔一枚硬币 n 次, 则预期的正面数为 $n/2$（见习题 15.5 第 11 题）, 我们确实可以合理地"期望"这个结果的近似值（请参见第 15.7 节）.

　　累积分布函数　目前为止, 我们一直在使用概率函数 $p=f(x)$, 该函数给出 x 正好是 x_i 的概率 $p_i=f(x_i)$. 在某些问题中, 我们可能对 x 小于某个特定值的概率更感兴趣. 例如, 在一次选举中, 我们想知道竞争候选人获得不到一半选票的可能性, 也就是说, 我们的候选人将获胜. 在放射性实验中, 我们想知道背景辐射始终保持低于某一水平的概率. 给定概率函数 $f(x)$, 我们可以通过将 x 小于或等于 x_i 的所有值的概率相加来得到 x 小于或等于某个值 x_i 的概率. 例如, 考虑两个骰子上数字的和, 概率函数 $p=f(x)$ 如图 15.5.1 所示. x 小于或等于 4 的概率是 x 为 2、3 或 4 的概率之和, 即 $\frac{1}{36}+\frac{2}{36}+\frac{3}{36}=\frac{1}{6}$. 类似地, 我们可以找到 x 小于或等于任何给定的数字的概率. 所得到的关于 x 的结果函数如图 15.5.2 所示. 这样的函数 $F(x)$ 被称为**累积分布函数**. 可以写为

$$F(x_i)=P(x\leqslant x_i)=\sum_{x_j\leqslant x_i}f(x_j). \tag{5.6}$$

　　请注意, 尽管概率函数 $f(x)$ 可以称为**概率分布**, 但术语分布函数是指累积分布 $F(x)$.

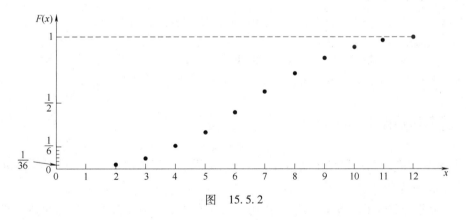

图　15.5.2

习题 15.5

　　为第 1 题至第 7 题设置样本空间, 并在每个样本点旁边列出所指示的随机变量 x 的值以及与该样本点相关的概率. 制作一张表, 列出 x 的不同值 x_i 和相应概率 $p_i=f(x_i)$. 计算 x 的均值、方差和标准差, 查找并绘制累积分布函数 $F(x)$.

　　1. 投掷 3 枚硬币, $x=$ 正面数－反面数.

　　2. 投掷两个骰子, $x=$ 骰子上数字的总和.

　　3. 重复抛一枚硬币, $x=$ 第一次出现正面的抛掷次数.

　　4. 假设火星骰子是 4 向的（四面体）, 分别标记为 1 到 4. 投掷一对骰子时, 如果乘积为奇数, 则令 x 为骰子顶部两个数字的乘积；否则 $x=0$.

5. 随机变量 x 的取值为 0, 1, 2, 3, 对应的概率为 $\frac{5}{12}$, $\frac{1}{3}$, $\frac{1}{12}$, $\frac{1}{6}$.

6. 从洗好的牌中抽出一张. 如果是一张 A 或一张花牌, 则 $x = 10$, 如果是一张 2, 则 $x = -1$, 若是其他牌, 则 $x = 0$.

7. 一枚出现正面的概率为 p 的加重硬币投掷三次, $x =$ 正面数－反面数.

8. 如果你能获得与骰子上数字乘积相等的美元数, 你愿意花 10 美元投两个骰子吗? 提示: 你的期望是多少? 如果超过 10 美元, 那么该游戏将对你有利.

9. 证明: 在一个样本空间上定义的两个随机变量之和的期望是其期望的和. 提示: 令 $p_1, p_2, \cdots, p_n$ 为与 n 个采样点相对应的概率; 令 $x_1, x_2, \cdots, x_n$ 和 $y_1, y_2, \cdots, y_n$ 为 n 个样本点对应的随机变量 x 和 y 的值. 写出 $E(x)$, $E(y)$ 和 $E(x+y)$.

10. 设 μ 为随机变量 x 的平均值. 因此量 $x_i - \mu$ 是 x 与其平均值的偏差. 证明: 这些偏差的平均值为零. 提示: 请记住, 所有 p_i 的总和必须等于 1.

11. 证明: 一次抛硬币的出现正面期望数量为 $\frac{1}{2}$. 用两种方法证明两次投掷的期望正面数为 1:

(a) 令 $x =$ 投掷两次出现的正面数, 求 $\bar{x}$.

(b) 令 $x =$ 第 1 次投掷出现的正面数, $y =$ 第 2 次投掷出现的正面数; 参考第 9 题, 求出 $x+y$ 的平均值.

使用此方法可以证明一枚硬币投掷 n 次的期望正面次数为 $\frac{1}{2}n$.

12. 参照第 9 题求第 2 题中骰子上数字总和的期望值.

13. 证明: 将常数 K 与随机变量相加会使平均值增加 K, 但不会改变方差. 证明: 将随机变量乘以 K 会将平均值和标准差扩大 K 倍.

14. 如第 11 题中所示, 证明: 在 n 次掷骰子中 5 点出现的预期次数为 $n/6$.

15. 参考第 9 题, 求第 7 题中的 $\bar{x}$.

16. 证明: $\sigma^2 = E(x^2) - \mu^2$. 提示: 根据式 (5.3) 和式 (5.4) 写出 σ^2 的定义式, 并参考第 9 和第 13 题.

17. 参考第 16 题, 求解第 2、6、7 题中的 σ.

15.6 连续分布

在第 15.5 节中, 我们讨论了随机变量 x, 它采用了一组离散值 x_i. 不难想象随机变量采用一组连续值的情况.

例 1 考虑一个粒子沿着 x 轴从 $x = 0$ 到 $x = l$ 来回移动, 在转折点处弹性回弹, 使其速度恒定. (这可能是放射性核中的 α 粒子简单模型或在容器壁之间来回弹跳的气体分子模型.) 令粒子的位置 x 为随机变量, 则 x 取 $x = 0$ 到 $x = l$ 的连续值. 现在假设, 在第 15.5 节之后, 我们要求粒子位于所有特定点 x 的概率概率必须为相同的 k (因为运动速度恒定). 在第 15.5 节中, 由于样本点有限, 我们可以说 $k = 1/N$. 在连续的情况下, 有无限多个点, 因此我们将发现 $k = 0$, 也就是说, 粒子在给定点的概率必须为零, 但这不是一个非常有用的结果. 让我们将 $(0, l)$ 分成小区间 $\mathrm{d}x$, 由于粒子具有恒定的速度, 因此它在每个 $\mathrm{d}x$ 中花费的时间与 $\mathrm{d}x$ 的长度成正比. 实际上, 由于粒子在给定区间 $\mathrm{d}x$ 中花费的时间占比为 $(\mathrm{d}x)/l$, 因此在区间 $\mathrm{d}x$ 中找到它的概率就为 $(\mathrm{d}x)/l$.

离散和连续概率函数的比较 为了了解如何为连续的情况定义概率函数, 并将该讨论与离散的情况关联起来, 让我们暂且回到图 15.5.1. 在那里我们绘制了一个垂直距离, 以表示

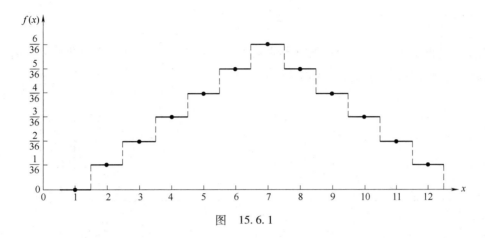

图　15.6.1

每个 x 值的概率 $p = f(x)$. 与用一个点，如图 15.5.1 所示来表示每个 x 的概率 p 不同的是，我们现在以每个点为中心绘制长度为 1 的水平线段. 如图 15.6.1 所示　那么在特定 x_i 处水平线段下方的面积为 $f(x_i) \cdot 1 = f(x_i) = p_i$（因为每个水平线段的长度为 1），我们可以使用该面积代替纵坐标作为概率的度量，这样的图称为直方图.

例 2　现在让我们将这个面积的思想应用于例 1. 考虑图 15.6.2. 我们已经绘制出来的函数：

$$f(x) = \begin{cases} 1/l, & 0 < x < l, \\ 0, & x < 0, x > l. \end{cases}$$

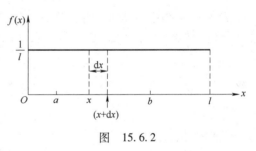

图　15.6.2

如果我们考虑 $(0, l)$ 上的任何 x 到 $x + \mathrm{d}x$ 的区间，则在曲线 $f(x) = 1/l$ 下该区间的面积为 $(1/l)\,\mathrm{d}x$ 或 $f(x)\,\mathrm{d}x$，这只是粒子在此区间内的概率. 粒子处于 $(0, l)$ 中的较长子区间即 (a, b) 的概率为 $(b-a)/l$ 或 $\int_a^b f(x)\,\mathrm{d}x$，即曲线下方从 a 到 b 的面积. 如果区间 (a, b) 在 $(0, l)$ 之外，则 $\int_a^b f(x)\,\mathrm{d}x = 0$，因为 $f(x)$ 为零，这同样是在给定区间上找到粒子的概率的正确值. 当 $f(x)$ 在一个区间内恒定时，如图 15.6.2 所示，我们说 x 在该区间上为**均匀地分布**. 让我们考虑一个 $f(x)$ 不是常数的例子.

例 3　假设例 1 的粒子在一个倾斜的平面上上下滑动（无摩擦），在底部与弹簧弹性回弹（无能量损失），并且在高度 $y = h$ 处速度为零（见图 15.6.3）. 因为在 $y = h$ 时，$v = 0$，所以总能量（即 $\frac{1}{2}mv^2 + mgy$）是常数且等于 mgh. 因此，我们有：

$$v^2 = \frac{2}{m}(mgh - mgy) = 2g(h - y). \tag{6.1}$$

在给定高度 y 的间隔 $\mathrm{d}y$ 中找到粒子的概率与在粒子在该间隔中花费的时间 $\mathrm{d}t$ 成正比. 由 $v = \mathrm{d}s/\mathrm{d}t$，我们可得 $\mathrm{d}t = (\mathrm{d}s)/v$. 从图 15.6.3 中，我们可以得出 $\mathrm{d}s = (\mathrm{d}y)\csc\alpha$. 将这些与式（6.1）结合起来可得：

$$dt = \frac{ds}{v} = \frac{(dy)\csc\alpha}{\sqrt{2g}\sqrt{h-y}}$$

由于在高度 y 的间隔 dy 中找到粒子的概率 $f(y)dy$ 与 dt 成正比，因此我们可以消去常数因子 $\csc\alpha/\sqrt{2g}$，并说 $f(y)dy$ 与 $dy/\sqrt{h-y}$ 成正比.

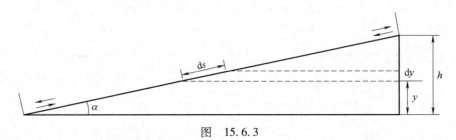

图 15.6.3

为了找到 $f(y)$，我们必须乘以一个常数因子，使得总概率 $\int_0^h f(y)dy$ 等于 1，因为这是粒子在某处的概率. 可以轻松地证明：

$$f(y)dy = \frac{1}{2\sqrt{h}}\frac{dy}{\sqrt{h-y}} \quad \text{或} \quad f(y) = \frac{1}{2\sqrt{h(h-y)}}$$

$f(y)$ 的曲线图如图 15.6.4 所示. 注意，尽管当 $y=h$ 时，$f(y)$ 变为无穷大，但 $f(y)$ 曲线下任意区间的面积都是有限的. 这个面积表示粒子处于该高度区间的概率.

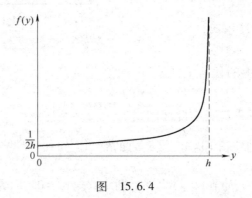

图 15.6.4

现在我们可以将均值（期望）、方差、标准差和累积分布函数的定义扩展到连续的情况. 令 $f(x)$ 为概率密度函数. 请记住，正如 $\sum_{i=1}^{n} p_i = 1$ 一样，$\sum_{x=-\infty}^{\infty} f(x)dx = 1$. 概率密度函数为 $f(x)$ 的随机变量 x 的平均值为

$$\mu = \bar{x} = E(x) = \langle x \rangle = \int_{-\infty}^{\infty} xf(x)dx. \tag{6.2}$$

（在这里写极限 $-\infty$，∞，是因为我们假设在概率为零的区间上将 $f(x)$ 定义为零.）可以看到，式（6.2）是式（5.5）中和的自然扩展. 找到 x 的平均值后，我们现在将第 15.5 节中的方差定义为 $(x-\mu)^2$ 的平均值，即

$$\mathrm{Var}(x) = \int_{-\infty}^{\infty} (x-\mu)^2 f(x)dx = \sigma_x^2. \tag{6.3}$$

和之前一样，标准差 σ_x 是方差的平方根. 最后，累积分布函数 $F(x)$ 给出了随机变量小于或等于每个 x 的概率. 但是这个概率只是 $f(x)$ 曲线下从 $-\infty$ 到点 x 的面积. 同样，当然，$f(x)$ 从 $-\infty$ 到 ∞ 的积分必须为 1，因为这是 x 的所有值的总概率. 因此，我们有

$$F(x) = \int_{-\infty}^{x} f(u)\,\mathrm{d}u, \qquad \int_{-\infty}^{\infty} f(x)\,\mathrm{d}x = F(\infty) = 1. \tag{6.4}$$

例 4 对于例 3 中的问题，我们发现：

由式 (6.2)，$\mu_y = \int_0^h yf(y)\,\mathrm{d}y = \dfrac{1}{2\sqrt{h}} \int_0^h y\dfrac{1}{\sqrt{h-y}}\mathrm{d}y = \dfrac{2}{3}h.$

由式 (6.3)，$\mathrm{Var}(y) = \int_0^h (y-\mu_y)^2 f(y)\,\mathrm{d}y = \int_0^h \left(y-\dfrac{2}{3}h\right)^2 \dfrac{1}{\sqrt{h-y}}\mathrm{d}y = \dfrac{4h^2}{45},$

标准差 $\sigma_y = \sqrt{\mathrm{Var}(y)} = 2h/\sqrt{45}.$

由式 (6.4)，累积分布函数 $F(y) = \int_0^y f(u)\,\mathrm{d}u = \dfrac{1}{2\sqrt{h}} \int_0^y \dfrac{\mathrm{d}u}{\sqrt{h-u}}.$

为什么是"密度函数"？ 在第 15.5 节中，我们提到的概率函数 $f(x)$ 通常称为**概率密度**. 现在我们可以解释原因，考虑式 (6.2). 如果 $f(x)$ 表示细棒的密度（每单位长度的质量），则棒的质心 [见第 5 章，式 (3.3)] 为

$$\bar{x} = \frac{\int xf(x)\,\mathrm{d}x}{\int f(x)\,\mathrm{d}x}, \tag{6.5}$$

其中积分在杆的整个长度上，或者如式 (6.2) 中从 $-\infty$ 到 ∞，且杆外 $f(x)=0$. 但在式 (6.2) 中，$\int f(x)\,\mathrm{d}x$ 是 x 的所有取值的总概率，因此该积分等于 1. 那么式 (6.5) 和式 (6.2) 实际上是相同的，我们看到将 $f(x)$ 称为密度是合理的，同时 x 的均值对应于密度为 $f(x)$ 的线性质量分布的质心. 以类似的方式，我们可以将式 (6.3) 解释为给出质量分布关于质心的惯性矩（请参阅第 5 章第 5.3 节）.

联合分布 我们可以轻松地将上述思想和公式推广到两个（或多个）维度. 假设我们有两个随机变量 x 和 y，我们定义它们的联合概率密度函数 $f(x,y)$，因此 $\int f(x_i,y_j)\mathrm{d}x\mathrm{d}y$ 是在区域 $\mathrm{d}x\mathrm{d}y$ 中 $x=x_i,y=y_i$ 的点 (x,y) 的概率. 那么点 (x,y) 在给定平面区域 (x,y) 的概率是 $f(x,y)$ 在该区域上的积分. x 和 y 的均值或期望，x 和 y 的方差和标准差以及 x 和 y 的协方差（请参阅习题 15.6 第 13 题至第 16 题）由下面的式子给出：

$$\bar{x} = \int_{-\infty}^{\infty} \int_{-\infty}^{\infty} xf(x,y)\,\mathrm{d}x\mathrm{d}y,$$

$$\bar{y} = \int_{-\infty}^{\infty} \int_{-\infty}^{\infty} yf(x,y)\,\mathrm{d}x\mathrm{d}y,$$

$$\mathrm{Var}(x) = \int_{-\infty}^{\infty} \int_{-\infty}^{\infty} (x-\bar{x})^2 f(x,y)\,\mathrm{d}x\mathrm{d}y = \sigma_x^2, \tag{6.6}$$

$$\mathrm{Var}(y) = \int_{-\infty}^{\infty} \int_{-\infty}^{\infty} (y-\bar{y})^2 f(x,y)\,\mathrm{d}x\mathrm{d}y = \sigma_y^2,$$

$$\mathrm{Cov}(x,y) = \int_{-\infty}^{\infty} \int_{-\infty}^{\infty} (x-\bar{x})(y-\bar{y})f(x,y)\,\mathrm{d}x\mathrm{d}y.$$

你应该看到这些是式（6.2）和式（6.3）的概括. 式（6.6）可以解释为给出二维质量分布的质心坐标和惯性矩，同样也可以为三个（或多个）随机变量（即，三维或多维）编写类似的公式. 还应注意，式（6.6）中的公式可以用极坐标来表示（见习题 15.6 第 6 题至第 9 题）.

我们已经讨论了许多离散的和连续的概率分布，你还能在问题中找到其他分布. 在以下各节中，我们将讨论三个非常重要的命名分布（二项式、正态和泊松）. 了解这些分布以及相关的图形，公式和术语将使你能够应对在教材，参考书和计算机程序中找到的许多其他命名分布.

习题 15.6

1. （a）一个粒子沿 x 轴在 $(-a, a)$ 上进行简谐运动，求该粒子的位置 x 的概率密度函数 $f(x)$.（有关简谐运动的讨论，请参见第 7 章，第 7.2 节.）提示：在时间 t 处 x 的值为 $x = a\cos\omega t$. 求出速度 dx/dt，那么在给定的 dx 中找到粒子的概率与它在那里花费的时间成正比，而与它在那里的速度成反比. 记住，在某处找到粒子的概率的总和必须为 1.

（b）画出在（a）部分中找到的概率密度函数 $f(x)$ 以及累积分布函数 $F(x)$ [见式（6.4）].

（c）在（a）中 x 的均值和标准差.

2. 空气动力学理论中表明，分子在碰撞之间移动的距离在 x 和 $x+dx$ 之间的概率与 $e^{-x/\lambda}$ 成正比，其中 λ 是常数. 证明：碰撞之间的平均距离（称为"平均自由程"）为 λ. 求出自由程长度 $\geq 2\lambda$ 的概率.

3. 球竖直向上投掷，然后又竖直下降. 求到概率密度函数 $f(h)$，使得 $f(h)dh$ 是在高度 h 和 $h+dh$ 之间找到球的概率.

4. 在第 1 题中，我们找到了经典谐振子的概率密度函数. 在量子力学中，谐振子（处于基态）的概率密度函数与 $e^{-\alpha^2 x^2}$ 成比例，其中 α 为常数，x 取值为 $-\infty$ 到 ∞. 求 $f(x)$ 以及 x 的平均值和标准差.（在量子力学中，x 的标准差为位置的不确定性，并记为 Δx.）

5. 放射性粒子在时间 t 和时间 $t+dt$ 之间衰变的概率与 $e^{-\lambda t}$ 成正比. 求密度函数 $f(t)$ 和累积分布函数 $F(t)$. 求放射性粒子的预期寿命（称为平均寿命）. 比较平均寿命和所谓的"半衰期"，也就是 $e^{-\lambda t} = 1/2$ 时的 t 值.

6. 种植半径为 1m 的圆形花园床，使 N 颗种子均匀分布在圆形区域上. 然后，我们可以讨论某个特定区域 A 中的种子数 n，或者我们可以将 n/N 称为任意一种特定种子在区域 A 中的概率. 求出一个种子（即一些特定的种子）距离中心 r 以内的概率 $F(r)$.（提示：$F(1)$ 表示什么？）求 $f(r)dr$，即种子与中心的距离在 r 和 $r+dr$ 之间的概率，求 $\bar{x}$ 和 σ.

7. （a）重复第 6 题，其中"圆形"区域现在位于地球的曲面上，假设所有点与芝加哥的距离为 s（沿地球表面的大圆测量），其中 $s \leq \pi R/3$，$R =$ 地球半径. 种子可以用放射性尘埃粒子代替（假设这些粒子均匀地分布在地球表面），求 $F(s)$ 和 $f(s)$.

（b）如果 $s \leq 1 < R$（例如 $s \leq 1$ 英里，而 $R = 4000$ 英里），求 $F(s)$ 和 $f(s)$. 你的答案是第 6 题中的答案吗？

8. 假设一个粒子在半径为 1 的球体内，并且在相同大小的任意两个体积元素中能够发现粒子的概率相同，求球坐标 r 的累积分布函数 $F(r)$，并通过它找到密度函数 $f(r)$. 提示：$F(r)$ 是粒子在半径 r 的球体内的概率，求 $\bar{r}$ 和 σ.

9. 氢原子由质子和电子组成. 根据玻尔理论，电子围绕质子在半径为 a 的圆中旋转（对于基态，$a = 5 \cdot 10^{-9}$ cm）. 根据量子力学可知，电子可以距质子任何距离 r（从 0 到 ∞）；对于基态，电子出现在与质子的距离在 r 和 $r+dr$ 范围内的体积单元 dV 中的概率与 $e^{-2r/a} dV$ 成正比，其中 a 是玻尔半径. 将 dV 写成球坐标（见第 5 章，第 5.4 节），并求出密度函数 $f(r)$，因此 $f(r)dr$ 是电子位于距离质子 r 和 $r+dr$ 的区间的概率.

（记住，电子在所有点处的概率和必须为 1.）用计算机绘制 $f(r)$ 并证明其最大值在 $r=a$ 处，然后我们说 r 的最可能值是 a. 同样可以证明 r^{-1} 的平均值为 a^{-1}.

10. 对于连续情况，求解习题 15.5 第 10 题.

11. 对于连续情况，求解习题 15.5 第 13 题.

12. 对于连续情况，求解习题 15.5 第 16 题.

13. 给定一个联合分布函数 $f(x,y)$，如式（6.6）所示，证明：$E(x+y)=E(x)+E(y)$ 和 $\mathrm{Var}(x+y)=\mathrm{Var}(x)+\mathrm{Var}(y)+2\mathrm{Cov}(x,y)$.

14. 回想一下，如果两个事件 A 和 B 满足 $p(AB)=p(A)p(B)$，则被称为独立事件. 类似地，如果两个随机变量 x 和 y 的联合概率函数 $f(x,y)=g(x)h(y)$，则它们是互相独立的. 证明：如果 x 和 y 是独立的，则 xy 的期望或均值为 $E(xy)=E(x)E(y)=\mu_x\mu_y$.

15. 证明：两个独立的随机变量（见第 14 题）的协方差为零，因此在第 13 题中，两个独立的随机变量之和的方差等于它们的方差之和.

16. 由第 15 题知，如果 x 和 y 互相独立，则 $\mathrm{Cov}(x,y)=0$. 这个结论反过来不一定总是成立的，也就是说，如果 $\mathrm{Cov}(x,y)=0$，则联合分布函数的形式为 $f(x,y)=g(x)h(y)$ 的结论不一定成立. 例如，假设在矩形区域 $-\pi/2<x<\pi/2$，$-1<y<1$ 上 $f(x,y)=(3y^2+\cos x)/4$，其他地方则有 $f(x,y)=0$. 证明：$\mathrm{Cov}(x,y)=0$，但是 x 和 y 不是独立的，即 $f(x,y)$ 的形式不是 $g(x)h(y)$. 你可以再构造一些例子吗？

15.7　二项分布

例 1　一枚硬币抛掷 5 次，3 次正面朝上的概率是多少？我们可以用诸如 $thhth$ 的符号表示任意 5 次抛掷的序列. 该特定序列（或其他任何特定序列）的概率为 $\left(\dfrac{1}{2}\right)^5$，因为抛掷是独立的（见第 15.3 节的例 1）. 此类包含 3 个正面和 2 个反面的序列的数目是我们从 5 个位置中选择 3 个给正面（或 2 个给反面）的方式数，即 $C(5,3)$. 因此，投掷 5 枚硬币时恰好有 3 个正面的概率为 $C(5,3)\left(\dfrac{1}{2}\right)^5$. 假设一枚硬币被反复抛掷了 n 次，令 x 为 n 次投掷的正面数. 我们想找到概率密度函数 $p=f(x)$，它可以给出 n 次抛掷中正好有 x 个正面的概率. 通过总结投掷 5 次硬币出现 3 次正面的情况，我们看到

$$f(x)=C(n,x)\left(\frac{1}{2}\right)^n \tag{7.1}$$

例 2　让我们对一个骰子做一个类似的探讨，这次要求在 5 次掷骰子中恰好出现 3 个 1 点的概率. 如果 A 表示 1 点而 N 不是 1 点，则特定序列（例如 $ANNAA$）的概率为 $\dfrac{1}{6}\cdot\dfrac{5}{6}\cdot\dfrac{5}{6}\cdot\dfrac{1}{6}\cdot\dfrac{1}{6}$，因为 A 的概率为 $\dfrac{1}{6}$，N 的概率为 $\dfrac{5}{6}$，抛掷是独立的. 包含 3 个 A 和 2 个 N 的序列的数量为 $C(5,3)$. 因此，抛掷 5 次骰子，恰好有 3 个 A 的概率为 $C(5,3)\left(\dfrac{1}{6}\right)^3\left(\dfrac{5}{6}\right)^2$. 概括地说，我们发现在一个骰子的 n 次抛掷中恰好有 x 个 A 的概率为

$$f(x)=C(n,x)\left(\frac{1}{6}\right)^x\left(\frac{5}{6}\right)^{n-x}. \tag{7.2}$$

伯努利试验 在刚刚完成的两个示例中，我们一直关注独立的重复试验，每个试验都依据给定的概率呈现出两种可能的结果（h 或 t，A 或 N）。有许多此类问题的例子，让我们考虑几个。一件产品有好有坏，给定是次品的概率，我们想知道 n 个产品中有 x 个次品的概率；弓箭手击中目标的概率为 p，我们求解 n 次尝试中有 x 次击中的概率；放射性物质的每个原子在下一分钟内发射出 α 粒子的概率为 p。我们想知道在下一分钟内从具有 n 个原子的样品中发射出 x 个 α 粒子的可能性。粒子以单位跳跃沿 x 轴来回移动，在每一步中，它以相同的概率向前或向后跳跃（此运动称为**随机游走**，可以将其用作扩散过程的模型）。

我们想知道经过 n 次跳跃之后粒子与初始位置的距离

$$d = 正步数\ x - 负步数(n-x)$$

的概率，此概率是总共 n 次跳跃中有 x 次正跳跃的概率。

在所有这些问题中，都需要反复尝试。在每次试验中，有两种可能的结果，概率分别为 p（通常称为"成功"概率）和 $q = 1-p$（其中 $q =$ "失败"概率）。这种具有恒定概率 p 和 q 的独立重复试验称为**伯努利试验**。

二项分布概率函数 让我们概括式（7.1）和式（7.2）以获得适用于类似任何问题的公式，即在 n 个伯努利试验中恰好 x 次成功的概率 $f(x)$。参照我们获得式（7.1）和式（7.2）所做的推理，我们可以知道

$$f(x) = C(n,x) p^x q^{n-x}. \tag{7.3}$$

我们也可能需要求出在 n 次试验中获得不超过 x 次成功的概率。这是 $0, 1, 2, \cdots, x$ 个成功概率的总和，即概率密度函数为式（7.3）（见式（5.6））的随机变量 x 的累积分布函数 $F(x)$。可以写为

$$
\begin{aligned}
F(x) &= f(0) + f(1) + \cdots + f(x) \\
&= C(n,0) p^0 q^n + C(n,1) p^1 q^{n-1} + \cdots + C(n,x) p^x q^{n-x} \\
&= \sum_{u=0}^{x} C(n,u) p^u q^{n-u} = \sum_{u=0}^{x} \binom{n}{u} p^u q^{n-u}.
\end{aligned} \tag{7.4}
$$

观察到式（7.3）是 $(p+q)^n$ 的二项式展开式的一项，而式（7.4）是该展开式的多个项的总和（见第 15.4 节，例 2）。因为这个原因，式（7.1），式（7.2）或式（7.3）中的函数 $f(x)$ 被称为**二项式概率**（或**密度**）**函数**或**二项分布**，式（7.4）中的函数 $F(x)$ 被称为**二项式累积分布函数**。

我们将发现，用计算机绘制二项式密度函数 $f(x)$ 对于不同 p 和 n 值的图非常有用。（见图 15.7.1 至图 15.7.5 和习题 15.7 第 1 题至第 8 题）如图 15.6.1 所示，我们绘制以每个 x 为中心的长度为 1 的水平线段，而不是为每个 x 绘制一个 $y = f(x)$ 的点。然后，概率由虚线下的区域表示，而不是由纵坐标表示。从图 15.7.1 到图 15.7.3 和类似的图表，我们可以得出许多结论。x 的最可能值［对应于 $f(x)$ 的最大值］近似为 $x = np$。例如对于 $p = \dfrac{1}{2}$，当 n 为

奇数时，x 的最可能值是 $\dfrac{1}{2}n$；当 n 为偶数时，存在两个连续的 x 值，即 $\dfrac{1}{2}(n\pm1)$，使得其概

二项分布图，$f(x) = C(n,x)p^x q^{n-x}$

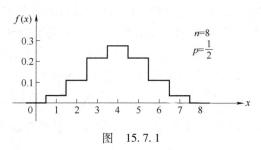

图 15.7.1

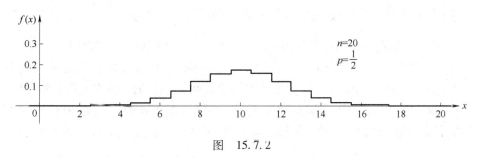

图 15.7.2

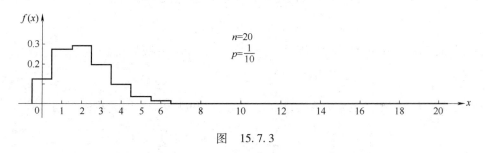

图 15.7.3

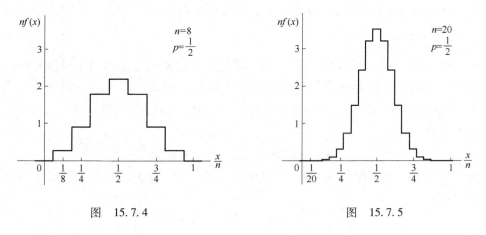

图 15.7.4　　　　　　　　　　　图 15.7.5

率最大．$p = \dfrac{1}{2}$ 的图关于 $x = \dfrac{1}{2}n$ 对称．对于 $p \neq \dfrac{1}{2}$，曲线是不对称的，小的 x 值具有较小的概率 p，大的 x 值具有较大的概率 p．随着 n 的增大，$f(x)$ 的图变得更宽且更平坦（图下的总面积必须保持为 1）．x 的最可能值的概率随 n 增大而减小．例如，投掷一枚硬币 8 次时，最有可能出现正面数目为 4 的情况，其概率为 0.27. 在 20 次抛掷中，最可能出现的正面数是 10，概率为 0.17. 对于 10^6 次抛掷，恰好有 500000 次正面的概率小于 10^{-3}.

让我们重新绘制图 15.7.1 和图 15.7.2，绘制 $nf(x)$ 关于相对成功次数 x/n 的图（见图 15.7.4 和图 15.7.5）. 由于这种比例变化（坐标时间 n，横坐标除以 n）保持面积不变，因此我们仍然可以使用面积表示概率. 请注意，随着 n 的增加，曲线变得高且窄. 这意味着比率 x/n 的值趋于聚集在它们最可能的值附近，即 $np/n = p$. 例如，如果我们重复抛硬币，则"正面数$-\frac{1}{2}$抛掷次数"的差异可能很大并且随着 n 的增加而增加（见图 15.7.1 和图 15.7.2），但是比率"正面数÷抛掷次数"随着 n 的增加越来越接近于 $\frac{1}{2}$（见图 15.7.4 和图 15.7.5）. 出于这个原因，我们可以使用实验确定的 x/n 值作为 p 的合理估计.

切比雪夫不等式　这是一个简单但非常普遍的结果，我们将发现它很有用. 我们考虑一个概率函数为 $f(x)$ 的随机变量 x，令 μ 为 x 的均值，而 σ 为 x 的标准差. 我们将证明，如果选择任何数字 t，则 x 与它的平均值 μ 相差大于 t 的概率小于 σ^2/t^2. 这意味着 x 不可能与 μ 相差超过几个标准差. 例如，如果 t 是标准差 σ 的两倍，我们可得 x 与 μ 相差大于 2σ 的概率小于 $\sigma^2/t^2 = \sigma^2/(2\sigma)^2 = \frac{1}{4}$. 该证明很简单，根据 σ 的定义，我们有：

$$\sigma^2 = \sum (x-\mu)^2 f(x)$$

求和针对所有的 x. 如果我们只将 x 满足 $|x-\mu| \geq t$ 的值求和，我们得到小于 σ^2：

$$\sigma^2 > \sum_{|x-\mu| \geq t} (x-\mu)^2 f(x). \tag{7.5}$$

如果我们用式（7.5）中的数字 t 替换每个 $|x-\mu|$，总和减少了，因此我们得到

$$\sigma^2 > \sum_{|x-\mu| \geq t} t^2 f(x) = t^2 \sum_{|x-\mu| \geq t} f(x) \quad 或 \quad \sum_{|x-\mu| \geq t} f(x) < \frac{\sigma^2}{t^2}. \tag{7.6}$$

但是 $\sum_{|x-\mu| \geq t} f(x)$ 所有与 μ 相差大于 t 的 x 值的概率的总和，如式（7.6）所述，此概率小于 σ^2/t^2，正如我们所陈述的.

大数定律　使得我们对大数 n 的影响的一般性结论更精确的陈述和证明称为**大数定律**. 让我们陈述并证明一个这样的定律. 我们将切比雪夫不等式应用于概率函数为二项分布式（7.3）的随机变量. 从习题 15.7 第 9 题和第 13 题中，我们知道 $\mu = np$ 和 $\sigma = \sqrt{npq}$，由切比雪夫的不等式

$$p(|x-np| \geq t) \quad 远小于 \quad npq/t^2 \tag{7.7}$$

让我们在式（7.7）中选择与 n 成正比的任意 t 值，即 $t = n\varepsilon$，其中 ε 是任意的. 然后式（7.7）变为

$$p(|x-np| \geq n\varepsilon) \quad 小于 \quad npq/n^2\varepsilon^2, \tag{7.8}$$

或者，当我们将第一个不等式除以 n 可得

$$p\left(\left|\frac{x}{n}-p\right| \geq \varepsilon\right) \quad 小于 \quad \frac{pq}{n\varepsilon^2}. \tag{7.9}$$

回想一下，x/n 是相对成功次数，从直觉上讲，对于大 n，x/n 接近 p. 现在式（7.9）说明，

如果 ε 是一个很小的任意数，那么 x/n 与 p 相差为 ε 的概率小于 $npq/(n\varepsilon^2)$. 也就是说，随着 n 趋于无穷大，该概率趋于零.（但是，请注意，x/n 不必趋于 p.）这是大数定律的一种形式，它证明了我们直观的想法.

习题 15.7

对于第 1 题至第 4 题中指示的 n 值：

（a）写出概率密度函数 $f(x)$，表示硬币抛掷 n 次出现正面 x 次的概率，然后用计算机绘制 $f(x)$ 的图形，如图 15.7.1 和图 15.7.2 那样. 并且用计算机绘制相应的累积分布函数 $F(x)$ 的图形.

（b）如图 15.7.4 和图 15.7.5 的形式，用计算机绘制 $nf(x)$ 关于 x/n 的函数的图形.

（c）必要时使用图形和其他计算来回答以下问题：正好出现 7 次正面的概率是多少？最多出现 7 次正面的概率呢？[提示：考虑 $F(x)$.] 至少出现 7 次正面呢？最可能的正面数是多少？预期的正面数呢？

1. $n=7$　　　　2. $n=12$　　　　3. $n=15$　　　　4. $n=18$

5. 在 $n=6$，$p=1/6$ 的情况下，写出二项式密度函数 $f(x)$ 的公式，表示在 6 次掷骰子中 x 个 1 点的概率. 计算机绘图 $f(x)$ 形如图 15.7.3 的图形，同时绘制累积分布函数 $F(x)$. 一个骰子掷 6 次中至少有 2 个 1 点的概率是多少？提示：你能否在一张图表中得到最多出现一个 1 点的概率？

对于第 6 题至第 8 题中给定的 n 和 p 值，伯努利试验成功概率为 p，用计算机为 n 次实验中成功次数为 x 的二项式密度函数绘制图形.

6. $n=6$，$p=5/6$（对比第 5 题）

7. $n=50$，$p=1/5$

8. $n=50$，$p=4/5$

9. 使用问题 5.11 的第二种方法，证明：在 n 重伯努利试验中，成功概率为 p 的预期成功次数为 $\bar{x}=np$. 提示：一次试验成功的期望值是多少？

10. 证明：若 n 为奇数，1 枚硬币被抛掷 n 次最可能出现的正面数为 $\frac{1}{2}n$ [即式（7.1）中的 $f(x)$ 对于 $x=n/2$ 具有最大的值），若 n 为偶数，则 $f(x)$ 有两个相等的"最大"值，即 $x=\frac{1}{2}(n+1)$ 和 $x=\frac{1}{2}(n-1)$. 提示：化简分数 $f(x+1)/f(x)$，然后找到使其大于 1 的 x 值 [即，$f(x+1)>f(x)$]，以及小于等于 1 的 x 值 [即 $f(x+1)\leqslant f(x)$]. 请记住，x 必须是整数.

11. 使用第 10 题的方法，证明对于二项分布式（7.3），x 的最可能值近似为 np（实际上该值在 1 以内）.

12. 令 $x=$ 投掷一枚硬币出现的正面数. x 的可能值及其概率是多少？μ_x 是多少呢？因此 $\mathrm{Var}(x)=$ $[(x-\mu_x)^2$ 的均值 $]=\frac{1}{4}$，因此标准差为 $\frac{1}{2}$. 现在使用习题 15.6 第 15 题中"独立随机变量之和的方差＝其方差之和"的结论来证明如果 $x=$ 一枚硬币抛掷 n 次中出现的正面数目，则 $\mathrm{Var}(x)=\frac{1}{4}n$，标准差 $\sigma_x=\frac{1}{2}\sqrt{n}$.

13. 概括第 12 题，以证明对于一般的二项分布式（7.3），$\mathrm{Var}(x)=npq$，而 $\sigma=\sqrt{npq}$.

15.8　正态分布或高斯分布

正态分布或高斯分布图是钟形曲线，你可以将其称为正态误差曲线（见图 15.8.1）. 正态分布被大量使用，因为，正如我们将要看到的那样，正态分布不仅本身令人感兴趣，而且当 n（试验或测量的次数）变大时，其他分布也几乎都能变为正态分布（见图 15.8.2 和图 15.8.3）.

正态或高斯分布的概率密度函数 $f(x)$ 和累积分布函数 $F(x)$ 由下式给出

$$f(x) = \frac{1}{\sigma\sqrt{2\pi}} e^{-(x-\mu)^2/(2\sigma^2)},$$

$$F(x) = \frac{1}{\sigma\sqrt{2\pi}} \int_{-\infty}^{x} e^{-(t-\mu)^2/(2\sigma^2)} \, dt. \qquad \text{正态分布} \qquad (8.1)$$

它直接表明，如果 x 是式（8.1）中的概率密度为 $f(x)$ 的随机变量，则 x 的均值为 μ，标准差为 σ. 我们还可以证明 $f(x)$ 从 $-\infty$ 到 ∞ 的积分等于 1，因为必须是一个概率函数. 那么正态分布随机变量 x 位于 x_1 和 x_2 之间的概率就是 $f(x)$ 曲线下在 x_1 和 x_2 之间的面积，即

$$F(x_2) - F(x_1) = P(x_1 \leqslant x \leqslant x_2). \qquad (8.2)$$

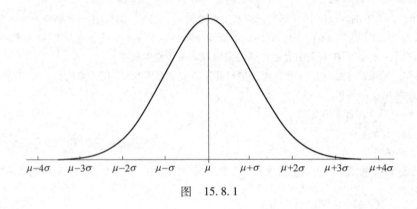

图 15.8.1

正态分布密度函数图（见图 15.8.1）在 $x=\mu$ 处具有峰值，并且关于 $x=\mu$ 对称. 由于从 $-\infty$ 到 ∞ 的面积为 1，所以从 $-\infty$ 到 μ 的面积为 $\frac{1}{2}$（即 $F(\mu) = \frac{1}{2}$），同样的，从 μ 到 ∞ 的面积为 $\frac{1}{2}$. μ 的变化只是平移图形而不改变其形状. σ 的增加会使图形变宽和变平，从而使面积保持为 1，而 σ 的减小则会使图形变高和变窄. 从 $\mu-\sigma$ 到 $\mu+\sigma$ 的面积为 0.6827，也就是说，x 与平均值之差等于或小于 1 个标准差的概率刚刚超过 68%. $|x-\mu| \leqslant 2\sigma$ 的概率超过 95%，$|x-\mu| \leqslant 3\sigma$ 的概率超过 99.7%. 注意，这些概率与 μ 和 σ 的值无关.

二项分布的正态近似 作为以正态分布近似另一个分布的示例，我们考虑二项分布式（7.3）. 对于大 n 和大 np，我们可以使用斯特林公式（见第 11 章，第 11.11 节）来近似式（7.3）中 $C(n,x)$ 中的阶乘，并进行其他近似可以得到：

$$f(x) = C(n,x) p^x q^{n-x} \sim \frac{1}{\sqrt{2\pi npq}} e^{-(x-np)^2/(2npq)}. \qquad (8.3)$$

符号 ~ 表示（如第 11 章第 11.11 节）当 $n \to \infty$ 时，精确的二项分布式（7.3）与式（8.3）右侧的比值趋于 1. 习题 15.8 第 8 题中给出了式（8.3）的一条推导线，但是你可能会对用计算机绘制的图 15.8.2 和图 15.8.3 这样的图像使人印象深刻且更加形象，尽管我们已经说

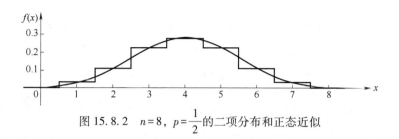

图 15.8.2　$n=8$，$p=\dfrac{1}{2}$ 的二项分布和正态近似

过式（8.3）给出了对于大 n 的有效近似值，但是即使对于非常小的 n 值，该近似也相当好。图 15.8.2 显示了 $n=8$ 的情况。二项分布 $f(x)$ 在整数 x 上有定义；你应该将 $f(x)$ 的值与近似正态曲线在 x 取整数值时的值进行比较。当 n 非常大时（见图 15.8.3），精确的二项分布图非常接近正态近似的图。

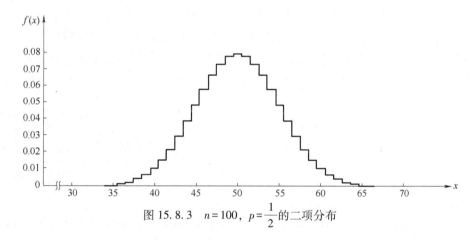

图 15.8.3　$n=100$，$p=\dfrac{1}{2}$ 的二项分布

通过比较式（8.3）和式（8.1）可以看出，在式（8.3）中，左侧是精确的二项分布，右侧是 $\mu=np$ 和 $\sigma=\sqrt{npq}$ 的正态分布。回想习题 15.7 第 9 题和习题 15.7 第 13 题，其概率函数为二项分布式（7.3）的随机变量的均值 μ 和标准差 σ 也为 $\mu=np$ 和 $\sigma=\sqrt{npq}$。

> **对于二项分布及其正态近似**
> $$\mu=np,\ \sigma=\sqrt{npq}.$$ 　　　　　　　（8.4）

总的来说，我们可以预料到这一点。无论给定分布的 μ 和 σ 是多少，正态近似都将具有相同的 μ 和 σ。

　　例 1　分别使用二项分布和正态近似，求一枚硬币抛 100 次中正好出现 52 次正面的概率。

　　见图 15.8.3，它是 $n=100$，$p=\dfrac{1}{2}$ 的二项分布概率密度函数的图。我们通过计算机发现 $x=52$，二项分布的 $f(52)=0.07353$，也可以从图 15.8.3 近似得出。

　　对于正态近似，我们可以从式（8.4）中找到 $\mu=np=100\cdot\dfrac{1}{2}=50$，$\sigma=\sqrt{npq}=$

$\sqrt{100 \cdot \frac{1}{2} \cdot \frac{1}{2} \cdot \frac{1}{2}} = 5$. 然后对于 $\mu = 50$，$\sigma = 5$ 的正态近似，我们通过计算机可以得到 $x = 52$，从而正态分布 $f(52) = 0.07365$.

例 2 一枚硬币抛 100 次，求正面出现 45 到 55 次之间的概率 $P(45,55)$，即 $45 \leqslant x \leqslant 55$.

与例 1 一样，对于二项分布，我们有 $n = 100$，$p = \frac{1}{2}$. 式（7.4）中的累积二项分布函数 $F(x)$ 给出了 $P(45,55)$ 作为某些项的和的形式. 我们需要求 $x = 45, 46, \cdots, 55$ 的 11 个项的和. 借助计算机，我们可以找到 $F(55)$，也就是 $x = 55$ 时的二项累积分布函数值，表示等于或少于 55 次正面的概率，然后找到并减去 $F(44)$，等于或少于 44 次正面的概率. 因此我们发现 $P(45,55) =$ 二项分布 $F(55) -$ 二项分布 $F(44) = 0.72875$.

对于正态近似，我们可以通过计算机从式（8.2）中找到 $P(45,55) =$ 正态分布 $F(55) -$ 正态分布 $F(45) = 0.68269$. 我们可以通过从 44.5 积分到 55.5 得到更好的近似值. 通过包括 $x = 45$ 和 $x = 55$ 的整个步长，使得这与图 15.8.3 中的精确二项分布图下的适当区域更加接近. 这得出 $P(44.5,55.5) =$ 正态分布 $F(55.5) -$ 正态分布 $F(44.5) = 0.72867$.

标准正态分布 这只是在式（8.1）中对于特殊情况 $\mu = 0$ 和 $\sigma = 1$ 的正态分布. 密度函数通常由 $\phi(z)$ 表示，而相应的累积分布函数由 $\Phi(z)$ 表示：

$$\phi(z) = \frac{1}{\sqrt{2\pi}} e^{-z^2/2}, \qquad \text{标准正态分布} \tag{8.5}$$
$$\Phi(z) = \frac{1}{\sqrt{2\pi}} \int_{-\infty}^{z} e^{-u^2/2} \, du.$$

累积分布函数 $\Phi(z)$ 与误差函数有关（见第 11 章第 11.9 节）.

有时将式（8.1）中的公式写成 $\phi(z)$ 和 $\Phi(z)$ 更方便. 我们可以通过把变量变为 $z = (x-\mu)/\sigma$ 来实现. 结果如下

$$f(x) = \frac{1}{\sigma} \phi(z), \qquad \text{其中}, \ z = \frac{(x-\mu)}{\sigma}. \tag{8.6}$$
$$F(x) = \Phi(z),$$

函数 $\phi(z)$ 和 $\Phi(z)$ $\left[\text{有时是 } \Phi(z) - \frac{1}{2}\right]$ 已经被制成了表格，因此你可以使用表格或计算机来解决问题.

例 3 求数字 r，使得正态分布曲线 $y = f(x)$ 下从 $\mu - r$ 到 $\mu + r$ 的面积等于 $1/2$.

看图 15.8.1，并回想从 $-\infty$ 到 ∞ 的面积为 1，而且该图关于 $x = \mu$ 对称. 然后，从 $-\infty$ 到 $\mu - r$ 的积分和从 $\mu + r$ 到 ∞ 的积分相等，因此分别它们等于 $1/4$. 所以从 $-\infty$ 到 $\mu + r$ 的积分必须为 $3/4$，即 $F(\mu + r) = 3/4$. 由式（8.6）即为 $\Phi(z) = 3/4$，其中 $z = (\mu + r - \mu)/\sigma = r/\sigma$. 通过计算机或查表我们发现，如果 $\Phi(z) = 3/4$，则 $z = 0.6745$. 因此 $r = 0.6745\sigma$.

例 4 你参加了一个测试（像 SAT 一样的学术性考试，或者像一个骨密度的医学类测试），并且报告给出的 z 评分为 1.14. 你的同龄人中有百分之几的得分比你高？

如果我们称实际考试成绩为 x，其均值为 μ，标准差为 σ，则术语 z 评分表示式（8.6）

中的 $z=(x-\mu)/\sigma$ 值.（换句话说，z 评分是 x 与它的平均值之间的差，并以标准差为单位进行度量.）现在，我们需要通过式（8.6）来求面积 $1-F(x)=1-\Phi(z)$.通过计算机（或查表），我们可得 $\Phi(1.14)=0.87$，那么 $1-0.87=0.13$，因此 13% 的同龄人得分高于你. 如果你的 z 评分为负，则你低于平均水平；如果这是一项物理测试，则很糟糕. 如果是你的胆固醇，那么很不错！例如，如果 $z=-0.25$，则 $\Phi(z)=0.40$，因此 60% 的同伴得分都高于你.

例 5 假设装有某类谷物的盒子的平均重量为 16 盎司，并且已知 70% 的盒子的重量与平均值的差别在 1 盎司之内. 你购买的盒子重量小于 14 盎司的概率是多少？

如果 x 代表盒子的重量，则我们得出 $15<x<17$ 的概率为 0.7. 假设一个正态分布，曲线 $f(x)$ 下大于 $x=\mu=16$ 的面积为 $\frac{1}{2}$，从 $x=16$ 到 $x=17$ 的面积为 0.7 的一半（根据对称性，见图 15.8.1）. 因此 $F(17)=0.5+0.35=0.85$. 我们想找到 $x<14$ 的概率，即 $F(14)$. 使用式（8.6），$x=17$ 可得 $z=(17-16)/\sigma=1/\sigma$，同样 $x=14$ 可得 $z=-2\sigma$. 因此我们得到 $\Phi(1/\sigma)=0.85$，然后我们需要求 $\Phi(-2/\sigma)$. 通过计算机（或查表）我们发现，如果 $\Phi(1/\sigma)=0.85$，则 $1/\sigma=1.0364$，则 $2/\sigma=2.0728$，而 $\Phi(-2/\sigma)=0.019$. 因此，我们得到的盒子重量不到 14 盎司的概率接近 2%.

请注意，在例 4 和例 5 中，我们假设正态分布没有明显的理由. 一个非常有趣和有用的结论是，如果测量的数量很大，那么这种假设是合理的. 我们将在第 15.10 节末尾对此进行进一步讨论.

习题 15.8

1. 证明：对于密度函数 $f(x)$ 如式（8.1）的正态的随机变量 x 的均值为 μ，标准差为 σ，并且 $f(x)$ 从 $-\infty$ 到 ∞ 的积分为 1，因为它必须是概率函数. 提示：写出并计算积分 $\int_{-\infty}^{\infty}f(x)\mathrm{d}x$，$\int_{-\infty}^{\infty}xf(x)\mathrm{d}x$，$\int_{-\infty}^{\infty}(x-\mu)^2f(x)\mathrm{d}x$.见式（6.2），式（6.3）和式（6.4）.

2. 通过比较 e^{-ax^2} 与式（8.1）中的 $f(x)$ 来完成习题 15.6 第 4 题.

3. 理想气体分子速度的 x 分量的概率密度函数与 $e^{-mv^2/(2kT)}$ 成正比，其中 v 是速度的 x 分量，m 是分子的质量，T 是气体的温度，k 是玻耳兹曼常数. 通过与式（8.1）进行比较，找到 v 的均值和标准差，并写出概率密度函数 $f(v)$.

4. 用计算机在同一坐标系下绘制 $\mu=0$，$\sigma=1$ 和 $\mu=3$，$\sigma=1$ 的正态概率密度函数曲线，来说明它们之间除了平移之外其他都是相同的.

5. 用计算机在同一坐标系下绘制不同正态概率密度函数曲线，其中 $\mu=0$，$\sigma=1$，2 和 5. 并为每条曲线标注出它对应的 σ 值.

6. 对 $\sigma=\frac{1}{6}$，$\frac{1}{3}$，1，重复第 5 题.

7. 通过计算机求正态累积分布函数分别在 $\mu+\sigma$，$\mu+2\sigma$，$\mu+3\sigma$ 处的值，并证明它们与 μ 和 σ 的选择无关. 求 x 与其均值 μ 相差在 1，2 或 3 倍标准差范围内的概率，以验证式（8.2）后段落所得出的结论. 提示：见图 15.8.1. 求 x 与其均值相差在 1 倍标准差范围内的概率是从 $\mu-\sigma$ 到 $\mu+\sigma$ 的面积，这是从 μ 到 $\mu+\sigma$ 的面积的两倍. 从 $F(\mu+\sigma)$ 的值中减去 $\frac{1}{2}$（即从 $-\infty$ 到 μ 的面积），然后将结果加倍.

8. 给出式（8.3）的以下推导细节. 从式（7.3）开始，对于大值 n，我们想要得到式（7.3）的一个

近似. 首先通过斯特林的公式（见第 11 章，第 11.11 节）近似 $C(n,x)$ 中的阶乘并且简化可得

$$f(x) \sim \left(\frac{np}{x}\right)^{x} \left(\frac{nq}{n-x}\right)^{n-x} \sqrt{\frac{n}{2\pi x(n-x)}}.$$

证明：如果 $\sigma = x-np$，则 $x = np+\sigma$ 且 $n-x = np-\sigma$. 在近似的 $f(x)$ 中对 x 和 $n-x$ 进行这些替换. 要计算 $f(x)$ 中的前两个因子（暂时忽略平方根）：取前两个因子的对数，有

$$\ln \frac{np}{x} = -\ln\left(1+\frac{\delta}{np}\right)$$

$\ln[nq/(n-x)]$ 的形式与之此类似；用 $\sigma/(np)$ 的幂级数展开对数函数，合并项并化简得到

$$\ln\left(\frac{np}{x}\right)^{x}\left(\frac{nq}{n-x}\right)^{n-x} \sim -\frac{\delta^2}{2npq}\left(1+o\left(\frac{\delta}{n}\right)^2\right).$$

因此

$$\left(\frac{np}{x}\right)^{x}\left(\frac{nq}{n-x}\right)^{n-x} \sim e^{-\delta^2/(2npq)}$$

对于大的 n.（我们确实希望 σ/n 更小，那样 x 足够接近其平均值 np，也即 $\sigma/n = (x-np)/n$ 较小. 这意味着我们的近似对于图中心围绕 $x=np$ 附近的 $f(x)$ 比较大的部分（见图 15.7.1 至图 15.7.3）有效. 由于对于远离 np 的 x 来说 $f(x)$ 无论如何非常小，因此我们忽略近似值在此处可能不好的结论. 有关这一点的更多详细信息，请查阅 Feller，192 页）. 返回 $f(x)$ 中的平方根因子，用 np 近似 x，nq 近似 $n-x$（假设 $\delta \leqslant np$ 或 nq），可得式（8.3）.

9. 用计算机绘制类似于图 15.8.3 的二项分布曲线，其中 $n=1000$，$p=\frac{1}{2}$，并观察到你实际上具有相应的正态近似.

10. 用计算机绘制类似于图 15.8.2 的 $p \neq \frac{1}{2}$ 的多条不同二项分布曲线. 可以看到，随着 n 的增大，即使二项分布图不对称，正态近似也很好（至少在 $x=\mu$ 周围的概率较大的区域是这样）（见图 15.7.3）.

与例 1 和例 2 中一样，分别使用（a）二项分布，（b）相应的正态近似，求以下各个概率：

11. 一枚硬币抛 100 次，恰好有 50 次正面.

12. 一个骰子掷 720 次，恰好有 120 个 1 点.

13. 一个骰子掷 720 次，有 100 到 140 个 1 点被掷出.

14. 一枚硬币抛 10^6 次，有 499000 至 501000 次正面.

15. 一枚硬币抛 400 次，恰好有 195 次是反面.

16. 一枚硬币抛 400 次，有 195 至 205 次是反面.

17. 一个骰子掷 180 次，恰好有 31 个 4.

18. 一个骰子掷 180 次，有 29 到 33 个 4.

19. 成功率为 $\frac{1}{5}$ 的伯努利试验，100 次恰好有 15 次成功.

20. 成功率为 $\frac{1}{5}$ 的伯努利试验，100 次有 17 到 21 次成功.

21. 证明式（8.6）. 提示：在 $F(x)$ 中，令 $u=(t-\mu)/\sigma$. 注意，$dt = \sigma du$，当 $t=-\infty$ 时 u 是多少？当 $t=x$ 时呢？记得定义 $z=(x-\mu)/\sigma$.

22. 使用式（8.6），做第 7 题.

23. 使用式（8.6），求 h，使得正态分布 $f(x)$ 下 90% 的面积位于 $\mu-h$ 和 $\mu+h$ 之间. 用 95% 重复这个过程.

24. 对于连续概率函数 $f(x)$，写出切比雪夫不等式的证明（见第 15.7 节的末尾）.

25. 教师使用"曲线上"评分并计算平均值和标准差，然后，假设一个具有此 μ 和 σ 的正态分布，为

不同评分等级设置边界线：C 从 $\mu-\dfrac{1}{2}\sigma$ 到 $\mu+\dfrac{1}{2}\sigma$，B 从 $\mu+\dfrac{1}{2}\sigma$ 到 $\mu+\dfrac{3}{2}\sigma$，A 为大于 $\mu+\dfrac{3}{2}\sigma$，依此类推，求获得各个等级的学生所占的百分比. 应该怎样设置边界线使得呈现如下百分比：A 和 F 为 10%；B 和 D 为 20%；C 为 40%？

15.9　泊松分布

泊松分布在许多发生概率很小且恒定的问题中很有用. 当 p 很小（即使 n 很大，np 也很小）时，它也是二项分布的很好的一个近似.

让我们通过以下实验来推导泊松分布. 假设我们观察并计算放射性物质每单位时间发射的粒子数. 我们假设我们的观察期比该物质的半衰期短得多，因此此在实验期间平均计数率不会降低，则在小时间间隔 Δt 内发射一个粒子的概率为 $\mu\Delta t$，$\mu=$ 常数，如果 Δt 足够短，使得在 Δt 期间发射两个粒子的概率可以忽略不计. 我们想要求在时间间隔 t 内精确观测到 n 个粒子的概率 $P_n(t)$. $P_n(t+\Delta t)$ 是在时间间隔 $t+\Delta t$ 中观察到 n 个的概率. 当 $n>0$ 时，这是两个互斥事件的概率之和："t 内有 n 个粒子，Δt 内没有粒子" 和 "t 中有 $n-1$ 内个粒子，Δt 内有一个粒子"；用符号表示

$$P_n(t+\Delta t)=P_n(t)P_0(\Delta t)+P_{n-1}(t)P_1(\Delta t). \tag{9.1}$$

现在 $P_1(\Delta t)$ 是 Δt 时间内有一个粒子的概率，通过假设为 $\mu\Delta t$. 那么，Δt 时间内没有粒子的概率为 $1-P_1(\Delta t)=1-\mu\Delta t$. 将这些值代入式（9.1），我们得到

$$P_n(t+\Delta t)=P_n(t)(1-\mu\Delta t)+P_{n-1}(t)\mu\Delta t, \tag{9.2}$$

或者

$$\frac{P_n(t+\Delta t)-P_n(t)}{\Delta t}=\mu P_{n-1}(t)-\mu P_n(t). \tag{9.3}$$

令 $\Delta t\to 0$，我们有

$$\frac{\mathrm{d}P_n(t)}{\mathrm{d}t}=\mu P_{n-1}(t)-\mu P_n(t). \tag{9.4}$$

如果 $n=0$，则式（9.1）可以简化，因为唯一可能的事件是 "t 中没有粒子，Δt 中没有粒子"，而对于 $n=0$，式（9.4）变为

$$\frac{\mathrm{d}P_0(t)}{\mathrm{d}t}=-\mu P_0(t). \tag{9.5}$$

然后，由于 $P_0(0)=$ "零时间间隔内没有粒子发射的概率" $=1$，式（9.5）的积分得出

$$P_0=\mathrm{e}^{-\mu t}. \tag{9.6}$$

将式（9.6）代入式（9.4），取 $n=1$ 可得 $P_1(t)$ 的微分方程. 它的解是 $P_1(t)=\mu t\mathrm{e}^{-\mu t}$. 依次求解式（9.4）的 $P_2,P_3,\cdots,P_n$，我们得到

$$P_n(t)=\frac{(\mu t)^n}{n!}\mathrm{e}^{-\mu t}. \tag{9.7}$$

令 $t=1$，我们得到每单位时间恰好有 n 个粒子的概率

$$P_n=\frac{\mu^n}{n!}\mathrm{e}^{-\mu}.\quad 泊松分布 \tag{9.8}$$

概率密度函数（9.8）称为**泊松分布**或**泊松概率密度函数**. 你可以证明，对于随机变量 n，均值（即每单位时间内的数量的平均值）为 μ，方差也为 μ，因此标准差为 $\sqrt{\mu}$.

例1　记录放射性源每分钟发射的粒子数量，持续 10h，总共计数了 1800 次. 我们预期可以在多少个 1min 的间隔中，观察不到任何粒子. 观察到正好一个粒子，或其他？

每分钟的平均计数为 $1800/(10 \cdot 60) = 3$ 个每分钟，这就是 μ 的值. 然后通过式（9.8）可得，每分钟 n 个计数的概率为

$$P_n = \frac{3^n}{n!} e^{-3}.$$

该概率函数的图形如图 15.9.1 所示. 对于 $n = 0$，我们求得 $P_0 = e^{-3} = 0.05$，那么在这 600 个 1 分钟的间隔中我们预计会有 5%（即 30 个 1min 的间隔）观察不到粒子. 同样，我们可以计算出观察到 1，2，…，个粒子所需的 1min 间隔的预期数量.

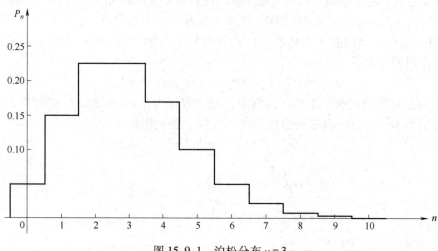

图 15.9.1　泊松分布 $\mu = 3$

二项分布的泊松近似　在第 15.8 节中，我们讨论了对于大 n 和大 np 的二项分布，可以通过正态分布近似的事实. 如果 p 非常小，从而 np 远小于 n（例如，$p = 10^{-3}$，$n = 2000$，$np = 2$），则正态近似的效果不好. 在这种情况下，你可以证明泊松分布可以很好地近似二项分布（7.3），即

$$C(n,x)p^x q^{n-x} \sim \frac{(np)^x e^{-np}}{x!}, \quad n \text{ 很大，} p \text{ 很小.} \tag{9.9}$$

式（9.9）的确切含义是，对于任何固定的 x，若 np 保持恒定，当 $n \to \infty$ 且 $p \to 0$ 时，两侧的比值接近 1.

例2　如果 1500 个人每人在 1 到 500 之间随机选择一个数字，那么 2 个人选择数字 29 的概率是多少？

答案是通过二项分布（7.3）给出的，其中 $n = 1500$，$p = 1/500$，$x = 2$. 即

$$C(n,x)p^x q^{n-x} = \frac{1500!}{2!1498!}\left(\frac{1}{500}\right)^2\left(\frac{499}{500}\right)^{998} = 0.2241.$$

（或者通过计算机：将 $n=1500$，$p=1/500$，$x=2$ 代入二项分布概率密度函数保留 4 位小数是 0.2241）. 式（9.9）中的一个更简单的公式是泊松近似，其中 $\mu=np=3$，$x=2$，即 $\mu^x e^{-x}/x!=3^2 e^{-2}/2!=0.2240$.（或者通过计算机：将 $M=3$，$x=2$ 代入泊松分布概率密度函数，保留 4 位小数是 0.2241.）有趣的是，计算机在同一坐标系下绘制 $n=1500$，$p=1/500$ 的二项分布和 $\mu=3$ 的泊松分布，如图 15.9.1 所示，会发现它们几乎相同（见习题 15.9 第 12 题）.

正态分布近似　我们已经知道到，当 n 和 $\mu=np$ 都很大时，许多分布都可以用正态分布来近似，并且已经在式（8.1）中的二项分布中证明了这一点. 当 μ 很大时，泊松分布也可以很好地近似为式（9.10）中的正态分布.

$$\frac{\mu^x e^{-\mu}}{x!}\simeq\frac{1}{\sqrt{2\pi\mu}}e^{-(x-\mu)^2/(2\mu)},\quad \mu\text{ 很大}. \tag{9.10}$$

注意式（9.10）中的正态分布与被其近似的泊松分布具有相同的均值和方差（有关泊松分布的均值和方差见习题 15.9 第 2 题）. 计算机在同一个坐标系下绘制泊松分布及其近似正态分布的图非常有用.

习题 15.9

1. 求解连续 n 个值的微分方程组（9.4）[从式（9.5）和式（9.6）开始]，以获得式（9.7）.

2. 证明：概率函数为泊松分布（9.8）的随机变量 n 的平均值为泊松分布（9.8）中的数值 μ. 同时证明随机变量的标准差为 $\sqrt{\mu}$. 提示：写出 e^x 的无穷级数，将其求导并乘以 x，得到 $xe^x=\sum(nx^n/n!)$，令 $x=\mu$. 为了求 σ^2，再次求导 xe^x 的级数等.

3. 在 α 粒子计数实验中，连续记录 50h α 粒子的每分钟数量，粒子总数为 6000. 你预计会有多少个 1min 的间隔中没有粒子？正好有 n 个粒子，其中 $n=1,2,3,4,5$ 呢？绘制泊松分布图.

4. 假设你平均每天接到 4 个电话. 在给定的一天没有接到任何电话的概率是多少？只接到一个电话的概率是多少？刚好接到 4 个电话的概率是多少？

5. 假设你在考试周的 5 天内需要参加 5 场考试. 分别求你在某一天没有考试；只有 1 场考试，有 2 场考试；有 3 场考试的概率.

6. 如果你平均每天收到 5 封电子邮件，那么你预计在 365 天的一年中有多少天正好收到 5 封电子邮件？少于 5 封？正好 10 封？大于 10 封？仅有 1 封？1 封都没有？

7. 在拥有 500 名成员的俱乐部中，刚好有两个人在 7 月 4 日过生日的概率是多少？

8. 如果一本 40 页的杂志中有 100 处错印，你预计在几页上找不到错印？有两处错印呢？有五处错印呢？

9. 如果一辆新车平均有 7 处瑕疵，那么你的新车只有 2 处瑕疵的概率是多少？它有 6 处或 7 处瑕疵的概率呢？多于 10 处呢？

10. 按如下推导公式（9.9）：在 $C(n,x)$ 中，证明：对于固定的 x 和大的 n 有 $n!/(n-x)!\cdot n^x$ 将 $n!/(n-x)!$ 写成关于 x 因子的乘积，并除以 n^x，然后证明当 $n\to\infty$ 时，该比值的极限为 1. 然后将 $q^{n-x}=(1-p)^{n-x}$ 写为 $(1-p)^n(1-p)^{-x}=(1-np/n)^n(1-p)^{-x}$，计算当 np 不变，$n\to\infty$ 时，第一个因式的极限，$p\to0$ 时，第二个因式的极限是 1，整理你的结果以获得方程（9.9）.

11. 假设有 520 人各自拥有一张洗好的纸牌，并从纸牌中抽出一张. 520 张纸牌中正好有 13 张是黑桃 A 的概率是多少？写下它的二项分布并对其进行近似，正态近似还是泊松近似哪个更好？尽管你只需要一个 x 的值即可回答问题，但是你可能希望用计算机在同一个坐标系下对给定 n 和 p 的这三个分布进行绘图.

12. 用计算机在同一个坐标系下对例 2 中二项分布、泊松近似和正态近似绘图.

13. 用计算机在同一个坐标系下绘制 $\mu=1,5,10,20,30$ 时的泊松分布图和相应的正态分布近似图.

15.10　统计学和实验测量

统计学使用概率论来考虑数据集并从中得出合理的结论. 到目前为止, 在本章中, 我们一直在讨论那些可以写出密度函数公式（正态分布, 泊松分布等）的问题. 相反, 假设我们只有一个数据表, 例如一组物理量的实验室测量值. 可以假定, 如果我们花费更多的时间, 则可以根据需要扩充这此数据表. 然后, 我们可以想象我们只有一组无限的测量结果中的一个样本, 无限集称为**总体**. 我们真正想知道的是总体的概率函数, 或者至少是总体的平均值 μ（通常被认为是被测量量的"真实"值）和标准差 σ. 我们必须满足于使用我们现有的样本（即我们已进行的一组测量）来对这些量进行的最佳估计.

总体均值估计　作为对 μ 的快速估计值, 我们可以取测量值 x_i 的中位数（使得测量值中比它更大的值和更小的值的数量相等）, 或者取众数（我们获得次数最多的测量值, 即最可能的测量）. 但是, 最常用的 μ 估计值是测量值的算术平均值（或平均值）, 即样本均值 $\bar{x} = (1/n) \sum_{i=1}^{n} x_i$. 因此, 我们有

$$\mu \simeq \bar{x} = (1/n) \sum_{i=1}^{n} x_i. \qquad (10.1)$$

对于**大量的测量**, 我们可以通过如下方式证明该选择的合理性. 假设我们的测量的总体具有均值为 μ 和标准差为 σ 的概率密度函数 $f(x)$, 则容易证明 $\bar{x}$ 的期望为 μ, $\bar{x}$ 的标准差为 $\sigma/\sqrt{n}$. 现在, 切比雪夫（Chebyshev）不等式表明, 一个随机变量与它的期望太可能相差几倍的标准差值. 对于我们的问题, 这表示 $\bar{x}$ 不太可能与 μ 相差超过 $\sigma/\sqrt{n}$ 的几倍, 而随着 n 的增加, $\sigma/\sqrt{n}$ 会变小. 因此, 随着我们增加测量次数 n, $\bar{x}$ 的估计变得越来越好. 请注意, 这只是从数学上的说明了你从经验中得出的假设, 即大量测量的平均值比少量测量的平均值更准确. 例如, 两次的测量值可能都太大, 但 20 次的测量值都太大的可能性不大.

总体方差估计　我们对 σ^2 的估计的第一个猜测可能是 $s^2 = (1/n) \sum_{i=1}^{n} (x_i - \bar{x})^2$, 但是我们错了. 出于合理的考虑, 我们通过假设我们的测量值来自于均值为 μ 和方差为 σ^2 的总体来求 s^2 的期望值. 结果是, $E(s^2) = [(n-1)/n] \sigma^2$. 我们得出结论, σ^2 的合理估计为 $\frac{n}{n-1} s^2$.

$$\sigma^2 \simeq \frac{1}{n-1} \sum_{i=1}^{n} (x_i - \bar{x})^2. \qquad (10.2)$$

注意："样本方差"一词在各种参考文献中有使用, 表示我们对 s^2 或 σ^2 的估计, 因此请仔细检查所用参考文献中的定义, 我们应避免使用这个术语.

我们刚刚估计的量 σ 是概率函数为 $f(x)$ 的总体的标准差. 仅考虑单次测量值 x, 函数 $f(x)$（如果我们知道）将为我们提供 x 的不同可能值的概率, 总体均值 μ 将告诉我们 x 的近似值, 而标准差 σ 将告诉我们 x 值在 μ 附近的大致发散程度. 由于 σ 告诉我们有关单次测量的一些信息, 因此通常将其称为**单次测量值的标准差**.

均值标准差，标准误差　让我们考虑 $\bar{x}$，也就是 n 次测量的集合的平均值（均值），而不是单次测量.（平均值 $\bar{x}$ 是我们将要使用或报告的实验结果.）正如我们最初想象的那样，通过进行大量的单次测量来获得概率函数 $f(x)$，因此我们可以想象获得一个概率函数 $g(\bar{x})$，通过大量的 n 次测量组，每组给出 $\bar{x}$ 的一个值. 函数 $g(\bar{x})$（如果我们知道）将为我们提供不同 $\bar{x}$ 值的概率. 我们已经看到 $\mathrm{Var}(\bar{x})=\sigma^2/n$，因此**平均值**（即 $\bar{x}$）的标准误为

$$\sigma_m = \sqrt{\mathrm{Var}(\bar{x})} = \frac{\sigma}{\sqrt{n}}. \tag{10.3}$$

量 σ_m 也称为**标准误**. 它为我们提供了 $\bar{x}$ 偏离 μ 的大致估计. 我们看到，新的概率函数 $g(\bar{x})$ 在 μ 处的峰值必须比 $f(x)$ 的大得多，因为标准差 $\sigma/\sqrt{n}$ 远小于 σ. 结合式（10.2）和式（10.3），我们有

$$\sigma_m = \sqrt{\frac{\displaystyle\sum_{i=1}^{n}(x_i-\bar{x})^2}{n(n-1)}} \tag{10.4}$$

例 1　为了证明我们的讨论，让我们考虑以下一组测量值：$\{7.2,7.1,6.7,7.0,6.8,7.0,6.9,7.4,7.0,6.9\}$（请注意，为了显示方法但尽量减少计算量，我们考虑了不切实际的小测量集）.

由式（10.1）得 $\mu \simeq \bar{x} = \dfrac{1}{10}\displaystyle\sum_{i=1}^{10} x_i = \dfrac{70}{10} = 7.0$.

由式（10.2）得 $\sigma^2 \simeq \dfrac{1}{9}\displaystyle\sum_{i=1}^{10}(x_i-7)^2 = \dfrac{0.36}{9} = 0.04$，$\sigma \simeq 0.2$.

由式（10.4），标准误是 $\sigma_m \cong \sqrt{\dfrac{0.36}{10.9}} = 0.0632$.

测量的组合　我们已经讨论了如何使用一组测量 x_i 来通过 $\bar{x}$（样本平均值）估算 μ（总体均值）并估算标准误 $\sigma_{mx} = \sqrt{\mathrm{Var}(\bar{x})}$ [式(10.4)]. 现在假设我们已经对 x 和 y 这两个量进行了此操作，并且我们想使用已知公式 $\omega = \omega(x,y)$ 来估计 ω 的值和 ω 的标准误. 首先我们考虑简单的例子 $\omega = x+y$. 然后，通过习题 15.6 第 13 题可得，

$$E(w) = E(x) + E(y) = \mu_x + \mu_y \tag{10.5}$$

其中，μ_x 和 μ_y 是总体平均值. 如上所述，我们通过 $\bar{x}$ 和 $\bar{y}$ 来估计 μ_x 和 μ_y 并得出结论，ω 的合理估计为

$$\bar{w} = \bar{x} + \bar{y}. \tag{10.6}$$

现在让我们假设 x 和 y 是独立测量的量，然后通过习题 15.6 第 15 题可得，

$$\mathrm{Var}(\bar{w}) = \mathrm{Var}(\bar{x}) + \mathrm{Var}(\bar{y}) = \sigma_{mx}^2 + \sigma_{my}^2,$$
$$\sigma_{mw} = \sqrt{\sigma_{mx}^2 + \sigma_{my}^2}. \tag{10.7}$$

接下来考虑 $\omega = 4-2x+3y$ 的情况. 根据式（10.5）和式（10.6），我们发现 $\omega = 4-2\bar{x}+3\bar{y}$. 现在通过习题 15.5 第 13 题，得到 $\mathrm{Var}(x+K) = \mathrm{Var}(x)$，并且 $\mathrm{Var}(Kx) = K^2\mathrm{Var}(x)$，其中 K 是一个常数. 从而，

$$\mathrm{Var}(\overline{w}) = \mathrm{Var}(4-2\overline{x}+3\overline{y}) = \mathrm{Var}(-2\overline{x}+3\overline{y})$$

$$= (-2)^2 \, \mathrm{Var}(\overline{x}) + (3)^2 \, \mathrm{Var}(\overline{y}) = 4\sigma_{mx}^2 + 9\sigma_{my}^2, \qquad (10.8)$$

$$\sigma_{mw} = \sqrt{4\sigma_{mx}^2 + 9\sigma_{my}^2}. \qquad (10.9)$$

现在，我们可以看到如何找到任意函数 $\omega(x,y)$ 的 $\overline{\omega}$ 和 σ_{mw}，这些函数可以通过其泰勒级数关于点 (μ_x, μ_y) 的线性项来近似，即（见第 4 章，第 4.2 节）

$$w(x,y) \simeq w(\mu_x, \mu_y) + \left(\frac{\partial w}{\partial x}\right)(x-\mu_x) + \left(\frac{\partial w}{\partial y}\right)(y-\mu_y) \qquad (10.10)$$

其中偏导数是在 $x=\mu_x$，$y=\mu_y$ 时的值，因此是常数.〔实际上，这意味着一阶偏导数不应接近零，我们不能期望在 ω 的最大值或最小值附近获得良好的结果，并且高阶导数不应太大，即 ω 在点 (μ_x, μ_y) 附近应该是"平滑的".〕假定式（10.10），并记住 $\omega(\mu_x, \mu_y)$ 和偏导数是常数，我们发现

$$E[w(x,y)] \simeq w(\mu_x, \mu_y) + \left(\frac{\partial w}{\partial x}\right)[E(x)-\mu_x] + \left(\frac{\partial w}{\partial y}\right)[E(y)-\mu_y] = w(\mu_x, \mu_y). \qquad (10.11)$$

由于我们已经认可通过 $\overline{x}$ 和 $\overline{y}$ 来估计 μ_x 和 μ_y，因此我们得出结论，即 ω 的合理估计是

$$\overline{w} = w(\overline{x}, \overline{y}). \qquad (10.12)$$

然后，将 $x=\overline{x}$，$y=\overline{y}$ 代入式（10.10）中，并记住式（10.11）之前的结论，我们在式（10.8）中发现

$$\mathrm{Var}(\overline{w}) = \mathrm{Var}[w(\overline{x}, \overline{y})]$$

$$= \mathrm{Var}\left[w(\mu_x, \mu_y) + \left(\frac{\partial w}{\partial x}\right)(\overline{x}-\mu_x) + \left(\frac{\partial w}{\partial y}\right)(\overline{y}-\mu_y)\right]$$

$$= \left(\frac{\partial w}{\partial x}\right)^2 \sigma_{mx}^2 + \left(\frac{\partial w}{\partial y}\right)^2 \sigma_{my}^2,$$

$$\sigma_{mw} = \sqrt{\left(\frac{\partial w}{\partial x}\right)^2 \sigma_{mx}^2 + \left(\frac{\partial w}{\partial y}\right)^2 \sigma_{my}^2}. \qquad (10.13)$$

我们可以使用式（10.12）和式（10.13）来估计关于两个测量量 x 和 y 的给定函数 ω 的值，并找到 ω 的标准误.

例 2 从例 1 中，我们有 $\overline{x}=7$ 和 $\sigma_{mx}=0.0632$. 假设我们还从测量中发现 $\overline{y}=5$ 且 $\sigma_{my}=0.0591$. 如果 $\omega=x/y$，求 $\overline{\omega}$ 和 σ_{mx}. 根据式（10.12），我们有 $\overline{\omega}=\overline{x}/\overline{y}=7/5=1.4$. 从式（10.13）中我们发现

$$\sigma_{mw} = \sqrt{\left(\frac{1}{y}\right)^2 \sigma_{mx}^2 + \left(\frac{-\overline{x}}{\overline{y}^2}\right)^2 \sigma_{my}^2} = \sqrt{\left(\frac{1}{5}\right)^2 \times (0.0632)^2 + \left(\frac{-7}{25}\right)^2 \times (0.0591)^2}$$

$$= 0.0208.$$

中心极限定理 到目前为止，我们还没有对总体的密度函数 $f(x)$ 假设过任何特殊形式（例如正态分布等），因此我们从一组测量值中计算出的 μ，σ 和 σ_m 的近似值无论总体是否为正态分布都适用.（而且，实际也可能并非如此. 例如，泊松分布就很常见.）但是，你会发现，大多数关于实验误差的讨论都是基于的正态分布假设. 让我们讨论这样做的理由，从上面我们已经知道，我们可以将样本均值 $\overline{x}$ 视为均值为 μ 并且标准差为 $\sigma/\sqrt{n}$ 的随机变量. 前面已经讲过，我们可能会想到 $\overline{x}$ 的密度函数 $g(\overline{x})$，并且它在 μ 处的峰值比单次测量的密

度函数 $f(x)$ 的峰值要大得多，但是到目前为止，我们还没有对 $g(\bar{x})$ 的形式有任何的讨论. 概率论中的一个基本定理（我们将在不作证明的情况下引用），它为我们提供了有关 $\bar{x}$ 的概率函数的一些信息. 中心极限定理表明，不管总体的概率函数 $f(x)$ 是什么（假设存在 μ 和 σ），如果 n 足够大，那么 $\bar{x}$ 的概率函数是标准差为 $\sigma/\sqrt{n}$ 的正态分布近似.

置信区间，概然误差　若我们假设 $\bar{x}$ 的概率函数是正态的（如果 n 很大，则是一个合理的假设），然后，我们可以对 σ_m（均值的标准差）给出一个更具体的含义，而不是我们模糊的说法，即它为我们提供了 $\bar{x}$ 关于 μ 值的偏离程度的估计. 由于正态分布随机变量的值在 $\mu-\sigma$ 和 $\mu+\sigma$ 之间的概率为 0.6827，因此我们可以说，一组测量值的 $\bar{x}$ 介于 $\mu-\sigma_m$ 和 $\mu+\sigma_m$ 之间的概率约为 68%. 此区间称为 68%**置信区间**. 类似地，我们可以找到一个区间 $\mu\pm r$，使得新测量值落入该区间的概率为 $\dfrac{1}{2}$（同样不在该区间的概率也为 $\dfrac{1}{2}$），即 50% 置信区间. 根据第 15.8 节的例 3，这里 $r=0.6745\sigma_m$，数 r 称为概然误差. 当我们像例 1 和例 2 一样找到 σ_m 后，只需将其乘以 0.6745 即可找到相应的概然误差. 同样，我们可以找到与其他置信区间相对应的概然误差.

习题 15.10

1. 令 $m_1, m_2, \cdots, m_n$ 为一组测量值，并通过 $x_1=m_1-a$，$x_2=m_2-a$，$\cdots$，$x_n=m_n-a$ 定义 x_i 的值，其中 a 为某个数值（尚未指定，但对所有 x_i 都相同）. 证明：为了最小化 $\displaystyle\sum_{i=1}^{n} x_i^2$，我们应该选择 $a=(1/n)\displaystyle\sum_{i=1}^{n} m_i$.

提示：区分 a 和 $\displaystyle\sum_{i=1}^{n} x_i^2$. 你已经证明算术平均值是最小二乘意义上的"最佳"平均值，也就是说，如果测量值与"平均值"的偏差的平方和最小，则"平均值"为算术平均值（而不是中位数或众数）.

2. 令 $x_1, x_2, \cdots, x_n$ 是独立的随机变量，每个变量的密度函数为 $f(x)$，期望值为 μ 和方差为 σ^2. 通过 $\bar{x}=\displaystyle\sum_{i=1}^{n} x_i$ 定义样本均值. 证明：$E(\bar{x})=\mu$，而 $\mathrm{Var}(\bar{x})=\sigma^2/n$

3. 通过等式 $s^2=(1/n)\displaystyle\sum_{i=1}^{n}(x_i-\bar{x})^2$ 定义 s. 证明：s^2 的期望为 $[(n-1)/n]\sigma^2$. 提示：写出

$$(x_i-\bar{x})^2 = [(x_i-\mu)-(\bar{x}-\mu)]^2$$
$$= (x_i-\mu)^2 - 2(x_i-\mu)(\bar{x}-\mu)+(\bar{x}-\mu)^2.$$

从 σ^2 的定义中找到第一项的平均值，从第 2 题中找到第三项的平均值. 要找到中间项的平均值，写出

$$(\bar{x}-\mu)=\left(\frac{x_1+x_2+\cdots+x_n}{n}-\mu\right)=\frac{1}{n}[(x_1-\mu)+(x_2-\mu)+\cdots+(x_n-\mu)].$$

由习题 15.6 第 14 题有

$$E[(x_i-\mu)(x_j-\mu)]=E(x_i-\mu)E(x_j-\mu)=0 \quad \text{其中，} i\neq j,$$

并估计 $E[(x_i-\mu)^2]$（与第一项相同）. 综合这些项可得

$$E(s^2)=\frac{n-1}{n}\sigma^2.$$

4. 假设有一个正态分布，求 90% 置信区间、95% 置信区间以及 99% 置信区间的约束 $\mu\pm h$，$\mu\pm 1.3\sigma$ 的置信区间的百分比为？

5. 证明：如果 $\omega=xy$ 或 $\omega=x/y$，则式（10.14）给出相对误差的简便公式

$$\frac{r_w}{w}=\sqrt{\left(\frac{r_x}{x}\right)^2+\left(\frac{r_y}{y}\right)^2}.$$

6. 通过以类似式（10.10）的三变量幂级数展开 $\omega(x,y,z)$，证明：

$$r_w = \sqrt{\left(\frac{\partial w}{\partial x}\right)^2 r_x^2 + \left(\frac{\partial w}{\partial y}\right)^2 r_y^2 + \left(\frac{\partial w}{\partial z}\right)^2 r_z^2}.$$

7. 式（10.12）只是一个近似值（但通常令人满意）. 证明：如果你将式（10.10）中的二阶项保留，则

$$\bar{w} = w(\bar{x},\bar{y}) + \frac{1}{2}\left(\frac{\partial^2 w}{\partial x^2}\right)\sigma_x^2 + \frac{1}{2}\left(\frac{\partial^2 w}{\partial y^2}\right)\sigma_y^2.$$

8. 对 x 和 y 有以下测量值.

$$x: 5.1, 4.9, 5.0, 5.2, 4.9, 5.0, 4.8, 5.1$$

$$y: 1.03, 1.05, 0.96, 1.00, 1.02, 0.95, 0.99, 1.01, 1.00, 0.99$$

求 x，y，$x+y$，xy，$x^3\sin y$ 和 $\ln x$ 的均值和概然误差.

9. 有如下测量值

$$x: 98, 101, 102, 100, 99$$

$$y: 21.2, 20.8, 18.1, 20.3, 19.6, 20.4, 19.5, 20.1$$

求 $x-y$，x/y，$x^2 y^3$ 和 $y\ln x$ 的均值和概然误差.

10. 有如下测量值

$$x: 5.8, 6.1, 6.4, 5.9, 5.7, 6.2, 5.9$$

$$y: 2.7, 3.0, 2.9, 3.3, 3.1$$

求 $2x-y$，y^2-x，e^y 和 x/y^2 的均值和概然误差.

15.11 综合习题

1. （a）假设你的左口袋有两枚 25 美分和一枚一角硬币，右口袋有两枚一角和三枚 25 美分硬币. 你随机选择一个口袋，然后从中随机摸一枚硬币. 它是一角钱的概率是多少？

（b）设 x 为你摸到的金额. 求 $E(x)$；

（c）假设你在（a）问中摸到了一角钱. 它从右口袋出来的可能性是多少？

（d）假设你不放回那一角钱，而且再摸一枚也是一角钱的硬币，那么第二枚硬币是从你右边的口袋里出来的概率是多少？

2. （a）假设火星骰子是规则的四面体，顶点标记为 1 到 4. 掷两个这样的骰子，所显示数字的总和为偶数. 令 x 为总和，为 x 设置样本空间和相应的概率.

（b）求 $E(x)$ 和 σ_x；

（c）使用二项分布求在 48 次抛掷火星骰子中正好有 15 个 2 的概率；

（d）使用正态分布近似（c）；

（e）使用泊松分布近似（c）.

3. 在第一个盒子中有 3 个红球和 2 个白球，第二个盒子中有 4 个红球和 5 个白球. 你随机选择一个盒子，然后从中随机摸一个球. 如果球是红色的，那么它来自于第二个盒子的概率是多少？

4. 如果将 4 封信随机放入 4 个信封中，那么至少有一封信放入正确的信封的概率是多少？

5. 两副牌是"匹配的"，指的是，通过同时从两副牌中一张一张地翻动牌来比较副牌中的牌顺序. "匹配"表示两张牌是相同的. 证明：至少有一张牌是匹配的概率接近 $1-1/e$.

6. 根据不同的统计类型，求将 2 个粒子放入 5 个盒子中的方法数.

7. 假设抛硬币三次，设 x 是一个随机变量，如果得到的正面数目可以被 3 整除，则其值为 1，否则为 0. 为 x 设置样本空间和相应的概率. 求 $\bar{x}$ 和 σ.

8. (a) 一枚加重硬币出现正面的概率为 $\frac{2}{3}$，而出现反面的概率为 $\frac{1}{3}$，硬币抛了两次. 令 $x=$ 正面数. 为 x 设置样本空间和相应的概率；

(b) 求 $\bar{x}$ 和 σ；

(c) 如果在 (a) 中你知道至少有 1 次反面，那么两次都是反面的概率是多少？

9. (a) 一个盒子中有一个骰子，另一个盒子中有两个骰子. 你随机选择一个盒子，无论里面有什么都取出并抛掷（也就是说，如果你选择了盒子 2，则需要抛两个骰子）. 令 $x=3$ 点出现的数量. 设置 x 的样本空间和相应的概率.

(b) 至少有一个 3 点的概率是多少？

(c) 如果至少有一个 3 点出现，那么你选择的是第一个盒子的概率是多少？

(d) 求 $\bar{x}$ 和 σ.

使用二项分布和正态近似来做第 10 题到第 12 题.

10. 一枚硬币抛 10^4 次.

(a) 求刚好获得 5000 次正面的概率；

(b) 求出现 4900 至 5075 次正面的概率.

11. 掷一枚骰子 720 次.

(a) 求刚好出现 125 次 3 点的概率；

(b) 求 3 点出现 115 至 130 次的概率.

12. 考虑一个偏向硬币，其出现正面的概率为 $1/3$，出现反面的概率为 $2/3$，并假设抛掷 450 次.

(a) 求刚好出现 320 次反面的概率；

(b) 求出现反面 300 至 320 次的概率.

13. 放射性源在持续 10 个小时的观测期间发射 1800 个 α 粒子. 你期望有多少个一分钟的间隔没有 α 粒子？有 5α 粒子？

14. 假设一本 200 页的书平均每 10 页有一处错印. 你预计会在多少页上找到两个错印？在第 15 题和第 16 题中，找到给定问题的二项分布概率，然后比较正态分布和泊松分布近似.

15. 在 1095 人中，正好有 2 个人在 1 月 1 日出生的概率是多少？假设一年中有 365 天.

16. 在 100 次 $p=\frac{1}{5}$ 的伯努利试验中，求成功 x 次的概率，(a) 如果 $x=25$；(b) 如果 $x=21$.

17. 给定测量值

$$x: 2.3, 2.1, 1.8, 1.7, 2.1$$
$$y: 1.0, 1.1, 0.9$$

求 $x-y$，xy 和 x/y^3 的均值和概然误差.

18. 给定测量值

$$x: 5.7, 4.5, 4.8, 5.1, 4.9$$
$$y: 61.5, 60.1, 59.7, 60.3, 58.4$$

求 $x+y$，y/x 和 x^2 的均值和概然误差.

参考文献

Abramowitz, Milton, and Irene A. Stegun, editors, *Handbook of Mathematical Functions With Formulas, Graphs, and Mathematical Tables*, National Bureau of Standards, Applied Mathematics Series, 55, U. S. Government Printing Office, Washington, D. C., 1964.

Arfken, George B., and Hans J. Weber, *Mathematical Methods for Physicists*, Academic Press, fifth edition, 2001.

Boyce, William E., and Richard C. DiPrima, *Introduction to Differential Equations*, Wiley, 1970.

Butkov, Eugene, *Mathematical Physics*, Addison-Wesley, 1968.

Callen, Herbert B., *Thermodynamics and an Introduction to Thermostatistics*, Wiley, second edition, 1985.

Cantrell, C. D., *Modern Mathematical Methods for Physicists and Engineers*, Cambridge University Press, 2000.

Chow, Tai L., *Mathematical Methods for Physicists: A Concise Introduction*, Cambridge University Press, 2000.

Courant, Richard, and Herbert Robbins, *What Is Mathematics?*, Oxford University Press, second edition revised by Ian Stewart, 1996.

CRC Standard Mathematical Tables, CRC Press, any recent edition.

Feller, William, *An Introduction to Probability Theory and Its Applications*, Wiley, second edition, 1966.

Folland, G. B., *Fourier analysis and its applications*, Brooks/Cole, 1992.

Goldstein, Herbert, Charles P. Poole, and John L. Safko, *Classical Mechanics*, Addison Wesley, third edition, 2002.

Griffiths, David J., *Introduction to Electrodynamics*, Prentice Hall, third edition, 1999.

Griffiths, David J., *Introduction to Quantum Mechanics*, Prentice Hall, second edition, 2004.

Hassani, Sadri, *Mathematical Methods: For Students of Physics and Related Fields*, Springer, 2000.

Jackson, John David, *Classical Electrodynamics*, Wiley, third edition, 1999.

Jahnke, E., and F. Emde, *Tables of Higher Functions*, McGraw-Hill, sixth edition revised by Friedrich Lösch, 1960.

Jeffreys, Harold, *Cartesian Tensors*, Cambridge University Press, 1965 reprint.

Jordan, D. W., and Peter Smith, *Mathematical Techniques: An Introduction for the Engineering, Physical, and Mathematical Sciences*, Oxford University Press, third edition, 2002.

Kittel, Charles, *Elementary Statistical Physics*, Dover edition, 2004.

Kreyszig, Erwin, *Advanced Engineering Mathematics*, Wiley, eighth edition, 1999.

Lighthill, M. J., *Introduction to Fourier Analysis and Generalised Functions*, Cambridge University Press, 1958.

Lyons, Louis, *All You Wanted To Know About Mathematics but Were Afraid To Ask: Mathematics for Science Students*, two volumes, Cambridge University Press, 1995–1998.

Mathews, Jon, and R. L. Walker, *Mathematical Methods of Physics*, Benjamin, second edition, 1970.

McQuarrie, Donald A., *Mathematical Methods for Scientists and Engineers*, University Science Books, 2003.

Morse, Philip M., and Herman Feshbach, *Methods of Theoretical Physics*, McGraw-Hill, 1953.

NBS Tables. See Abramowitz and Stegun.

Parratt, Lyman G., *Probability and Experimental Errors in Science*, Dover edition, 1971.

Relton, F. E., *Applied Bessel Functions*, Dover edition, 1965.

Riley, K. F., M. P. Hobson, and S. J. Bence, *Mathematical Methods for Physics and Engineering: A Comprehensive Guide*, Cambridge University Press, second edition, 2002.

Schey, H. M., *Div, Grad, Curl, and All That: An Informal Text on Vector Calculus*, Norton, fourth edition, 2004.

Snieder, Roel, *A Guided Tour of Mathematical Methods for the Physical Sciences*, Cambridge University Press, second edition, 2004.

Strang, Gilbert, *Linear Algebra and Its Applications*, Harcourt, Brace, Jovanovich, third edition, 1988.

Weinstock, Robert, *Calculus of Variations, with Applications to Physics and Engineering*, Dover edition, 1974.

Weisstein, Eric W., *CRC Concise Encyclopedia of Mathematics*, Chapman & Hall/CRC, second edition, 2003.

Woan, Graham, *Cambridge Handbook of Physics Formulas*, Cambridge University Press, reprinted 2003 with corrections.

Young, Hugh D., *Statistical Treatment of Experimental Data*, McGraw-Hill, 1962.